国防科技图书出版基金

固定几何气动矢量喷管

Fixed Geometry Fluidic Thrust Vectoring Nozzle

王占学　史经纬　徐惊雷　著

国防工业出版社

·北京·

图书在版编目(CIP)数据

固定几何气动矢量喷管/王占学,史经纬,徐惊雷
著. —北京:国防工业出版社,2022.3
ISBN 978－7－118－11215－3

Ⅰ.①固… Ⅱ.①王… ②史… ③徐… Ⅲ.①气动-
矢量-喷管-研究 Ⅳ.①TK243.3

中国版本图书馆 CIP 数据核字(2022)第 022554 号

※

国防工业出版社出版发行
(北京市海淀区紫竹院南路23号 邮政编码100048)
北京龙世杰印刷有限公司印刷
新华书店经售

*

开本 710×1000 1/16 插页 15 印张 16¾ 字数 285 千字
2022 年 3 月第 1 版第 1 次印刷 印数 1—1500 册 定价 88.00 元

(本书如有印装错误,我社负责调换)

国防书店:(010)88540777   书店传真:(010)88540776
发行业务:(010)88540717   发行传真:(010)88540762

致 读 者

本书由中央军委装备发展部**国防科技图书出版基金**资助出版。

为了促进国防科技和武器装备发展，加强社会主义物质文明和精神文明建设，培养优秀科技人才，确保国防科技优秀图书的出版，原国防科工委于1988年初决定每年拨出专款，设立国防科技图书出版基金，成立评审委员会，扶持、审定出版国防科技优秀图书。这是一项具有深远意义的创举。

国防科技图书出版基金资助的对象是：

1. 在国防科学技术领域中，学术水平高，内容有创见，在学科上居领先地位的基础科学理论图书；在工程技术理论方面有突破的应用科学专著。

2. 学术思想新颖，内容具体、实用，对国防科技和武器装备发展具有较大推动作用的专著；密切结合国防现代化和武器装备现代化需要的高新技术内容的专著。

3. 有重要发展前景和有重大开拓使用价值，密切结合国防现代化和武器装备现代化需要的新工艺、新材料内容的专著。

4. 填补目前我国科技领域空白并具有军事应用前景的薄弱学科和边缘学科的科技图书。

国防科技图书出版基金评审委员会在中央军委装备发展部的领导下开展工作，负责掌握出版基金的使用方向，评审受理的图书选题，决定资助的图书选题和资助金额，以及决定中断或取消资助等。经评审给予资助的图书，由中央军委装备发展部国防工业出版社出版发行。

国防科技和武器装备发展已经取得了举世瞩目的成就，国防科技图书承担着记载和弘扬这些成就，积累和传播科技知识的使命。开展好评审工作，使有限的基金发挥出巨大的效能，需要不断摸索、认真总结和及时改进，更需要国防科技和武器装备建设战线广大科技工作者、专家、教授，以及社会各界朋友的热情支持。

让我们携起手来，为祖国昌盛、科技腾飞、出版繁荣而共同奋斗！

国防科技图书出版基金
评审委员会

国防科技图书出版基金
2018 年度评审委员会组成人员

主 任 委 员　吴有生
副主任委员　郝　刚
秘 书 长　郝　刚
副 秘 书 长　许西安　谢晓阳
委　　　员　才鸿年　王清贤　王群书　甘茂治
（按姓氏笔画排序）甘晓华　邢海鹰　巩水利　刘泽金
　　　　　　　　孙秀冬　芮筱亭　杨　伟　杨德森
　　　　　　　　肖志力　吴宏鑫　初军田　张良培
　　　　　　　　张信威　陆　军　陈良惠　房建成
　　　　　　　　赵万生　赵凤起　唐志共　陶西平
　　　　　　　　韩祖南　傅惠民　魏光辉　魏炳波

前　言

　　本书根据未来战机对新型推力矢量技术的需要,针对飞机的高机动性、超操纵性等要求,结合国内外推力矢量技术最新研究现状及其先进技术水平,以西北工业大学喷气推进理论与工程研究所和南京航空航天大学排气系统研究团队承担的系列自然科学基金项目和相关国防预先研究项目的科研成果为基础,编著而成。

　　推力矢量技术是第四代及以后战机必不可少的关键技术之一。所谓推力矢量,即飞机或导弹等飞行器的动力装置除了为飞行提供向前的推力外,还能通过对排气系统的控制实现推力的偏转,从而产生附加的反推力及偏航/俯仰/翻滚力矩等,用以补充或取代气动舵面对飞行器的控制。战机采用推力矢量技术不仅能够大幅提高机动性和敏捷性、扩大飞行包线,还可以降低红外辐射、提高飞机的隐身能力、缩短起飞/着陆距离(如英国的"鹞"式、俄罗斯的雅克-141、美国的F-35B)、改善飞机在低速和大攻角状态下的操作性,从而显著提升空战效能和生存能力。另外,有研究表明,采用完全推力矢量的战机,甚至可以采用无尾布局,可大幅降低飞行器高速飞行时的阻力(超声速飞行时,飞机尾翼处的阻力占总阻力的38%~50%),更有利于实现超声速巡航。

　　推力矢量技术的核心是推力矢量喷管。西方各航空强国均已广泛开展了各种类型的推力矢量喷管技术研究,将其列入了各类综合或专项计划,如IHPTET、FLINT、ACME、MATV、ACTIVE、ITP等,其中,传统的机械式推力矢量喷管已在战机上得到应用,在固定几何气动矢量喷管等新型矢量喷管方面的研究也处于领先地位。目前,我国推力矢量喷管技术正处在蓬勃发展阶段,主要以传统的轴对称或二元机械式矢量喷管为发展对象,固定几何气动矢量喷管作为一种有前景的推力矢量技术仍处在初期探索阶段。鉴于未来航空发动机对多功能、轻质排气系统的需求,有必要针对固定几何气动矢量喷管开展系统的基础研究,包括固定几何气动矢量喷管的流动机理、关键几何气动参数影响规律及耦合特性、地面模型实验方法、红外辐射特性计算方法以及固定几何气动矢量喷管与航空发动机的整机匹配方法和耦合特性等。

　　为了给固定几何气动矢量喷管在高性能军用航空发动机上的应用提供理论

基础及技术支持,本书作者系统地总结了在固定几何气动矢量喷管领域所取得的研究成果,编著《固定几何气动矢量喷管》一书,以期为相关技术领域的科研人员提供一本有价值的参考书,便于其更深入理解和掌握固定几何气动矢量喷管相关的基础知识与理论,并指导工程设计。

本书内容共9章。其中,第1章为绪论,包括固定几何气动矢量喷管的分类、工作原理与研究现状;第2章为固定几何气动矢量喷管流场数值计算方法;第3章为激波矢量喷管流动特征及参数影响规律;第4章为激波矢量喷管性能提高方法;第5章为双喉道矢量喷管流动特征及参数影响规律;第6章为固定几何气动矢量喷管喉部面积控制方法;第7章为固定几何气动矢量喷管的红外辐射特性;第8章为固定几何气动矢量喷管的性能实验;第9章为固定几何气动矢量喷管与航空发动机联合工作特性。

本书第1章、第7章、第8章、第9章由王占学著,第3章、第4章、第6章由史经纬著,第2章、第5章由徐惊雷著,全书由王占学统稿。

在本书的编写过程中,西北工业大学周莉教授、刘增文副教授、张晓博副教授、宋甫博士、程稳博士、孙啸林博士、张明阳博士,南京航空航天大学于洋博士后、汪阳生博士生、黄帅博士生、顾瑞硕士、蒋晶晶硕士等参与了本书部分内容的编写及例图、图表的制作工作。在编写过程中,还得到了西北工业大学、南京航空航天大学同事们的大力支持,在此一并表示感谢。

由于作者水平所限,本书难免存在缺点和不足之处,恳请读者批评指正。希望本书的出版能为我国固定几何气动矢量喷管在未来战机上的应用提供一定的技术支持。

著 者

2021 年 7 月

变 量 术 语

$A_{8.\,max.\,eff}$	喷管喉部最大有效面积
$A_{8.\,min.\,eff}$	喷管喉部最小有效面积
A_9/A_8	喷管面积比
$A_{sec.}$	二次流喷口相对面积比
$A_{s.\,ad}$	辅助喷口相对面积比
C_d	喷管流量系数
$C_{d.\,s}$	二次流流量系数
C_{fg}	推力系数
DTC	双喉道控制(Dual Throat Control)
F_n	实际推力,$F_{n.} = \sqrt{F_x^2 + F_y^2}$
F_x	x 方向推力
F_y	y 方向推力
$F_{i.\,n}$	喷管理想推力
$F_{i.\,s}$	二次流理想推力
γ	比热容比
L_D	喷管扩张段长度
$m_{ad.}$	辅助喷流流量
$m_{n.}$	喷管主流流量
$m_{s.}$	二次流流量
Ma	马赫数
NPR	喷管落压比
NPR_D	喷管设计落压比
P_0	大气静压
P_9	喷管出口截面静压
P_0^*	远场来流总压

续表

符号	含义
P_n^*	喷管进口总压
P_s^*	二次流进口总压
R	理想气体常数
RTAC	喉部面积控制率
SPR	二次流压比
SVC	激波矢量控制(Shock Vector Control)
TC	喉部面积控制(Throat Control)
T_0	大气静温
T_n^*	喷管进口总温
T_s^*	二次流进口总温
T_0^*	远场来流总温
X_j	二次流喷口无量纲相对位置
$X_{j,ad}$	辅助喷口无量纲相对位置
y^+	第一层网格无量纲高度
β	喷管扩张角
θ	二次流喷射角度
$\theta_{ad.}$	辅助喷射角度
δ_p	推力矢量角
τ	二次流总温与喷管总温之比
ω	二次流与主流流量比
$\omega\sqrt{\tau}$	二次流折合流量比
V.E.	推力矢量效率

目　　录

第1章　绪　　论 ·· 1
1.1　飞行器对推力矢量的需求 ·· 1
1.2　常用的推力矢量实现方法 ·· 2
1.2.1　机械式矢量喷管 ··· 2
1.2.2　固定几何气动矢量喷管 ·· 5
1.3　固定几何气动矢量喷管分类及工作原理 ·································· 6
1.4　固定几何气动矢量喷管研究进展 ·· 9

第2章　固定几何气动矢量喷管流场数值计算方法 ···························· 15
2.1　数值计算方法 ·· 15
2.1.1　流动控制方程 ··· 15
2.1.2　几种常见的湍流模型 ·· 17
2.1.3　计算网格生成、边界条件设置及流场初始化 ··················· 20
2.1.4　温度对物性参数的影响 ·· 21
2.2　典型流动特征数值验证 ··· 22
2.2.1　二维自由横向射流验证 ·· 22
2.2.2　受限空间横向射流验证 ·· 28

第3章　激波矢量喷管流动特征及参数影响规律 ······························· 33
3.1　激波矢量喷管性能参数的定义方法 ·· 33
3.2　激波矢量喷管的工作原理及流动机理 ···································· 34
3.2.1　激波矢量喷管的工作原理 ··· 34
3.2.2　激波矢量喷管的内/外流流动机理 ·································· 36
3.3　气动参数对激波矢量喷管性能的影响 ···································· 45
3.3.1　喷管落压比的影响 ··· 45
3.3.2　二次流压比的影响 ··· 47
3.3.3　喷管进口总温的影响 ·· 50
3.3.4　自由来流马赫数的影响 ·· 52
3.4　几何参数对激波矢量喷管性能的影响 ···································· 56

  3.4.1 不同喷管构型的影响 ················· 57
  3.4.2 二次流喷口面积的影响 ················ 61
  3.4.3 二次流喷射角度的影响 ················ 62
  3.4.4 二次流喷口位置的影响 ················ 66
  3.4.5 二次流喷口展向长度的影响 ·············· 69
  3.4.6 展向二次流喷孔数量的影响 ·············· 72
 3.5 激波矢量喷管的动态响应特性 ················ 77
  3.5.1 推力矢量建立过程 ·················· 77
  3.5.2 推力矢量恢复过程 ·················· 79

第4章 激波矢量喷管性能提高方法 ················ 83
 4.1 插板式激波矢量喷管性能提高方法 ·············· 83
  4.1.1 插板式激波矢量喷管的结构及工作原理 ········· 83
  4.1.2 插板高度的影响 ··················· 86
  4.1.3 插板位置的影响 ··················· 90
 4.2 旋转阀式激波矢量喷管性能提高方法 ············· 94
  4.2.1 旋转阀式激波矢量喷管的结构及工作原理 ········ 94
  4.2.2 旋转阀角度的影响 ·················· 96
  4.2.3 旋转阀位置的影响 ·················· 101
 4.3 辅助喷射式激波矢量喷管性能提高方法 ············ 106
  4.3.1 辅助喷射式激波矢量喷管的结构及工作原理 ······· 106
  4.3.2 辅助喷口位置的影响 ················· 109
  4.3.3 辅助喷口面积的影响 ················· 114
  4.3.4 辅助喷射角度的影响 ················· 118

第5章 双喉道矢量喷管流动特征及参数影响规律 ··········· 122
 5.1 双喉道矢量喷管的流动机理 ················· 122
 5.2 二元双喉道矢量喷管气动矢量特性 ·············· 123
  5.2.1 落压比的影响 ···················· 123
  5.2.2 进口总温的影响 ··················· 126
 5.3 轴对称双喉道矢量喷管气动矢量特性 ············· 129
  5.3.1 轴对称双喉道矢量喷管几何模型 ············ 129
  5.3.2 计算结果与分析 ··················· 130

第6章 固定几何气动矢量喷管喉部面积控制方法 ··········· 133
 6.1 气动控制喷管喉部面积的工作原理及流场结构 ········· 133
  6.1.1 气动控制喷管喉部面积的工作原理 ··········· 133

6.1.2　气动控制喷管喉部面积的理论分析 ……………………… 134
　　　6.1.3　气动控制喷管喉部面积的基本流动特性 …………………… 139
　6.2　气动参数对喉部面积控制率的影响 ……………………………… 142
　　　6.2.1　喷管落压比的影响 …………………………………………… 142
　　　6.2.2　二次流压比的影响 …………………………………………… 144
　6.3　几何参数对喉部面积控制率的影响 ……………………………… 147
　　　6.3.1　二次流喷口面积的影响 ……………………………………… 147
　　　6.3.2　二次流喷口位置的影响 ……………………………………… 149
　　　6.3.3　二次流喷射角度的影响 ……………………………………… 152
　6.4　气动控制喷管喉部面积的动态响应特性 ………………………… 154
　　　6.4.1　二次流喷射开启过程 ………………………………………… 155
　　　6.4.2　二次流喷射关闭过程 ………………………………………… 159
　6.5　提高喷管喉部面积控制率的方法 ………………………………… 162
　　　6.5.1　辅助喷射对喷管流场及喉部面积控制率的影响 …………… 162
　　　6.5.2　辅助喷口面积的影响 ………………………………………… 164
　　　6.5.3　辅助喷射角度的影响 ………………………………………… 165

第 7 章　固定几何气动矢量喷管的红外辐射特性 ………………………… 167
　7.1　红外辐射数值模拟程序 JPRL-IR ………………………………… 167
　　　7.1.1　红外辐射特性数值计算流程 ………………………………… 167
　　　7.1.2　壁面有效辐射亮度计算方法 ………………………………… 169
　　　7.1.3　喷流辐射特性计算方法 ……………………………………… 176
　　　7.1.4　探测点红外辐射计算方法 …………………………………… 179
　7.2　激波矢量喷管的红外辐射特性 …………………………………… 180
　　　7.2.1　考虑组分影响的喷管流场特性 ……………………………… 180
　　　7.2.2　激波矢量喷管的红外辐射特性规律 ………………………… 183
　　　7.2.3　二次流喷射对红外辐射特性的影响 ………………………… 188
　　　7.2.4　二次流喷口位置对红外辐射特性的影响 …………………… 191

第 8 章　固定几何气动矢量喷管的性能试验 ……………………………… 194
　8.1　激波矢量喷管的性能试验 ………………………………………… 194
　　　8.1.1　试验模型、设备及试验步骤 ………………………………… 194
　　　8.1.2　试验结果 ……………………………………………………… 198
　8.2　双喉道矢量喷管的性能试验 ……………………………………… 205
　　　8.2.1　试验模型、设备及试验步骤 ………………………………… 205
　　　8.2.2　试验结果 ……………………………………………………… 207

第9章 固定几何气动矢量喷管与航空发动机联合工作特性 ············ 215

9.1 固定几何气动矢量喷管与航空发动机联合工作特性计算方法 ··· 215
9.2 固定几何气动矢量喷管近似建模方法 ······················ 217
9.2.1 近似建模技术概述 ································· 217
9.2.2 激波矢量喷管近似建模方法 ························· 221
9.2.3 带气动控制喉部面积的喷管建模方法 ················· 225
9.3 带引气的航空发动机总体性能建模方法 ···················· 228
9.3.1 航空发动机共同工作建模方法 ······················· 228
9.3.2 压缩部件引气建模方法 ····························· 231
9.4 激波矢量喷管对发动机整机性能的影响 ···················· 232
9.4.1 激波矢量喷管与发动机整机耦合方法 ················· 232
9.4.2 激波矢量喷管对发动机整机性能的影响规律 ··········· 233
9.5 带气动控制喉部面积的喷管对发动机整机性能的影响 ········ 238
9.5.1 带气动控制喉部面积的喷管与发动机整机耦合方法 ····· 238
9.5.2 带气动控制喉部面积的喷管对发动机整机性能的
影响规律 ··· 238

参考文献 ··· 242

CONTENTS

Chapter 1 Introduction 1
  1.1 Demands of aircraft on thrust vectoring technology 1
  1.2 Frequently-used thrust vectoring methods 2
    1.2.1 Mechanical thrust vectoring nozzle 2
    1.2.2 Fixed geometry fluidic thrust vectoring nozzle 5
  1.3 Classifications and working principle of fixed geometry fluidic thrust vectoring nozzle 6
  1.4 Research progress of fixed geometry fluidic thrust vectoring nozzle 9

Chapter 2 Numerical method on flow fields of fixed geometry fluidic thrust vectoring nozzle 15
  2.1 Numerical method 15
    2.1.1 Governing equations 15
    2.1.2 Several turbulence models 17
    2.1.3 Computational grid, boundary conditions and flow initialization 20
    2.1.4 The influence of temperature on properties of gas 21
  2.2 Numerical validation on classic flow features 22
    2.2.1 Two dimensional transverse injection at freestream 22
    2.2.2 Transverse injection in confined space 28

Chapter 3 Flow features and influences of parameters of shock vector control nozzle 33
  3.1 Definitions of performance parameters of shock vector control nozzle 33
  3.2 The working principle and flow mechanism of shock vector control nozzle 34
    3.2.1 The working principle of shock vector control nozzle 34
    3.2.2 The flow mechanism of shock vector control nozzle 36

3.3　The influence of aerodynamic parameters on performance of shock vector control nozzle ……………………………………………… 45
　　3.3.1　The influence of nozzle pressure ratio …………………………… 45
　　3.3.2　The influence of secondary injection pressure ratio …………… 47
　　3.3.3　The influence of nozzle inlet total temperature ………………… 50
　　3.3.4　The influence of free freestream Ma number ………………… 52
3.4　The influence of geometric parameters on performance of shock vector control nozzle ……………………………………………………… 56
　　3.4.1　The influence of nozzle patterns ………………………………… 57
　　3.4.2　The influence of the area of secondary flow …………………… 61
　　3.4.3　The influence of the angle of secondary injection ……………… 62
　　3.4.4　The influence of the position of secondary injection …………… 66
　　3.4.5　The influence of the spanwise length of secondary injection port …………………………………………………………………… 69
　　3.4.6　The influence of the number of secondary injection port ……… 72
3.5　Dynamic performance of shock vector control nozzle ……………… 77
　　3.5.1　The establishing progress of thrust vectoring ………………… 77
　　3.5.2　The recovering progress of thrust vectoring …………………… 79

Chapter 4　Methods of improving the performance of shock vector control nozzle ……………………………………………………… 83
4.1　The method of improving the shock vector control nozzle with an inserting plate ……………………………………………………………… 83
　　4.1.1　The structure and working principle of shock vector control nozzle with an inserting plate ……………………………………… 83
　　4.1.2　The influence of the height of an inserting plate ……………… 86
　　4.1.3　The influence of the position of an inserting plate …………… 90
4.2　The method of improving the shock vector control nozzle with a rotating valve ……………………………………………………………… 94
　　4.2.1　The structure and working principle of shock vector control nozzle with a rotating valve ……………………………………… 94
　　4.2.2　The influence of the angle of a rotation valve ………………… 96
　　4.2.3　The influence of the position of a rotation valve ……………… 101
4.3　The method of improving the shock vector control nozzle with bypass injection …………………………………………………………………… 106

  4.3.1 The structure and working principle of shock vector control nozzle with bypass injection 106
  4.3.2 The influence of the position of bypass injection 109
  4.3.3 The influence of the area of bypass flow 114
  4.3.4 The influence of the angle of bypass injection 118

Chapter 5 Flow features and influences of parameters of dual throat nozzle 122

 5.1 The flow mechanism of dual throat nozzle 122
 5.2 The fluidic vector performance of two dimensional dual throat nozzle 123
  5.2.1 The influence of nozzle pressure ratio 123
  5.2.2 The influence of nozzle inlet total temperature 126
 5.3 The fluidic vector performance of axisymmetric dual throat nozzle 129
  5.3.1 The geometric model of axisymmetric dual throat nozzle ... 129
  5.3.2 Results and discussions 130

Chapter 6 The throat area control method of fixed geometry fluidic thrust vectoring nozzle 133

 6.1 The working principle and flow structures of the nozzle with fluidic throat area control method 133
  6.1.1 The working principle of the nozzle with fluidic throat area control method 133
  6.1.2 The theoretical analysis of the nozzle with fluidic throat area control method 134
  6.1.3 The basic flow features of the nozzle with fluidic throat area control method 139
 6.2 The influence of aerodynamic parameters on throat area control 142
  6.2.1 The influence of nozzle pressure ratio 142
  6.2.2 The influence of secondary injection pressure ratio 144
 6.3 The influence of geometric parameters on throat area control ... 147
  6.3.1 The influence of the area of secondary flow 147
  6.3.2 The influence of the position of secondary injection 149

6.3.3　The influence of the angle of secondary injection 152
6.4　Dynamic performance of fluidic throat area control 154
    6.4.1　The opening process of secondary flow 155
    6.4.2　The closing process of secondary flow 159
6.5　The method of improving the the ratio of throat area control 162
    6.5.1　The influence of bypass injection on the flow features and RTAC 162
    6.5.2　The influence of the area of bypass flow 164
    6.5.3　The influence of the angle of bypass injection 165

Chapter 7　The IR characteristics of fixed geometry fluidic thrust vectoring nozzle 167
7.1　The introduction of IR simulation program JPRL-IR 167
    7.1.1　The numerical simulation process of IR characteristics 167
    7.1.2　The calculating method of the effective radiance of walls 169
    7.1.3　The calculating method of plume IR 176
    7.1.4　The calculating method of IR at detection points 179
7.2　The IR characteristics of shock vector control nozzle 180
    7.2.1　The flow features with the consideration of gas species 180
    7.2.2　The IR characteristics of shock vector control nozzle 183
    7.2.3　The influence of secondary injection on the IR characteristics 188
    7.2.4　The influence of the position of secondary injection on the IR characteristics 191

Chapter 8　The experimental study on fixed geometry fluidic thrust vectoring nozzle 194
8.1　The experimental study on shock vector control nozzle 194
    8.1.1　The models, facilities and steps of the experiments 194
    8.1.2　The results of the experiments 198
8.2　The experimental study on dual throat nozzle 205
    8.2.1　The models, facilities and steps of the experiments 205
    8.2.2　The results of the experiments 207

Chapter 9 The coupling performance of fixed geometry fluidic thrust vectoring nozzle and a gas turbine 215

9.1 The calculating method of the coupling performance of fixed geometry fluidic thrust vectoring nozzle and a gas turbine 215

9.2 The method of approximate modeling on fixed geometry fluidic thrust vectoring nozzle 217

    9.2.1 The introduction of approximate modeling 217

    9.2.2 The approximate modeling of shock vector control nozzle 221

    9.2.3 The approximate modeling of nozzle with fluidic throat area control 225

9.3 The overall modeling of a gas turbine with air extraction 228

    9.3.1 The modeling method of co-operating of a gas turbine 228

    9.3.2 The modeling method of air extraction from compression components 231

9.4 The influence of shock vector control nozzle on the overall performance of a gas turbine 232

    9.4.1 The coupling method of shock vector control nozzle and a gas turbine 232

    9.4.2 The influence of shock vector control nozzle on the overall performance of a gas turbine 233

9.5 The influence of nozzle with fluidic throat area control on the overall performance of a gas turbine 238

    9.5.1 The coupling method of nozzle with fluidic throat area control and a gas turbine 238

    9.5.2 The influence of nozzle with fluidic throat area control on the overall performance of a gas turbine 238

References 242

第1章 绪 论

1.1 飞行器对推力矢量的需求

随着现代航空军事科技的不断发展,先进机载武器、红外/电磁探测系统等相继投入使用,战机生存环境日益恶化。为了能在各类空战中取得优势、提高生存率,各国军方对战机性能提出了更高的要求,如超机动、超声速巡航、短距/垂直起降及强隐身性能等。为了实现上述要求,推力矢量(Thrust Vectoring)技术成为了必不可少的关键技术之一。所谓推力矢量,即飞机或导弹等飞行器的动力装置除了为飞行提供向前的推力外,还能通过对排气系统的控制实现推力的偏转,产生附加的反推力及偏航/俯仰/翻滚力矩等,从而补充或取代气动舵面对飞行器的控制。战机采用推力矢量技术不仅能大幅提高机动性和敏捷性、扩大飞行包线、降低红外辐射、提高隐身能力、缩短起飞/着陆距离(如英国的"鹞"式、俄罗斯的雅克-141、美国的F-35B),还能改善飞机在低速和大攻角状态下的操纵性,显著提升空战效能和生存能力(图1-1)。甚至采用完全推力矢量的战机,可以实现无垂尾设计,大幅降低飞行器高速飞行时的阻力(超声速飞行时,飞机尾翼处的阻力占总阻力的38%~50%)。因此,推力矢量技术被列为第四代及未来战机的关键技术之一。

推力矢量技术主要体现在航空发动机排气系统上,其核心是推力矢量喷管。美国及西方航空强国均非常重视推力矢量喷管的研制工作,陆续将其列入各类综合或专项计划,如 IHPTET、FLINT、ACME、MATV、ACTIVE、ITP 等,经过了长期的研发和技术攻关,现已在机械式推力矢量喷管、固定几何气动矢量喷管等的设计、试验、制造等领域取得全面领先地位。我国推力矢量喷管技术正处在蓬勃发展阶段,目前,主要以传统的轴对称或二元机械式矢量喷管为发展对象,对于固定几何气动矢量喷管,因其重量轻、作动机构简单等优势,也投入了越来越多的关注。有预测,未来航空发动机对多功能、轻重量、强隐身排气系统的需求指向之一,即为固定几何气动矢量喷管。因此,针对固定几何气动矢量喷管,有必要系统地开展工作机制、流动机理、关键影响参数分析、推力矢量性能评估等方面的基础研究,为我国高推重比航空发动机用固定几何气动矢量喷管设计提供技术支持。

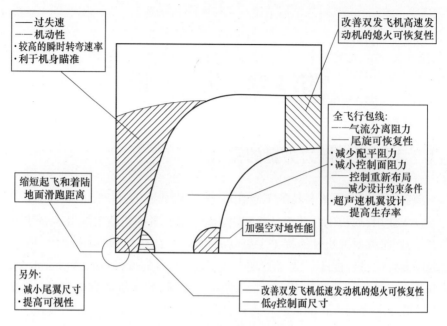

图1-1 推力矢量技术的优势

1.2 常用的推力矢量实现方法

根据排气系统推力矢量的实现方式,通常可将矢量喷管分为两种:机械式矢量喷管和固定几何气动矢量喷管。目前,机械式矢量喷管技术相对成熟,已经成功地用在第三代、第四代战机上,该类矢量喷管效果好、可靠性高、稳定性强。其缺点为,由于采用复杂的机械机构,发动机的重量大幅增加,高温环境下的运动部件增多,对部件冷却的要求高,生产、维护成本增加等。固定几何气动矢量喷管目前处于概念探讨及验证阶段,该类矢量喷管主要采用流动控制方式,对喷管主流进行控制,实现推力转向。相比机械式矢量喷管,固定几何气动矢量喷管功能与之相同、质量更轻、结构更简单、响应更快,预期会用在第五代、第六代战机。

1.2.1 机械式矢量喷管

机械式矢量喷管采用机械作动系统调控喷管整体或部分调节片运动以实现推力矢量控制。目前已有多种机械式矢量喷管进入原理验证或工程实用阶段,其典型代表包括旋转喷管、燃气舵矢量喷管、二元收敛-扩张矢量喷管、球面收敛调节片矢量喷管(SFCN)、轴对称矢量喷管(AVEN)等。

旋转喷管的应用对象有英国的"鹞"式战机(图1-2)、俄罗斯的雅克-36VTOL战机、雅克-141战机和美国的F-35B战机等。其中,"鹞"式战机用旋转喷管实现了矢量角0°~95°的变化,保障了该战机的短距起降能力、灵活的操纵性及机动性;F-35B用三轴承偏转喷管(图1-3),采用了分段驱动的方式,既能使喷管在俯仰平面内可连续大角度范围运动,也能使喷管在偏航方向有±20°的偏转运动。

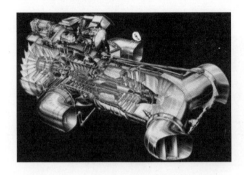 

图1-2 "鹞"式战机用"飞马"发动机　　图1-3 F-35B用三轴承偏转喷管

燃气舵矢量喷管在飞机喷管的尾部安装三块或四块可向内、外转动的燃气舵,通过燃气舵的打开或转动,迫使主流发生偏转,从而实现推力矢量。如,美国NASA开展的F/A-18HARV大攻角验证机(图1-4(a))和美、德两国联合开发的X-31增强机动性验证机(图1-4(b)),均在发动机出口安装了3个燃气舵,控制主流偏转,提供俯仰力和偏航力,以增强大攻角下飞机的机动性能。该类矢量喷管结构相对简单,成本低,发动机改变少,使用方便,但是,其受到外流影响较大,推力损失大,推进系统矢量工况下推进效率低。

(a) F/A-18大攻角验证机　　(b) X-31增强机动性实验机

图1-4 燃气舵推力矢量技术

二元矢量喷管由转接段和喷管本体组成。其中,转接段将圆截面过渡到矩形截面,喷管本体包括两块收敛板、两块扩张板及两块侧板。普惠(P&W)公司率先提出了同时具有俯仰、反推及喉部面积可调节的二元矢量喷管方案,完成了

3

风洞试验,在 F-100 发动机上开展了全尺寸试验,利用 F-15S/MTD 完成了飞行试验,并最终将该技术用在 F-22/F119,如图 1-5(a)所示。此喷管具有 ±20°的俯仰功能,矢量偏转速率为 45(°)/s。20 世纪 80 年代末,苏联在 AЛ-31Φ 发动机上也验证了二元矢量喷管技术,采用 Su-27 战机完成了飞行验证。2014 年,日本也公布了其第五代战机 ATD-X 用 XF3-400 发动机的二元矢量喷管,如图 1-5(b)所示。二元矢量喷管具有优良操控性,后部外廓尺寸扁平,可大幅降低后机身阻力,对红外隐身和超声速巡航均有较大益处。

(a) F-22 用二元矢量喷管　　　　(b) 日本的二元矢量喷管

图 1-5　二元矢量喷管技术

球面收敛调节片矢量喷管(SCFN),采用球面收敛段代替了二元喷管的"圆转方"过渡段,在收敛段上开有向前倾斜 45°的 4 个反推窗口,同时保留了其矩形扩张段的结构,如图 1-6 所示。其作动机理如下:球面调节片异向转动,喷管喉部面积缩小;扩张段同向转动实现俯仰推力矢量;整个喷管绕进气轴左右偏转,完成偏航控制;调节片收敛至极限,喷管喉部关闭、反推开通。球面收敛调节片式矢量喷管既保留了常规二元矢量喷管的优点,同时又具有更小的尺寸、更低的重量和成本等特点。

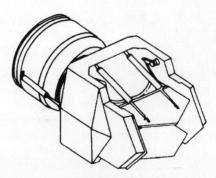

图 1-6　球面收敛调节片式矢量喷管

轴对称矢量喷管由轴对称可调收敛-扩张喷管发展而来,通过增加推力偏转结构和控制系统使整个喷管或喷管扩张段在周向范围内偏转,实现推力矢量控制。目前主要有两种形式:整体偏转式和作动环控制式。

整体偏转式轴对称矢量喷管的结构特点是在喷管进口前增加球形转接段,并在转接段的两侧设有通过球心的插销,使得整个喷管在作动系统的带动下可绕球心俯仰作动。该类推力矢量技术最早在 АЛ–31Ф 发动机上完成了地面台架试验与飞行验证,实现了 ±15° 的俯仰矢量角,并已经在 Su–30MKI 等战机上成功应用。整体偏转式轴对称矢量喷管的技术特点是喷管的 A_8、A_9 面积调节系统不变,缺点是转动段面长(约 1.3~1.7m)、附加载荷较大、结构笨重。不过该技术相对较为成熟,后续的 АЛ–41Ф 发动机亦延用了此类推力矢量技术,同时还增加了偏航矢量控制功能。

以美国为代表的西方国家发展了作动环控制式轴对称矢量喷管,通用电气公司(GE)和 P&W 公司分别对此开展了大量的研究,其典型的研究成果分别是安装在 F110–GE–100 发动机上的 AVEN 喷管和安装在 F100–PW–229 上的 P/YBBN 喷管,如图 1–7 所示。GE 公司的 AVEN 喷管由 3 个 A_9 转向作动筒、4 个 A_8 喉部面积调节作动筒、3 个调节环支撑机构、喷管控制阀、调节片及扩张密封片等组成,能够实现 17° 矢量角和 60(°)/s 矢量偏转速率,而 P&W 公司的 P/YBBN 喷管的收敛段由空气作动系统控制,A_9 由 3 个液压作动筒控制,可获得最大 20° 的矢量角及 45(°)/s 矢量偏转速率。

(a) GE公司研制的AVEN　　　　　　(b) P&W公司研制的P/YBBN

图 1–7　美国两类轴对称矢量喷管

轴对称矢量喷管具有两个明显优势:①易于在现有战机上进行技术验证;②战机不必做大的改动即可安装该类矢量喷管。

1.2.2　固定几何气动矢量喷管

固定几何气动矢量喷管用于先进战机排气系统,旨在实现低系统复杂度、轻重量、高推重比、大推力矢量响应速率等特性。喷管的基本构型可以是收敛型、轴对称收敛－扩张型、二元收敛－扩张型等。其主要特性是,无作动机构、几何型面不可调节、推力矢量由主动流动控制方式实现。

基于主动流动控制的矢量喷管有不同的实现方式,如控制二次流吸附主流附壁流动的同向流法、控制喷管喉部声速线使主流偏转的喉部偏移法、利用流动分离迫使主流偏转的双喉道法、通过斜激波使主流偏转的激波矢量法等。各类气动矢量控制的原理不同,适用范围不同。

固定几何气动矢量喷管与机械式矢量喷管相比具有明显优势:

(1) 气动矢量喷管靠二次流与主流相互作用产生推力矢量,不需要机械运动部件,可大幅度减轻喷管重量、降低复杂度及制造成本,而且还能提升可维护性。

(2) 推力矢量系统属于气动控制式,灵敏度高、响应快,反应速度可以达到毫秒级。

(3) 喷管结构完整,取消了大量的调节片和密封片,避免了燃气泄漏及密封问题,且有助于降低雷达反射截面积,提高电磁隐身特性。

(4) 二次流可兼顾喷管壁面冷却,而且使得高温尾流也迅速冷却,能大幅度提高红外隐身特性。

(5) 取消了喷管的外调节片等一些外部运动件,可降低喷管后体阻力,利于实现战机超声速巡航所需的低后体阻力。

(6) 完整的喷管结构所承受的气动力载荷更均匀,其结构按等强度原则设计能够减少局部承力的零件数量。

(7) 气动矢量喷管在降低气动噪声等方面与机械式矢量喷管相比有一定的优势。

1.3　固定几何气动矢量喷管分类及工作原理

根据固定几何气动矢量喷管的工作原理,可将之分为以下几类:同向流矢量喷管(Co－flow TVN)、逆流矢量喷管(Counter flow TVN)、喉部偏移矢量喷管(TS TVN)、双喉道矢量喷管(DT TVN)、激波矢量喷管(SVC TVN)。这几类喷管的工作原理各不相同,但其本质一致,即采用二次流对喷管主流进行控制,以实现不同的推力矢量。其基本的工作原理如下:

同向流矢量喷管(Co－flow TVN)的理论依据是柯恩达(Coanda)效应。其结构及工作特点是,在喷管出口安装柯恩达面,如图1－8所示,在需要推力矢量的一侧,沿切向向柯恩达面吹入高速气流薄层,在柯恩达面上形成低压区,从而吸附高压主流,该方法可以实现俯仰、偏航等推力矢量控制。同向流法属于贴壁流动的典型代表,其主流附体及脱体控制是实现推力矢量的关键。该类矢量实现法适用于低落压比喷管,其外罩适宜与飞机/发动机一体化的飞行器尾部耦合设计。

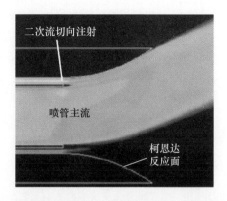

图1-8 同向流矢量喷管的原理示意图

逆流矢量喷管最早由佛罗里达州立大学Strykoski等提出,旨在结合气动矢量喷管的结构简单和机械式矢量喷管的推力矢量连续等优点。主要结构特点及工作特点为,在喷管出口截面外部加装两个外罩,形成逆向流动的二次流腔道,如图1-9所示,需要主流偏转时,启动抽吸系统(负压源)。当上腔道产生负压差时,主流向上偏转,当下腔道产生负压差时,主流向下偏转。这类气动矢量喷管工作时需要配置独立的二次流的真空抽吸装置,需要建立一套真空源、功率、重量与推力矢量性能相关联的评估方法。如何设计质量轻而又有效的真空源、如何防止大的抽吸比下主流的附体及如何实现主流附体的恢复、如何解决因引入外罩而带来的喷管重量增加及推力损失增加等问题,限制了该技术的广泛应用。

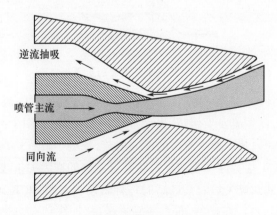

图1-9 逆流矢量喷管的原理示意图

喉部偏移矢量喷管的基本原理是在喷管喉部附近及扩张段喷射二次流,控制声速面位置偏移,从而实现主流偏转,如图 1-10 所示。该方法要求喉部二次流与扩张段二次流在喷射位置、喷射流量等方面形成好的配合,进而控制声速面的偏移。这类喷管除了具有推力矢量功能,还能承担部分喉部面积控制的功能。

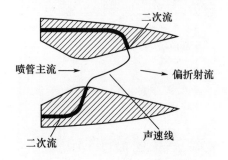

图 1-10 喉部偏移矢量喷管的基本原理图

双喉道矢量喷管具有收敛-扩张-收敛通道,存在前后两个喉道,因此称为"双喉道控制"技术,如图 1-11 所示。推力矢量工作时,在喷管喉部附近射入高压二次流,形成扩张-收敛凹腔内流动分离,使得主流偏转,通过控制凹腔分离程度,获得不同矢量角。该类喷管具有高的二次流灵敏性,二次流需求量小,能实现大的推力矢量角,在轴对称及二元构型喷管上均能使用,尤其适用于低落压比喷管。

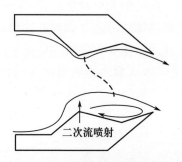

图 1-11 双喉道矢量喷管的基本原理图

激波矢量喷管的工作原理是从喷管扩张段射入高压二次流,在超声速主流中形成诱导激波,使主流发生偏转,进而形成推力矢量,如图 1-12 所示。其流动特征是受限空间内超声速主流中的横向射流,流场中具有复杂的激波/附面层相互干扰及涡/波干扰特性。激波矢量喷管具有好的推力矢量线性响应特征,是高设计落压比排气系统矢量效率最高的一种气动矢量喷管,其缺点是激波损失较大。

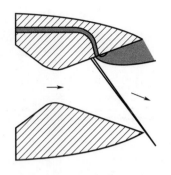

图 1-12 激波矢量喷管的基本原理图

1.4 固定几何气动矢量喷管研究进展

近年来,国内外研究人员开展了包括同向流矢量喷管、逆流矢量喷管、喉部偏移矢量喷管、双喉道矢量喷管及激波矢量喷管等在内的多类固定几何气动矢量喷管技术研究,探索了气动矢量喷管的工作机制、流动机理、参数影响规律。其发展现状及研究进展如下。

同向流矢量喷管用于航空发动机排气系统的研究最早见于 Wing 等的论著。Wing 等开展了同向流矢量喷管的冷态模型试验研究,在落压比 NPR=2 时,得到 8.7°矢量角,但发现在落压比 NPR=4~6 时,该类推力矢量控制方法失效。1993 年,Chiarelli 等试图将同向流矢量技术与激波矢量技术结合起来形成多轴推力矢量技术,研究表明,此方案也仅在低落压比下有效。Saghafi 等基于微型涡喷发动机的亚声速主流实施了同向流控制,用以获得低速飞行器舵面的平衡,实现了最大约 20°的矢量角。其后,Heo 等开展了对超声速主流(落压比范围:3~10)同向流法矢量控制的数值模拟与模型试验,对喷管过膨胀状态时的基本流动特征、同向流/主流压力比对矢量角的影响给予了清晰的解释,并在低落压比(NPR=3)时获得 10°的矢量角。

基于同向流矢量喷管的适用范围及无人机对推力矢量的需求范围,英国 10 所高校联合承担了由 BAE Systems 和 Engineering and Physical Sciences Research Council(EPSRC)资助的为期 5 年的 FLAVIIR 计划,着重研究了同向流矢量喷管的设计及性能提升方法,开展了数值模拟、模型试验以及小尺寸低速无人机飞行模型验证,如图 1-13(a)、(b)所示。在该计划的支撑下,研究人员一方面通过改善几何条件提升了同向流法在低落压比下的推力矢量性能(落压比 NPR=3 时,矢量角约 20°),另一方面进行了同向流矢量喷管与发动机、飞行器一体化评估,论证了其在无人机上应用的可行性。

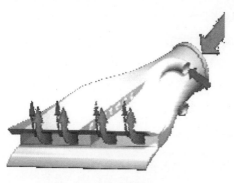
(a) FLAVIIR同向流法喷管

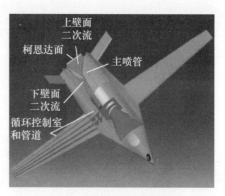
(b) FLAVIIR同向流法飞机模型

图1-13 同向流矢量喷管技术

逆流矢量喷管旨在结合气动矢量喷管结构简单和机械式矢量喷管推力矢量连续等优点。自1994年起,Strykoski等先后论证了逆流矢量控制技术对超声速($Ma=2$)及亚声速($Ma=0.5$)主流的适用性,并对此两类主流实施了逆流矢量控制,分别获得了20°及16°矢量角,得出了推力矢量角在主流附体前与二次流抽吸压比成线性关系的重要结论,获得了关键气动几何参数,如二次流抽吸压比、二次流通道高度、外罩长度等对推力矢量性能的影响规律。另外,还研究了逆流矢量喷管中存在的流动双稳态现象,建立了主流附体模型,探索了逆流法多轴矢量功能。值得一提的是,在2006年,他们基于微型涡喷发动机完成了逆流法的热态模型试验,如图1-14(a)、(b)所示,进一步推动了此项技术的发展。与此同时,NASA Langle研究中心也系统研究了逆流矢量喷管技术,自1998年起,Jeffrey等完成了宽广非设计工况下逆流矢量喷管的矢量性能及几何参数影响规律的研究;Hunter等采用PAB3D软件首次完成逆流矢量喷管的数值模拟,发现抽吸侧通道中未形成逆向流动时,也能实现推力矢量角,并指出逆流矢量喷

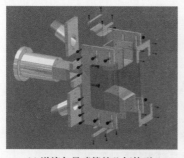
(a) 逆流矢量喷管的几何构型

(b) 逆流矢量喷管的热态模型试验

图1-14 逆流矢量喷管技术

管的核心机理不在于逆流通道中的逆向流动,而在于外罩与主流之间的逆流剪切层,逆流剪切层增加了外罩附近的湍流强度和剪切层扩散速率,湍流剪切应力梯度在不可恢复机理(irreversibility mechanisms)作用下形成较大的压力下降,从而实现推力矢量。国内的研究者对逆流矢量喷管的研究主要以数值模拟为主。杨建军等模拟了逆流法中存在的非定常现象及真空源问题,史经纬等针对逆流法中存在的主流附体问题,提出了不同的主流脱体控制方法。

  Catt 等率先验证了喉部偏移矢量喷管推力矢量控制的可实现性,研究表明,喉部偏移矢量喷管除了具有推力矢量功能,还能承担部分喉部面积控制的功能,同时还指出,具有低设计落压比的喉部偏移矢量喷管,推力矢量效率、推力系数等均高于激波矢量喷管。随后 Miller 等开展了基于喉部偏移法的多轴气动矢量技术(MATV)模型试验研究,其结构如图 1-15 所示,在一定的二次流折合流量比限制下,高落压比工况(NPR = 5.5)时,获得了 7°的矢量角和大于 0.94 的推力系数;低落压比工况(NPR = 2.0)时,实现了 13°的矢量角和不小于 0.91 的推力系数;在俯仰矢量控制上也获得了类似变化规律,得到了较理想的气动矢量效率:$1.7 \sim 2.0(°)/\%$,即每 1% 的二次流流量可获得 $1.7° \sim 2.0°$ 的矢量角。国内研究人员对喉部偏移矢量喷管也进行了较为深入的研究,张相毅等数值模拟了射流位置及射流流量分配对喉部偏移矢量喷管的影响,得出喉部与扩张段二次流流量比 1∶3 时,推力矢量效果最好。额日其太等则认为其推力矢量效率最高的区域不是出现在"喉部倾斜"之后,而是出现在弓形激波逐渐前移、扩张段注气口上游亚声速区不断扩大的过程中。张建东等对比了喉部偏移矢量喷管与激波矢量喷管的工作特性,指出二者实现推力矢量的机理不同,提出了喉部偏移矢量喷管与激波矢量喷管的使用范围,喷管面积比(A_9/A_8)小于 1.5 时,宜采用喉部偏移矢量喷管;喷管面积比大于 1.5 时,激波矢量喷管性能更高。综上,具有低设计落压比的喉部偏移矢量喷管,推力矢量效率与推力系数均能保持在较高

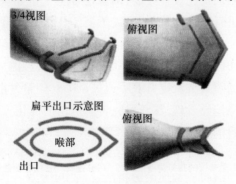

图 1-15 喉部偏移矢量喷管 MATV 的结构图

水平,可以考虑用在对推力矢量要求不高、飞行速度较低的无人机上,但其并不适用于采用高推重比航空发动机的未来战机。

双喉道矢量喷管是在喉部偏移矢量喷管的基础上发展而来,其结构如图1-16所示。模型试验与数值模拟结果表明,双喉道矢量喷管可实现20°左右的矢量角、0.96~0.98的推力系数以及6.1(°)/%的矢量效率(矢量效率定义为矢量角与二次流流量比的百分数比值)。2003年,Flamm等率先试验及数值模拟了不同气动、几何参数对二元/轴对称双喉道矢量喷管矢量性能的影响,研究表明,增加二次流喷射角、凹腔收敛段长度、凹腔收缩角等均利于实现高推力矢量效率,采用脉冲喷射不能获得更高的推力矢量效率,大落压比范围内轴对称双喉道矢量喷管性能更好。徐惊雷、谭慧俊、额日其太等相继数值模拟了双喉道矢量喷管内流特性,研究了参数化影响规律,并探讨了扩张型双喉道矢量喷管的起动问题。

 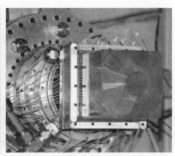

(a) 二元DT喷管　　　　　　(b) 轴对称DT喷管

图1-16　DT推力矢量技术

如何提升双喉道矢量喷管的矢量效率是近年来研究者们关注的重点,Bellandi等提出了基于斜激波理论预测主流流动的研究方法,发展了高性能双喉道矢量喷管壁面型面优化设计方法,谭慧俊等基于试验设计方法(DOE)对二元双喉道矢量喷管进行了性能优化,确定了最佳几何参数组合,并提出通过增加扩张段提升双喉道矢量喷管推力矢量性能的方案,吴正科等探索了多变量综合优化的方法,基于RBF和PSO对二元双喉道矢量喷管性能完成了优化,徐惊雷、顾瑞等提出采用辅助喷射方法提升双喉道矢量喷管矢量性能的方法。综合各类优化方案及优化结果能够发现,尽管研究者们提出的优化方案不同,得到的各参数的影响规律是一致的。

激波矢量喷管最早出现于20世纪50年代,主要用于火箭发动机推进系统。研究手段主要为模型试验法和理论分析法。其中,等效实体法及爆炸波理论是当时发展的最具代表性的分析方法,"北极星"导弹用轴对称激波矢量喷管则是该技术最典型的成功使用实例。80年代以来,各国研究机构开始考虑将激波矢量喷管技术用于航空发动机排气系统上的可行性。美国空军研究机构AFIT(Air Force Institute of Technology)探索了不同形式的激波矢量技术——CJTVC(Confined Jet Thrust Vector Control),并针对二元/轴对称CJTVC喷管进行了参数化模型试验研究,指出了各关键几何参数对矢量性能的影响规律,发现该类喷管除了对几何参数较为敏感外,还存在非线性推力矢量特性及不稳定工作等现象。1987年,NASA Langley研究中心Abeyounis等在二元收敛-扩张喷管上,验证了激波矢量喷管技术实现俯仰推力矢量的能力。1993年,Chiarelli等试图将之与同向流法结合实现多轴推力矢量控制,不过该方案仅在低落压比下具有可行性。在FLINT计划支持下,美国各研究机构针对激波矢量喷管先后完成了二元多轴推力矢量(图1-17(a))、轴对称推力矢量、机械/气动矢量(图1-17(b))、激波矢量/喉部偏移组合推力矢量(图1-17(c))、多孔喷射激波矢量喷管等的冷态模型试验研究,得到了典型的参数化影响规律:喷管落压比增大,推力矢量角下降;二次流喷射角度、二次流压比是关键影响参数;喷管几何形状对推力矢量性能影响不明显;多孔喷射在喷管落压比大于4时并无明显优势等。2000年以后,数值模拟技术逐步用于激波矢量喷管研究,基于数值模拟方法可以获得喷管内更精细的流动信息及参数化影响规律。Deere等获得了外流马赫数、喷管落压比、二次流流量比、二次流压比及二次流喷口位置等对矢量特性的影响规律,Ashraf等得到了变比热对推力矢量性能影响的特性,Vishnu等得到了激波矢量喷管内二次流与主流相互干扰的精细化流场结构。

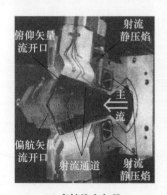
(a) 多轴推力矢量

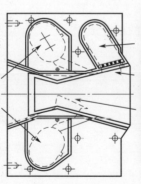
(b) 机械/气动推力矢量

(c) 激波矢量/喉部偏移组合推力矢量

图1-17 SVC推力矢量技术

国内激波矢量喷管研究始于20世纪90年代,乔渭阳等基于数值模拟方法,研究了二次流压力值对主流偏转的影响规律,王占学等基于六分量天平测量平台率先开展了激波矢量喷管的模型试验研究,刘刚等数值分析了外流马赫数、喷管落压比和二次流总压与主流总压之比对矢量偏角的影响,王强等研究了二次流喷射位置及二次流流量等对激波矢量喷管矢量性能的影响,王庆伟等研究了二次流喷射角度、双缝喷射等对激波矢量喷管矢量特性的影响。

通过总结国内外不同类型固定几何气动矢量喷管研究文献,可以获得各类气动矢量喷管的矢量性能、工作特性及适用范围,如表1-1所列。

表1-1 各类固定几何气动矢量喷管性能对比

喷管类型	矢量效率/((°)/%)	推力系数	说明
同向流矢量喷管	0.8~1.5	0.96以上	落压比大于4时效率过低
逆流矢量喷管	7~8	0.90~0.98	需要独立真空源,存在主流附体问题
喉部偏移矢量喷管	1.4~2.2	0.94~0.98	需高压二次流,适用低落压比
双喉道矢量喷管	3.5~4.6	0.92~0.97	需高压二次流,适用中低落压比
激波矢量喷管	0.9~2.2	0.86~0.94	需高压二次流,适用高落压比

综合对比以上各类固定几何气动矢量喷管的工作特性及使用范围,结合未来高推重比、高效率航空发动机的排气系统特点,本书将激波矢量喷管、双喉道矢量喷管等两类固定几何气动矢量喷管作为重点研究的对象。在分析激波矢量喷管与双喉道矢量喷管内流流动机理、参数间耦合影响的同时,重点介绍固定几何气动矢量喷管性能提升方法、优化技术及其红外辐射特征,并从总体的角度阐述固定几何气动矢量喷管与航空发动机整机耦合评估方法及固定几何气动矢量喷管对航空发动机性能的影响。力图从基础机理分析—规律性掌握—性能优化—整机评估等角度,较全面地介绍近年来西北工业大学"喷气推进理论与工程研究团队"和南京航空航天大学"'驭风'先进航空航天排气系统研发团队"在固定几何气动矢量喷管方面的研究成果。

第 2 章　固定几何气动矢量喷管流场数值计算方法

试验测量和数值模拟是研究复杂流动问题的两种基本方法。一般而言,通过试验测量不仅能够发现各种流动现象、揭示多参数间的关联关系、启发研究者认识流动的客观规律,而且能够提供检验理论的客观标准,促进理论分析方法的发展,因此试验测量成为解决航空发动机内各类流动问题最有效的手段之一。然而,航空发动机内流试验的周期、成本、手段、设备等因素往往又限制了试验测量在流动特性研究中的广泛应用。数值模拟则以其低成本、快速模拟接近真实工况复杂流动的特点弥补了试验测量的不足,而且从数值模拟结果中能够获得更丰富的流场信息,这些特点使得数值模拟在各类流动特性仿真、流动机理探索、参数影响规律分析及多场耦合分析中的作用越来越重要。特别是近年来计算机硬件水平的快速提升,促进了数值模拟在大规模计算、高速计算方面的飞跃,使数值模拟成为流动研究的不可或缺的关键手段之一。尽管数值模拟技术已经广泛应用,但是这并没有消除人们对高质量试验数据的需求,因为所有的数值模拟方法必须首先接受试验测量结果的验证。

本章主要介绍本书研究工作中所采用的数值模拟方法,并基于试验数据对固定几何气动矢量喷管内复杂流动特性(如超声速中横向射流、激波附面层相互干扰等)数值模拟方法的合理性进行验证,分析不同湍流模型、计算网格对数值模拟精度的影响,以确定合适可行的模拟方法。

2.1　数值计算方法

2.1.1　流动控制方程

Navier – Stokes(N – S)方程是描述连续介质流动的控制方程,它考虑了流体黏性、热传递等因素,建立在质量守恒、动量守恒及能量守恒的基础上,是一组非线性的偏微分方程组。本书所涉及的流动类型为定常、可压缩、黏性、三维湍流流动,其控制方程(N – S 方程)如下:

$$\rho \frac{\partial u_i}{\partial t} + \rho u_j \frac{\partial u_i}{\partial x_j} = \rho f_i - \frac{\partial p}{\partial x_i} + \mu \nabla^2 u_i + \frac{\mu}{3} \frac{\partial^2 u_j}{\partial x_i \partial x_j} \qquad (2-1)$$

$$\frac{\partial \rho u_i}{\partial x_i} = 0 \qquad (2-2)$$

式中：$u_j \partial u_i / \partial x_j$ 为非线性项，是流体微团的惯性运动项，表征流体微团的动量的散度，在欧拉法描述中，它表示流体微团在空间的动量输运。f_i 为彻体力，代表作用于流体微团上的非接触力。

Renolds(雷诺)对湍流的平均运动进行了研究，将湍流分解为平均运动与脉动运动，对湍流场中瞬时物理量 $u_i(x,y,z,t)$ 等，通过在时间区间内积分、时间平均等，可得到如下平均分量：

$$\bar{u}_i(x,y,z) = \frac{1}{T} \int_{t-\frac{T}{2}}^{t+\frac{T}{2}} u_i(x,y,z,t) \mathrm{d}t \qquad (2-3)$$

其中，时间区间长度 T 远小于宏观实验时间尺度，远大于湍流微观脉动时间尺度。对于脉动速度，时间平均值为零，即

$$\bar{u}_i' = \frac{1}{T} \int_{t-\frac{T}{2}}^{t+\frac{T}{2}} u_i' \mathrm{d}t = 0 \qquad (2-4)$$

一般而言，时间平均存在如下基本运算关系：

$$\begin{array}{llll} \overline{f+q} = \bar{f} + \bar{q} & \overline{q'} = 0 & \overline{\bar{f} \cdot q} = \bar{f} \cdot \bar{q} & \overline{\bar{f} \cdot q'} = 0 \\ \overline{\frac{\partial q}{\partial x_i}} = \frac{\partial \bar{q}}{\partial x_i} & \overline{\frac{\partial q'}{\partial x_i}} = 0 & \overline{\frac{\partial q}{\partial t}} = \frac{\partial \bar{q}}{\partial t} & \overline{\frac{\partial q'}{\partial t}} = 0 \end{array} \qquad (2-5)$$

将湍流流动速度、压力等参数分别表示为平均量和脉动量之和，即

$$u_i = \bar{u}_i + u_i' \qquad (2-6)$$

$$p = \bar{p} + p' \qquad (2-7)$$

再将以上两式代入 N-S 方程(2-1)中，得

$$\rho \frac{\partial(\bar{u}_i + u_i')}{\partial t} + \rho \frac{\partial(\bar{u}_i + u_i')(\bar{u}_j + u_j')}{\partial x_j} = \rho f_i - \frac{\partial(\bar{p} + p')}{\partial x_i} + \mu \frac{\partial^2(\bar{u}_i + u_i')}{\partial x_j \partial x_j}$$

$$(2-8)$$

对上式进行时间平均，根据式(2-5)中时间平均的基本运算关系，可把方程左侧第二项展开如下

$$\begin{aligned} \overline{(\bar{u}_i + u_i')(\bar{u}_j + u_j')} &= \bar{u}_i \bar{u}_j + \overline{\bar{u}_i u_j'} + \overline{\bar{u}_j u_i'} + \overline{u_i' u_j'} \\ &= \overline{u_i u_j} + \overline{u_i' u_j'} \end{aligned} \qquad (2-9)$$

经整理后，N-S 方程可以转化为

$$\rho\frac{\partial \overline{u}_i}{\partial t} + \rho\frac{\partial \overline{u_i u_j}}{\partial x_j} = \rho f_i - \frac{\partial \overline{p}}{\partial x_i} + \mu\frac{\partial^2 \overline{u}_i}{\partial x_j \partial x_j} - \rho\frac{\partial \overline{u'_i u'_j}}{\partial x_j} \qquad (2-10)$$

这就是湍流的雷诺平均方程(RANS),与原始的N-S方程相比,引入了一项未知变量——雷诺应力,即$\rho\frac{\partial \overline{u'_i u'_j}}{\partial x_j}$,它由N-S方程中的非线性迁移项所产生,反映的是脉动运动对平均运动的影响,但同时它也造成了方程不封闭。

2.1.2 几种常见的湍流模型

为了解决N-S方程在时间平均过程中新增的雷诺应力项带来的方程不封闭问题,研究人员引入了不同的模型假设,建立了湍流模式理论。目前的湍流模型主要分为3类。第一类是基于Bossinesq假设,引入涡黏性系数,将雷诺应力与平均速度梯度和湍流黏性系数乘积关联起来,这种方法即是涡黏性模型。

$$-\rho\overline{u'_i u'_j} = \mu_t\left(\frac{\partial u_i}{\partial x_j} + \frac{\partial u_j}{\partial x_i}\right) - \frac{2}{3}\rho k\delta_{ij} \qquad (2-11)$$

涡黏性模型的任务是给出湍流黏性系数μ_t的计算方法。通常根据建立模型所需的微分方程的个数,可以分为零方程模型,一方程模型和两方程模型;第二类不再采用湍流输运系数的概念,而是直接建立湍流应力和其他二阶关联量的输运方程,根据所建立的雷诺应力方程的类型,又可分为微分应力方程模型和代数应力方程模型;第三类是大涡模拟(LES),它将湍流分成大尺度和小尺度湍流,通过求解经过修正的三维N-S方程,获得大尺度涡旋的运动特性,而对小尺度涡旋运动,仍然采用第一类方法中的模型。

一般而言,工程领域常用的湍流模型包括S-A模型、标准$k-\varepsilon$模型、Realizable $k-\varepsilon$模型、RNG $k-\varepsilon$模型、标准$k-\omega$模型及SST $k-\omega$模型等。其中,$k-\omega$模型通常指的是标准Wilcox $k-\omega$模型,模型将涡黏性系数同湍动能k和湍流频率ω联系起来,然后建立关于k和ω的微分方程,其对近壁面流动模拟效果好,克服了$k-\varepsilon$模型在近壁面流动模拟上的缺陷,避免了复杂的非线性阻尼函数的使用,具有良好的精确性和鲁棒性。本书基于二次流喷射控制的固定几何气动矢量喷管涉及复杂近壁面流动特征,因此着重考虑基于ω方程的湍流模型。

下面简单介绍经典的$k-\omega$模型和常用于求解分离流动的SST模型。

Wilcox在1988年提出了$k-\omega$两方程模型,该模型考虑了低雷诺数、可压缩性和剪切流传播,时至今日,经过不断改进和发展,已经在CFD中得到了广泛应用。$k-\omega$模型能够较好地预测自由剪切流的传播特性,如尾流、掺混流动、平板绕流及圆柱绕流等,因此较为广泛地应用于壁面约束流动和自由剪切流动。该

模型通过求解关于湍动能 k 和湍流频率 ω 的偏微分方程组来确定湍流黏性系数。模型方程为

$$\frac{\partial(\rho k)}{\partial t} + \frac{\partial(\rho u_j k)}{\partial x_j} = \frac{\partial}{\partial x_j}\left[(\mu_l + \sigma^* \mu_t)\frac{\partial k}{\partial x_j}\right] + \tau_{ij}^t \frac{\partial u_i}{\partial x_j} - \beta^* \rho \omega k \quad (2-12)$$

$$\frac{\partial(\rho \omega)}{\partial t} + \frac{\partial(\rho u_j \omega)}{\partial x_j} = \frac{\partial}{\partial x_j}\left[(\mu_l + \sigma \mu_t)\frac{\partial \omega}{\partial x_j}\right] + \alpha \frac{\omega}{k}\tau_{ij}^t \frac{\partial u_i}{\partial x_j} - \beta \rho \omega \omega$$

壁面物面边界条件:

$$k = 0, \frac{\partial k}{\partial y} = 0, \omega = 10\frac{6\upsilon}{\beta y_1^2} \quad (2-13)$$

式中:y_1 为第一层网格至壁面的距离。

式(2-12)中 μ_l 为层流黏性系数,μ_t 为湍流黏性系数,并且:

$$\mu_t = \rho\frac{k}{\omega}, \tau_{ij}^t = \mu_t\left(\frac{\partial u_i}{\partial x_j} + \frac{\partial u_j}{\partial x_i}\right) + \lambda\delta_{ij}\frac{\partial u_k}{\partial x_k} - \frac{2}{3}\delta_{ij}\rho k, k = \frac{1}{2}\overline{\rho u' u'}$$

$$(2-14)$$

各常数选取如下:

$$\alpha = \frac{5}{9}, \beta^* = \frac{9}{100}, \beta = \frac{3}{40}, \sigma^* = \sigma = 0.5$$

式(2-12)中,偏微分方程右端第一项反映了湍动能及耗散率梯度对湍流发展的影响,称为扩散项;右端第二项表示了黏性应力对湍流发展的影响,和涡量一样,黏性应力在湍流发展中起到重要作用,将其称为该模型方程的源项;右端第三项反映了二阶湍动能和二阶耗散率对湍流发展的影响,是该模型方程的耗散项。

本湍流模型对壁面网格的精细程度要求不高,因此具有很好的适用性。但其缺点是,对自由来流条件太敏感,而且同 $k-\varepsilon$ 模型一样不能准确地模拟壁面的分离流动。

由 Menter 提出的 SST $k-\omega$ 两方程模型,则通过混合函数进行过渡,综合了 $k-\varepsilon$ 模型和 $k-\omega$ 模型分别适用于充分发展湍流和近壁面湍流模拟的优点。而且,该模型还考虑了剪切应力的传输(Transport of the Shear Stress)对湍流黏性系数的影响,有效地避免了对涡黏性系数的过高估计,从而能对逆压梯度下的分离流动进行高精度地预测。

SST $k-\omega$ 模型的涡黏性系数为

$$\mu_t = \frac{\rho \alpha_1 k}{\max(\alpha_1 \omega, SF_2)} \quad (2-15)$$

式中:S 为应变率常数;F_2, ω 方程中的 F_1 是混合函数。

k 方程和 ω 方程为

$$\frac{\partial(\rho k)}{\partial t} + \frac{\partial}{\partial x_j}(\rho u_j k) = \frac{\partial}{\partial x_j}\left[\left(\mu + \frac{\mu_t}{\sigma_{k3}}\right)\frac{\partial k}{\partial x_j}\right] + P_k - \beta'\rho k\omega \quad (2-16)$$

$$\frac{\partial(\rho \omega)}{\partial t} + \frac{\partial}{\partial x_j}(\rho u_j \omega) = \frac{\partial}{\partial x_j}\left[\left(\mu + \frac{\mu_t}{\sigma_{\omega 3}}\right)\frac{\partial \omega}{\partial x_j}\right] +$$

$$(1 - F_1)2\rho \frac{1}{\sigma_{\omega 2}\omega}\frac{\partial k}{\partial x_j}\frac{\partial \omega}{\partial x_j} + \alpha_3 \frac{\omega}{k}P_k - \beta_3 \rho \omega^2 \quad (2-17)$$

式(2—17)的耗散方程中,右端第一项和第二项均为扩散项;第三项为源项;第四项为耗散项。与 $k-\omega$ 湍流模型的耗散方程相比,该湍流模型耗散方程右端第二项涉及湍动能 k 和湍流频率 ω 的梯度,因而称为交叉扩散项(Cross-Diffusion term)。

方程中 P_k 是湍流产生项,为

$$P_k = \mu_t\left(\frac{\partial u_i}{\partial x_j} + \frac{\partial u_j}{\partial x_i}\right)\frac{\partial u_i}{\partial x_j} - \frac{2}{3}\frac{\partial u_k}{\partial x_k}\left(3\mu_t\frac{\partial u_k}{\partial x_k} + \rho k\right) \quad (2-18)$$

混合函数 F_1 和 F_2 分别为

$$F_1 = \tanh(\arg_1^4) \quad (2-19)$$

$$\arg_1 = \min\left[\max\left(\frac{\sqrt{k}}{\beta'\omega y}, \frac{500\mu}{y^2\omega\rho}\right), \frac{4\rho k}{CD_{k\omega}\sigma_{\omega 2}y^2}\right] \quad (2-20)$$

$$CD_{k\omega} = \max\left(2\rho\frac{1}{\sigma_{\omega 2}\omega}\frac{\partial k}{\partial x_j}\frac{\partial \omega}{\partial x_j}, 1.0 \times 10^{-10}\right) \quad (2-21)$$

$$F_2 = \tanh(\arg_2^2) \quad (2-22)$$

$$\arg_2 = \max\left(\frac{2\sqrt{k}}{\beta'\omega y}, \frac{500\mu}{y^2\omega\rho}\right) \quad (2-23)$$

式(2—20)、式(2—23)中,y 为距离壁面的距离。

各方程中的其他系数取值为

$$\beta' = 0.09, \quad \alpha_1 = 5/9, \quad \beta_1 = 0.075, \quad \sigma_{k1} = 2, \sigma_{\omega 1} = 2$$

$$\alpha_2 = 0.44, \quad \beta_2 = 0.0828, \quad \sigma_{k2} = 1, \quad \sigma_{\omega 2} = 1/0.856$$

该湍流模型在附面层的黏性底层和对数层中均采用 $k-\omega$ 湍流模型,因而在附面层流动中其预测性能和 $k-\omega$ 湍流模型极为相似,但是克服了 $k-\omega$ 湍流模型对来流极为敏感的不足之处。相比于标准的 $k-\omega$ 模型,其改进比较明显:

(1) SST $k-\omega$ 模型将变形增长、混合功能和双模型叠加在一起。

(2) SST $k-\omega$ 模型合并了来源于 ω 方程中的交叉扩散。

(3) 湍流黏度考虑到了湍流剪应力的传播。

(4) SST $k-\omega$ 模型改进了模型常量。

因此使得 SST $k-\omega$ 模型在广泛的流体运动预测中比标准 $k-\omega$ 模型具有更高的精度和可信度。在模拟受限空间的超声速流中的横向射流、激波附面层相互干扰时,SST $k-\omega$ 模型是常用的模型,也是本书中主要考虑的湍流模型。

此外,壁面对湍流的影响非常明显,特别是在近壁面处,速度梯度大,黏性作用强,切向速度脉动被黏性阻尼减小,法向速度脉动受壁面限制;而且在近壁面处,平均速度梯度增加,湍动能迅速增强。因而,采用不同的近壁面处理方法会对数值模拟结果有不同的影响。通常有两种近壁面处理方法:①壁面函数法,其特点是采用半经验公式来求解层流底层与完全湍流之间的区域中流动,该方法能够避免对湍流模型的改动,直接计算壁面对湍流特性的影响,一般又分为:标准壁面函数法、非平衡壁面函数法等,它对近壁面处第一层网格要求较宽松(图2-1(a))。②改进湍流模型,对黏性影响的近壁区域包括层流底层都可以求解,常见的有双层模型,其近壁面处第一层网格 $y^+ = 1$ 最理想(图2-1(b))。对于高雷诺数的流动问题,壁面函数法能够节约一定的计算资源。本书为了捕捉更详细的流动细节,近壁面处理方式选择第二种方法。

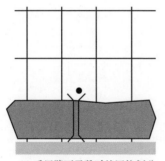 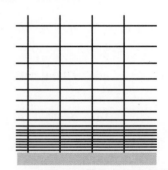

(a) 采用壁面函数时的网格划分　　　(b) 采用双层区模型时的网格划分

图 2-1　近壁面的处理方法

2.1.3　计算网格生成、边界条件设置及流场初始化

初始边界条件的确定是为了使得求解方程组适定,是数值模拟过程中的一个关键环节。不合适的边界处理不仅无法得到高精度的数值模拟结果,甚至还会导致整个计算发散,对固定几何气动矢量喷管中的亚跨超声速流动,边界条件的处理对其影响尤为明显,因此需要特别注意。

本书中固定几何气动矢量喷管,主要包含3类模型,即激波矢量喷管、双喉道矢量喷管和气动控制喉部面积喷管,涉及5类边界类型,即进口边界、出口边界、远场边界、对称边界、固体壁面边界,如图2-2所示,下面逐一介绍。

进口边界:本书中喷管进口(E)、二次流进口(F)及外场气流进口(A)采用压力进口边界条件。对于亚声速的进口给定气流进口总压、总温以及气流速度矢量方向。其中,喷管进口、远场气流进口参数根据计算工况给定数值,二次流进口总温根据等熵条件给出,其计算公式为

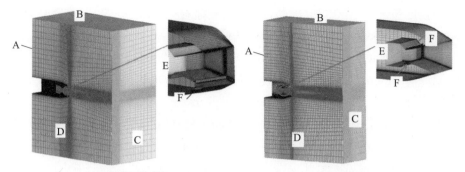

(a) 激波矢量喷管　　　　　　　　(b) 气动控制喉部面积喷管
A—远场进口；B—远场世界；C—出口边界；D—对称面；E—喷管进口；F—二次流进口。

图2-2　固定几何气动矢量喷管的计算网格及边界条件

$$\frac{T^*_{\text{sec}}}{T_0} = \left(\frac{P^*_{\text{sec}}}{p_0}\right)^{\frac{k-1}{k}} \qquad (2-24)$$

出口边界：喷管主流及外场气流共用出口(C)，采用压力出口边界条件，给定出口背压，对于亚声速部分边界的压力强制为出口压力，对于超声速部分，边界赋值的压力被忽略，出口压力由内部流场结果外插求得。

远场边界：本书计算模型上、下、左侧边界(B)采用远场边界条件，给定气流的静压、静温、马赫数以及气流速度矢量方向。

对称边界：本书主要研究对象为二元和轴对称喷管，考虑其左右对称性，仅数值模拟一半模型，以中心面(D)为对称面，在对称边界上，垂直边界的速度分量为零，任何量的梯度为零。

固体壁面条件：壁面条件用于确定流体与固体域的分界，在考虑传热、摩擦等因素时，需要给定适当的边界参数，一般情况下，采用绝热无滑移边界条件。

另外，计算模型中内流湍流边界条件给出湍流强度以及湍流黏性比，外流湍流边界直接给出湍流动能k以及湍动能耗散率ε。

在采用时间相关算法模拟定常流动时，根据迭代的需要，必须对整个计算区域进行初始化处理。尽管从物理学角度来看，无论给定怎样的初始状态，流动最终总会趋于一个确定的状态，然而，在数值求解的过程中，初场的好坏直接影响到计算迭代的速度，不好的初场甚至能导致流场计算发散。

考虑到本书计算模型中包含内流(高速流)和外流(低速流)的特征，采用分区初始化的方法，即划分不同流动特征区域，并分别对每个区域采用其最接近真实流场的气流参数进行初始化。

2.1.4　温度对物性参数的影响

航空发动机喷管内部高温气流在收敛—扩张通道内迅速加速，气流的速度、压力、温度等参数变化剧烈,因此带来的物理性质参数如比热容比、热导率、黏性系数等的变化不容忽视,在本书的模拟中,采用的变比热容计算方法为分段多项式法,即将每个单元体的比热容写成温度 T 的多项式函数:

$$C_{p,i,j,k} = a_0 + a_1 T_{i,j,k} + a_2 T_{i,j,k}^2 + a_3 T_{i,j,k}^3 + a_4 T_{i,j,k}^4 + a_5 T_{i,j,k}^5 + a_6 T_{i,j,k}^6 + a_7 T_{i,j,k}^7 \tag{2-25}$$

式中:$a_0, a_1, \cdots, a_7$ 为常数。与之类似,热导率的计算也采用了分段多项式处理方法。

气体分子黏性系数 μ 随温度的变化利用 Sutherland 公式进行计算:

$$\mu = \mu_0 \left(\frac{T}{T_0}\right)^{3/2} \frac{T_0 + S}{T + S} \tag{2-26}$$

式中:$\mu_0 = 1.715 \times 10^{-5}$, $T_0 = 273.11\text{K}, S = 110.56\text{K}$。

2.2 典型流动特征数值验证

本书中喷管气动矢量是通过二次流控制主流偏转实现的。喷管内部的基本流动特征是高速气流中的横向射流,流场中具有复杂流动分离结构、激波系结构等。本节选取两类典型横向射流(二维自由横向射流和受限空间横向射流)试验结果来验证数值模拟方法的可行性。从对主分离区位置的预测、激波位置的捕捉及壁面压力分布的预测等方面校核验证数值方法。

2.2.1 二维自由横向射流验证

横向射流常见于航空领域不同部件的流动控制,如燃烧室中气流掺混、涡轮叶片冷却、气动矢量控制、短距/垂直起降(V/STOL)飞机的地面效应等。根据主流来流速度的大小可分为超声速流中的横向射流和亚声速流中的横向射流,根据二次流喷射速度的不同,又可以分为亚声速、声速及超声速横向射流。其中,声速二次流射入超声速主流是目前常见的横向射流。研究者们自 20 世纪 50 年代以来,一直将超声速中横向射流的基本流动特征作为重点方向,并开展了大量的数值模拟和试验研究。尽管近几十年来,平板上超声速流中横向射流的研究始终未有间断,但 Zukoshi 和 Spaid 早期在美国加州理工学院进行的一系列超声速中的横向射流研究仍是最经典的代表。本小节主要基于其二维自由横向射流试验数据对数值模拟方法进行校验。

Zukoshi 和 Spaid 等在加州理工大学喷气推进实验室(JPL)的 20 英寸[①]超声速风洞中,将声速气流通过有限展长射缝垂直射入平板自由超声速来流(具有

---

① 1 英寸 = 2.54cm。

湍流附面层)中进行了横向射流模型试验。完成了不同气体类型(N_2、He)、不同二次流压比及不同超声速来流(Ma=2.61、3.50 和 4.54)条件下,横向射流流场中气动参数、壁面压力的试验测量。其试验模型如图 2-3 所示,其中,平板长 18 英寸,测试区域宽度及射缝展向长度 6.0 英寸,射缝宽度 0.0105 英寸,为了保证横向射流的二维性,在射缝两端设置了长 6 英寸、高 1.5 英寸的玻璃挡板。

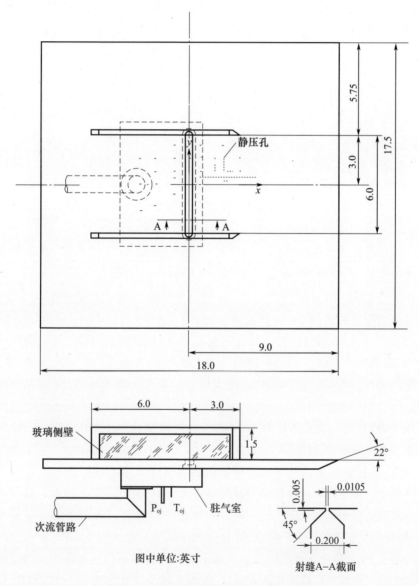

图 2-3 Zukoshi 和 Spaid 等的试验模型

Sriram 等指出,对于超声速中的横向射流,主流来流马赫数与二次流压比不同,湍流模型的预测准确性也会有所不同。为了验证适用于本书数值模拟研究的湍流模型,这里选取了一组主流来流马赫数和二次流压比等参数与固定几何气动矢量喷管基本一致的试验数据作为校核参数。其中,$Ma = 2.61$、二次流压比为1.21,工质为N_2。

计算模型区域的确定考虑了流场的二维性及计算快速性,选取试验段中心附近、宽度为2倍射缝宽度(d)的区域作为计算域。

计算方程为三维守恒性N-S方程,流动中的对流项、湍动能及湍动能耗散率等采用二阶迎风格式进行空间离散,方程中黏性项采用中心差分格式进行空间离散。

在湍流模型及计算网格选取时,考察了S-A一方程湍流模型、Realizable $k-\varepsilon$ 两方程湍流模型(增强型壁面函数)、RNG $k-\varepsilon$ 两方程湍流模型(增强型壁面函数)、带压缩效应的 SST $k-\omega$ 湍流模型(壁面处理为双层区模型)及SAS(非定常求解)。计算网格采用结构化分区生成的H型网格,共3套网格,如表2-1所列。

表 2-1 计算网格

网格编号	网格数量	附面层第一层高度/m	y^+
#1	$350 \times 120 \times 40$	5×10^{-6}	1~3
#2	$420 \times 200 \times 40$	1×10^{-6}	0.5~1
#3	$500 \times 250 \times 40$	1×10^{-6}	0.5~1

计算边界条件见图2-4,具体设置如下:

远场边界:计算域进口及上侧为远场边界A,给定来流 $Ma = 2.61$,静压$P_0 = 6809$Pa,流动矢量方向(1,0,0),静温 $T_0 = 134.48$K。

压力出口:对计算域出口B,给定背压 $P_{atm} = P_0 = 6809$Pa,方向垂直于出口边界。

压力进口:对二次流进口D,给定进口总压 $P_{sec}^* = 159268.9$Pa,$T_{sec}^* = 297.7$K,气流进口方向垂直于边界。

壁面:平板壁面E为绝热无滑移壁面边界条件。

平板上二元超声速流中横向射流的基本流动结构如图2-5所示。高压二次流经收敛通道以声速射入超声速主流,在主流中继续膨胀,在射流周围形成桶状激波,在桶状激波收尾处产生马赫盘,并在主流中形成一定的射流深度,但最终在主流的冲击下,于下游不远处附着于平板上。二次流对超声速主流产生明显的干扰,首先,在二次流喷口前产生诱导激波,使得通过诱导激波的主流静压骤升,形成

---

① 1atm = 101.325kPa。

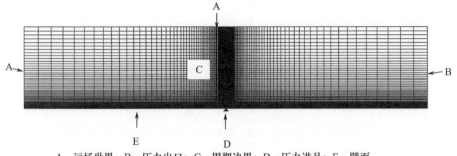

A—远场世界；B—压力出口；C—周期边界；D—压力进口；E—壁面。

图 2-4 数值模拟用的几何模型

强的逆压力梯度,该逆压力梯度在附面层亚声速层中前传,并使得附面层分离;楔形的附面层分离区对主流产生扰动,进而形成分离激波;主流绕过分离区及二次流时,先后发生膨胀加速并转向,并在二次流附着点附近产生再附激波。另外,在二次流喷口的前、后及周围,二次流与主流相互作用分别产生复杂的分离涡系及剪切层。虽然平板上超声速主流中的横向射流模型简单,却包括了激波、分离、剪切层等复杂特征,因此用以模拟该现象的数值方法必须通过试验数据的校核。

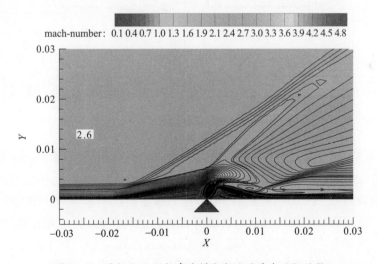

图 2-5 平板上二元超声速横向射流的基本流场结构

图 2-6 给出了沿平板中心线的无量纲压力分布(用自由来流静压无量纲化)。可以看到,在二次流喷口前,S-A 一方程湍流模型、Realizable $k-\varepsilon$ 两方程湍流模型和 RNG $k-\varepsilon$ 两方程湍流模型预测的压力阶跃位置偏后,即二次流喷口前高压区范围偏小,预测的突升的压力"凸台"数值比试验值较大;在二次流喷口后的低压区内,此3种模型的预测值也偏大。带压缩效应的 SST $k-\omega$ 湍

流模型及 SAS 模型都能够准确地预测出分离点位置、静压升高的曲率,压力"凸台"数值的误差基本在 2% 以内;二者对喷口后低压区范围的捕捉也基本合理,虽然 SAS 模型预测的低压区压力值比 SST $k-\omega$ 湍流模型略有偏高,但总的来讲,此两类湍流模型对选定的超声速中的横向射流的数值模拟均具有较好的精度。在计算时间上,SAS 模型属于非定常数值模拟,用时更长,因此 SST $k-\omega$ 湍流模型更适于本书的研究。通过对#1~#3 三套网格进行的网格无关性验证发现,#2、#3 网格在预测分离点及压力阶跃上更为准确,但是#1 网格与之差别不超过 1%,考虑数值模拟的速度,#1 网格适于大量计算工况的数值模拟。因此,本书中制作的网格的节点分布规律与#1 网格一致。

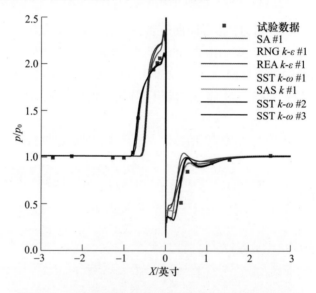

图 2-6 不同湍流模型下壁面静压分布的对比(见彩页)

图 2-7 对比了不同湍流模型所预测的二次流马赫盘高度,可以看出 S-A 一方程湍流模型、SST $k-\omega$ 湍流模型所得马赫盘高度基本一致。但是由于 S-A 一方程湍流模型不能预测均匀各向异性湍流的耗散,并且单方程模型没有考虑长度尺度的变化,这对流动尺度变化比较大的平板上超声速中的横向射流并不太适用(横向射流从有壁面影响的流动变化到自由剪切流,流场尺度变化明显),因此,对本模拟工况,S-A 一方程湍流模型预测的分离位置靠后,如图 2-8(a)、(d)所示。对于两方程模型,如 Realizable $k-\varepsilon$ 湍流模型、RNG $k-\varepsilon$ 湍流模型及 SST $k-\omega$ 湍流模型,前两者对马赫盘高度的预测比后者偏小,相应的二次流喷口前分离区也较小。

不同湍流模型及网格条件下,二次流喷口前后分离及再附特征如图 2-8 中壁面极限流线分布所示。其中,红色实线表示分离线,红色虚线表示再附线,可

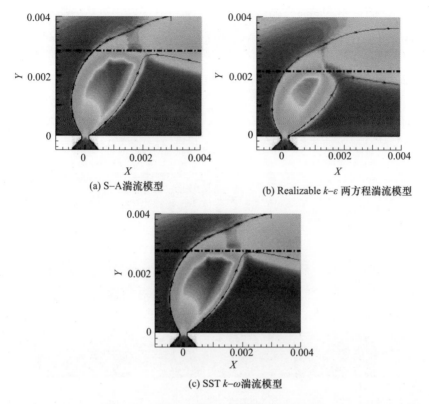

图 2-7 不同湍流模型时马赫盘高度的对比

以看出,S-A 一方程湍流模型、SST $k-\omega$ 湍流模型预测的分离/再附结构基本一致,在二次流喷口前存在对转涡,二次流喷口后存在分离涡及诱导的二次分离涡,如果流场尺度变化更小些,S-A 一方程湍流模型应该可以模拟的更准确,甚至可以替代 SST $k-\omega$ 湍流模型。而 Realizable $k-\varepsilon$ 湍流模型、RNG $k-\varepsilon$ 湍流模型预测的喷口前分离/再附特征与 SST $k-\omega$ 湍流模型等一致,但在二次流喷口后,并未能够预测出诱导的二次分离涡,这也就使得其预测的静压力分布与试验结果差别偏大。

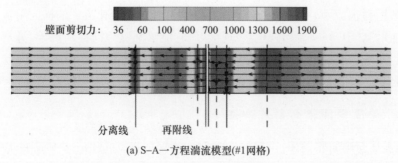

(a) S-A 一方程湍流模型(#1网格)

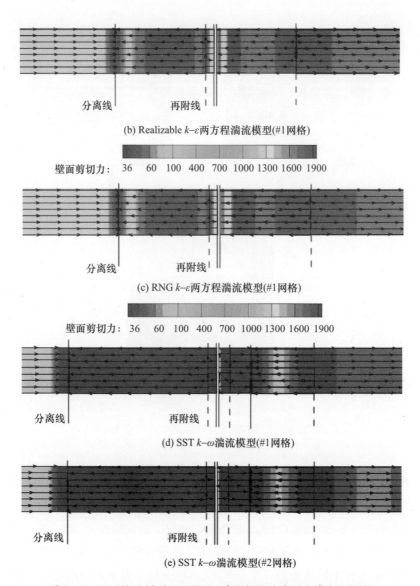

图 2-8　不同湍流模型及网格时，壁面极限流线的分布（见彩页）

因此，对来流 $Ma<3.0$、二次流压比约为 1.2 的超声速流中的横向射流流动特性的预测，SST $k-\omega$ 湍流模型表现最好，它能够准确地捕捉到诱导、分离激波的位置，对喷口前高压"凸台"及喷口后低压分布的预测均有很好的表现，是本书进行固定几何气动矢量喷管性能研究的首选模型。

2.2.2　受限空间横向射流验证

激波矢量喷管将高压、声速二次流射入喷管扩张段的超声速主流中，以形成诱导激波,使流经激波的主流发生偏转,其基本流动机理是受限空间内、顺压力梯度(加速流)中的超声速横向射流。目前,国内外科研人员对激波矢量控制技术已进行了较多的研究,其中一些模型试验方案完备、合理、测量精度高,而且提供了较为详细的流动细节,能够用来验证本书数值模拟方法的可行性及选用湍流模型的合理性。本节选用 NASA Langley 研究中心在 16 英尺①跨声速风洞的 Jet Exit Test Facility (JETF)试验台(图 2-9(a))上开展的模型试验结果作为校核数据。

该试验模型为二元喷管,如图 2-9(b)所示,喷管设计落压比 NPR_D = 8.78,喉部面积 A_8 = 4.317 平方英寸,展向宽度为 3.99 英寸。为了观测喷管的内流场特征,采用了光学玻璃作为侧壁面。本书选取单缝喷射模型作为验证对象,其几何参数如下:喷射位置 X_j = 4.1 英寸,射缝长度 L = 3.49 英寸,射缝宽度 w = 0.08 英寸。

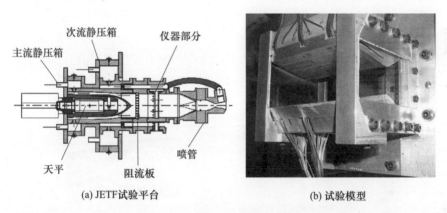

(a) JETF试验平台　　　　　　　　(b) 试验模型

图 2-9　NASA 兰利研究中心的激波矢量技术试验平台及模型(见彩页)

计算模型的选取考虑了二元喷管的对称性,选取模型的一半为计算对象。

对于计算格式,选用三维守恒型 N-S 方程,流动中的对流项、湍动能及湍动能耗散率等采用二阶迎风格式进行空间离散,方程中的黏性项则采用中心差分格式进行空间离散,时间项采用全隐式耦合求解算法。

考察的湍流模型包括 S-A 一方程湍流模型、Realizable $k-\varepsilon$ 两方程湍流模型(增强型壁面函数)、带压缩效应的 SST $k-\omega$ 湍流模型(壁面处理为双层区模型)。计算网格采用结构化分区生成 H 型网格,总数量约为 470 万,壁面 y^+ = 1~3,如图 2-10 所示。

计算边界条件如图 2-10 所示。边界类型包括压力进口、远场边界、压力出口、对称边界及壁面等。边界设定分别如下:

压力进口包括远场进口 A、喷管主流进口 E、二次流进口 F。其中,远场进口

---

① 1 英尺 = 0.3048m。

总压 $P_0^* = 101.502\text{kPa}$,总温 $T_0^* = 300\text{K}$;喷管主流进口总压 $P_0^* = 446.095\text{kPa}$,静压 $P_{\text{noz}}^* = 101.325\text{kPa}$,总温 $T_{\text{noz}}^* = 300\text{K}$;二次流进口总压 $P_{\text{sec}}^* = 326.266\text{kPa}$,总温 $T_{\text{sec}}^* = 300\text{K}$,气流进口方向垂直于边界。

计算域上、下及左侧 B 为远场边界,给定来流 $Ma_\infty = 0.05$,静压 $P_0 = 101.325\text{kPa}$,流动矢量(1,0,0),静温 $T_0 = 300\text{K}$。

计算域出口 C 给定压力出口边界,其背压 $P_{\text{atm}} = P_0 = 101.325\text{kPa}$,回流总温 300K,方向垂直于边界。

计算域对称面 D 上为对称边界条件。

喷管各壁面上为绝热无滑移壁面边界条件。

与平板上自由横向射流相比,喷管内超声速流中的横向射流的特点是主流处于顺压力梯度工况,气流在不断加速,因此对于不同二次流喷射位置,喷口前来流 Ma 不同,这将影响射入深度及喷口前后分离区的大小。由于喷管内空间有限,某些工况下二次流不再附着于喷管壁面,二次流喷口下游的分离区表现为开式分离,并且外界自由大气会绕过唇口进入喷管,即二次流喷口后流动分离/再附情况发生改变。

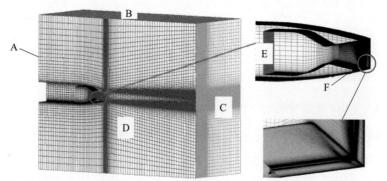

A—远场进口;B—远场边界;C—出口边界;D—对称面;E—喷管进口;F—二次流进口。

图 2-10 计算网格及边界条件

图 2-11 给出了不同湍流模型预测的下壁面的中心线上静压分布(以喷管进口总压进行无量纲化)。可以看出,在二次流喷口前,S-A 一方程湍流模型、Realizable $k-\varepsilon$ 两方程湍流模型预测的分离点位置偏后,即分离区长度偏小,所得的阶跃平台的压力数值偏大;而在二次流喷口后,这两类湍流模型预测的压力值偏小。对于 SST $k-\omega$ 湍流模型,它不仅准确地捕捉到了主分离点的位置,对压力阶跃增长的梯度预测也非常准确,高压"凸台"上的试验数据点基本落在该湍流模型的压力分布线上。另外,在二次流喷口的下游,该模型也表现出了非常好的预测能力,相对误差基本保持在2%以内。因此,可以得出,在受限空间内,

SST $k-\omega$ 湍流模型能得到令人满意的模拟结果,这进一步证实了本书采用该湍流模型进行激波矢量喷管性能研究的可行性。

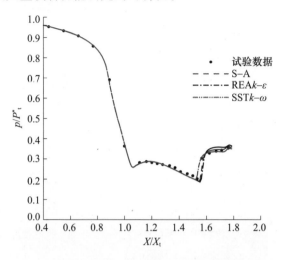

图 2-11 不同湍流模型下壁面压力分布的对比(见彩页)

此外,本节还对比了各湍流模型对附面层分离(主分离)位置的预测,如图 2-12 所示。通过油流法获得的主分离区位置为 $X/X_t=1.543$,S-A 湍流模型、Realizable $k-\varepsilon$ 湍流模型、SST $k-\omega$ 湍流模型的预测位置分别为 1.563、1.569、1.541。其中 SST $k-\omega$ 湍流模型预测结果的精度在 0.2% 以内,证明了 SST $k-\omega$ 湍流模型对流动分离的良好预测性。

通过流场结果与试验纹影的叠加对比(图 2-13)可以看出,SST $k-\omega$ 湍流模型能够非常好地预测出喷管内各激波的位置,对诱导激波、出口激波、激波相交等的预测均与试验结果相吻合,这说明该湍流模型对喷管内流场的主要特征具有很好的预测能力。

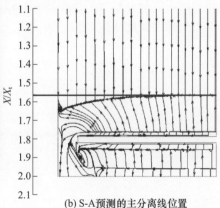

(a) 试验得到的主分离线位置　　(b) S-A预测的主分离线位置

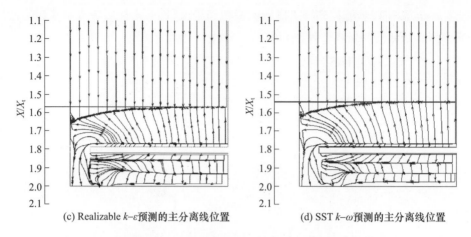

(c) Realizable k-ε 预测的主分离线位置　　(d) SST k-ω 预测的主分离线位置

图 2-12　不同湍流模型预测的主分离线位置

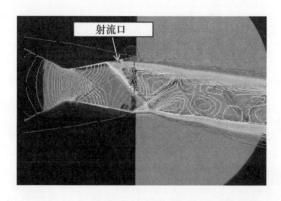

图 2-13　SSTk-ω 湍流模型预测结果与试验纹影观测结果的对比

综合 SST k-ω 湍流模型对喷管壁面中心线上静压分布、主分离线位置及喷管内激波结构的模拟效果,可以确定该湍流模型对顺压力梯度、受限空间的超声速横向射流具有较好的预测能力,能够用于固定几何气动矢量喷管流场特性及推力矢量性能的研究。

第3章 激波矢量喷管流动特征及参数影响规律

固定几何气动矢量喷管结构简单、质量轻、推力矢量响应迅速,是近年来排气系统领域研究的热点。本章主要针对可用于未来高推重比航空发动机排气系统的激波矢量喷管进行系统的介绍,包括激波矢量喷管的工作机制、喷管内流的流动机理、关键气动/几何参数对推力矢量性能影响的规律及推力矢量建立/恢复的动态特性等几个方面。

3.1 激波矢量喷管性能参数的定义方法

激波矢量喷管主要的性能参数包括推力矢量角、推力系数、推力矢量效率、流量系数,其具体的定义及计算方法如下。

推力矢量角(δ_p)是激波矢量喷管的关键性能参数之一,可通过对喷管所受侧向力与轴向力比值的反正切求得。一般而言,喷管受力有两种计算方式:①通过对壁面压力积分直接求得;②采用动量定理求得。对于激波矢量喷管,高压二次流从喷管扩张段射入超声速主流,在喷管内部形成激波系、分离流、激波/附面层相互干扰及二次流与主流掺混等复杂的流动特征,采用壁面压力直接积分法求解喷管的受力,所得结果的精度相对较低,因此,本书主要基于动量定理求解喷管受力。

经过动量定理推导,可将喷管壁面的受力用喷管出口截面 A_9 上的压差力和动量力表示。直接对喷管出口截面各微元面的压力差求和,获得喷管出口压差力:

$$F_p = \sum_{i=1}^{n} (p_i - p_0) \cdot A_i \quad (3-1)$$

喷管出口流向方向(X方向)因喷流动量而产生的力 F_x 可以通过对出口截面微元面上流量与对应速度乘积的求和获得:

$$F_x = \sum_{i=1}^{n} (\rho V_{x,i} \cdot A_i) \cdot V_{x,i} \quad (3-2)$$

喷管出口垂直方向(Y方向)因喷流动量而产生的力 F_y 可以通过对喷管出

口截面微元面上流量与 Y 方向速度乘积的求和获得：

$$F_y = \sum_{i=1}^{n}(\rho V_{x,i} \cdot A_i) \cdot V_{y,i} \tag{3-3}$$

总推力为

$$F_{\text{noz.}} = \sqrt{(F_p + F_x)^2 + F_y^2} \tag{3-4}$$

可获得推力矢量角 δ_p：

$$\delta_p = \arctan(F_y/(F_p + F_x)) \tag{3-5}$$

推力系数 C_{fg} 是激波矢量喷管的另一个关键性能参数,定义为实际推力与理想推力(主流与二次流理想推力之和)之比：

$$C_{\text{fg}} = F_{\text{noz.}}/(F_{\text{i.noz.}} + F_{\text{i.sec.}}) \tag{3-6}$$

式中：$F_{\text{i.noz.}}$，$F_{\text{i.sec}}$ 分别为喷管及二次流的理想推力,它们可通过一维等熵流动方程求得,

$$F_{\text{i.noz}} = W_{\text{noz}}\sqrt{\frac{2\kappa R}{\kappa - 1}}\sqrt{T_{\text{noz}}^*\left[1 - \left(\frac{p_0}{P_p^*}\right)^{\frac{\kappa-1}{\kappa}}\right]} \tag{3-7}$$

$$F_{\text{i.sec.}} = W_{\text{sec.}}\sqrt{\frac{2\kappa R}{\kappa - 1}}\sqrt{T_{\text{sec.}}^*\left[1 - \left(\frac{p_o}{P_{\text{sec.}}^*}\right)^{\frac{\kappa-1}{\kappa}}\right]} \tag{3-8}$$

推力矢量效率(Vectoring Efficiency, V. E.)是评价单位百分比的二次流实现推力矢量角的能力,其单位为(°)/%,具体表达如下：

$$\text{V. E.} = \delta_p/\omega\sqrt{\tau} \tag{3-9}$$

式中：$\omega\sqrt{\tau}$ 为二次流折合流量比,

$$\omega\sqrt{\tau} = W_{\text{sec.}}\sqrt{T_{\text{sec.}}}/W_{\text{noz.}}\sqrt{T_{\text{noz.}}} \tag{3-10}$$

其中：下标 sec. 代表二次流参数,noz. 代表喷管主流参数。

其他性能参数,如喷管主流流量系数 $C_{\text{D.noz.}}$、二次流流量系数 $C_{\text{D.sec.}}$ 定义分别如下：

$C_{\text{D.noz.}}$ 定义为喷管主流实际流量与理想流量之比：

$$C_{\text{D.noz.}} = W_{\text{noz.}}/W_{\text{i.noz.}} \tag{3-11}$$

$C_{\text{D.sec.}}$ 定义为二次流实际流量与理想流量之比：

$$C_{\text{D.sec.}} = W_{\text{sec.}}/W_{\text{i.sec.}} \tag{3-12}$$

3.2 激波矢量喷管的工作原理及流动机理

3.2.1 激波矢量喷管的工作原理

图 3-1 给出了激波矢量喷管的工作原理示意图。可以看到,激波矢量喷管

收敛段的几何构型不变,在扩张段上开设二次流喷口。激波矢量喷管工作时,将从航空发动机压缩部件(风扇或压气机)引出的高压二次流射入到喷管扩张段的超声速主流中,对超声速主流产生扰动,在喷管内形成诱导激波,使经过诱导激波的主流发生偏转,从而产生推力矢量。这种气动矢量喷管的推力偏转与激波相关,因此称为激波矢量喷管。激波矢量喷管产生推力矢量的关键是在喷管上下壁面形成的压力差,如图3-2所示,上壁面因激波而产生的"凸台"状高压区提供了主流偏转的动力。

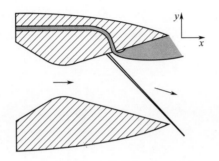

图3-1 激波矢量喷管的原理示意图

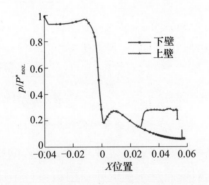

图3-2 激波矢量喷管壁面的压力分布

将等量的高压二次流等熵、完全膨胀的喷出发动机外,可获得垂直方向(y方向)的侧向力$F_{s,y}$,该侧向力数值上小于高压二次流射入喷管后产生的侧向力F_y,将两者之比定义为放大因子K,为

$$K = F_y/F_{s,y} \tag{3-13}$$

基于数值模拟结果可知,放大因子K的范围一般在1.2~2.0之间。即采用喷管内二次流喷射比将二次流直接喷出发动机能得到更大的侧向力,可获得更大的推力矢量角。相应地,在喷管内部实施气动矢量控制获得的推力矢量效率高于外部实施的气动矢量控制,这是内流气动矢量控制成为研究热点的主要原因。在激波矢量喷管中,放大因子$K>1$的根源在于高压二次流与主流的相互

作用,所产生的诱导激波损耗主流能量用以提高了壁面的压力。

3.2.2 激波矢量喷管的内/外流流动机理

本书所用的激波矢量喷管构型如图 3 – 3 所示,其基准喷管为二元收敛 – 扩张喷管,喷管扩张角度为 13.52°,喷管出口面积与喉部面积之比 $A_9/A_8 = 2.33$,喷管设计落压比 $\mathrm{NPR_D} = 13.88$。其他的几何参数如下:二次流喷射角度(二次流喷射方向与喷管轴线夹角)$\theta = 90°$,二次流喷口相对位置(二次流喷口至喉部的距离与喷管扩张段长度之比)$X_j = 0.688$,二次流喷口相对面积(二次流喷口面积与喷管喉部面积之比)$A_s = 0.0934$,二次流喷口无量纲展向长度(二次流喷口展向长度与喷管宽度之比)$\bar{l} = 1.0$。

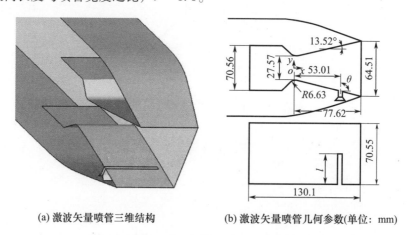

(a) 激波矢量喷管三维结构　　(b) 激波矢量喷管几何参数(单位: mm)

图 3 – 3　激波矢量喷管的几何构型

计算网格及边界条件给定方法见 2.1.3 节。计算网格是分区生成的 H 形网格,总量约为 230 万,对壁面及二次流喷口附近进行了加密处理,保证壁面第一层网格 y^+ 范围为 1~3。喷管进口边界总压根据落压比(NPR = 10、13.88、16)确定,喷管进口总温为 800K;外场压力进口边界总压为 101.502kPa,总温为 300K;二次流进口边界总压根据二次流压比(SPR = 0.6、1.0、1.2、1.5)给定,总温则根据等熵条件计算(2 – 24);出口边界静压为 101.325kPa、温度为 300K;远场边界静压 $p_0 = 101.325\mathrm{kPa}$,来流马赫数 $Ma_\infty = 0.05$,温度 $T_0 = 300\mathrm{~K}$;研究对象左右对称,以中心面为对称面,在对称边界上,垂直边界的速度分量为零,任何量的梯度为零;在固体壁面,给定绝热无滑移壁面边界条件。

引自航空发动机压缩部件的高压二次流通过喷管扩张段的二次流喷口射入超声速主流。由于二次流压力较大,在二次流通道出口处,二次流仍处于欠膨胀状态,它在主流中继续膨胀,并在主流中形成一定的射流深度。其流场结构特征是存在绕二次流射流的桶状激波及马赫盘,如图3-4所示。对于超声速主流,二次流射入是一个强烈的扰动源,在主流中形成弓形诱导激波,诱导激波始于附面层中的超声速区。它带来两方面的影响:一方面,主流经过诱导激波后静压骤升形成强逆压力梯度,其作为扰动在附面层中的亚声速区向上游传递;另一方面,附面层中的强逆压力梯度使得激波前附面层厚度增加,造成壁面附近低速区抗逆压能力减弱。在强逆压力梯度的作用下,近壁面区出现低速气流的回流,即形成流动的分离,该处分离区的形态表现为具有一定分离长度的楔形,如图3-4(a)所示,同时它作为另一个扰动源,在超声速主流中形成分离激波。分离激波与诱导激波相互作用,形成"λ"激波,其特点是激波角度从根部起逐步减小,激波强度逐渐减弱。对于激波矢量喷管,"λ"激波的两个激波分支之间的区域表现为高压区,是推力矢量偏转力的主要贡献区。

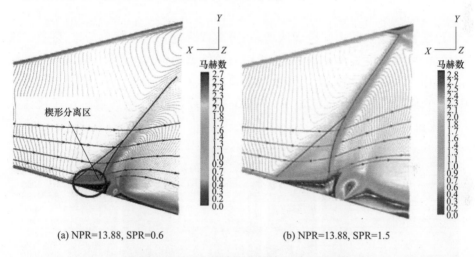

(a) NPR=13.88, SPR=0.6　　　　　(b) NPR=13.88, SPR=1.5

图3-4　激波矢量喷管对称面上的流场分布

当二次流压比 SPR 增大时,如图3-4(b)所示,诱导激波位置前移,激波强度、角度增加,诱导激波不再是自由的激波,而是被上壁面限制于喷管内的受限激波,此时在喷管上壁面近唇口区域,形成典型的入射激波与附面层相互作用现象,使得上壁面附面层内发生局部分离,并在主流中形成分离激波。另外,分离激波与诱导激波相交产生反射激波,在复杂波系的影响下,喷管上壁面静压局部突升,增压范围即为流动分离区域。诱导激波与喷管上壁面相交造成上壁面静压提升,削弱主流的偏转力,不利于高推力矢量性能的实现。因此,在工程设计或应用中应尽量避免该类现象的出现。研究表明,对于激波矢量喷管,诱导激波与喷管上壁面唇口相交或与唇口略微靠前的上壁面相交时,能够获得最大的推力矢量角。

激波矢量喷管内的激波诱导出复杂的分离涡系,主要集中在下壁面二次流喷口附近。图3-5给出了在设计落压比、不同二次流压比工况下,喷管壁面极限流线的分布。通过壁面极限流线的汇聚与发散,可以判断分离的起始与再附,以及分离区域的位置和大小。可以看到,在二次流喷口前,因诱导激波而产生顺时针的分离涡,分离位置为图中红色实线所示的极限流线汇聚线,该汇聚线的特征是以鞍点为起点,结点为终点,并且随着二次流压比增大,分离线位置前移;在该分离涡与二次流之间,因流动的引射作用,生成逆时针的诱导涡,诱导涡与分离涡的界线是两个涡的再附线,其特征与汇聚线相反——以结点为起始点,鞍点为终点,如图中红色虚线所示。二次流喷口前极限流线拓扑结构不随喷管落压比或二次流压比发生改变,但二次流喷口后的涡结构却与气动参数紧密相关,在低的二次流压比下(SPR=0.6),如图3-5(a)所示,二次流动量较小,在主流的冲击下,二次流再次贴附于喷管下壁面,因此二次流喷口下游的分离表现为闭式分离,再附线如图中红色虚线所示,分离线靠近二次流喷口后缘;随着二次流增加,射流深度提高,二次流不再附着喷管壁面,二次流喷口后表现为开式分离,由于射流深度较大,在二次流喷口后负压程度明显,外流绕过唇口进入喷管内,同时在唇口形成绕流涡,如图3-5(b)所示,红色虚线标出了绕流涡的再附位置。

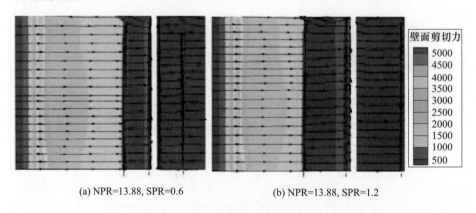

(a) NPR=13.88, SPR=0.6　　(b) NPR=13.88, SPR=1.2

图3-5　激波矢量喷管的下壁面的极限流线分布

以上给出了激波矢量喷管内部的复杂流动特征,众所周知,复杂流场中的激波、分离及剪切层等往往伴随着流动的不稳定性。对于激波矢量喷管,能否形成稳定的推力矢量是工程界的主要关注点。主流经过诱导激波发生偏转、形成推力矢量,流场的稳定程度决定了矢量角的稳定程度。通过研究可知,激波矢量喷管内诱导激波前后均存在流动分离,射流与主流之间存在强烈的湍流剪切层,二次流射流受其下游分离区的影响也存在稳定性问题,其下游的分离情况随气动参数发生改变,并向上游前传影响诱导激波的稳定性。

不同二次流压比下,二次流喷口下游分离形态不同。这里以对闭式分离(SPR=0.6)及开式分离(SPR=1.2)工况的非定常数值模拟结果进行分析。其中,计算时间步长 Δt 根据网格特征尺寸与主流特征速度确定,取为 1×10^{-6} s,计算步数为30000步。图3-6给出了静压监控点分布(位于诱导激波后),对监控压力进行快速傅里叶变换(FFT)后得到幅值—频率特性,可以发现,两种工况下,频谱图中均存在两个峰值频率,分别对应低频 $f_L=2.37$ kHz、高频 $f_H=4.46$ kHz 和低频 $f_L=1.75$ kHz、高频 $f_H=3.55$ kHz。根据影响流场非定常性的各因素的频率特征可以确定,此处频率特征为低频的流动分离所致。其中,开式流动分离的峰值频率比闭式流动分离的峰值频率略小。从幅值特征可以发现,开式流动分离的峰值频率对应的最大幅值约为闭式流动分离最大幅值的2.35倍,其最大幅值约为0.04 atm,即激波后静压波动幅值约为2%。基于此,可以判定,对于激波矢量喷管,复杂的内流特性不会导致推力矢量角的明显波动,推力矢量角保持为稳定值。

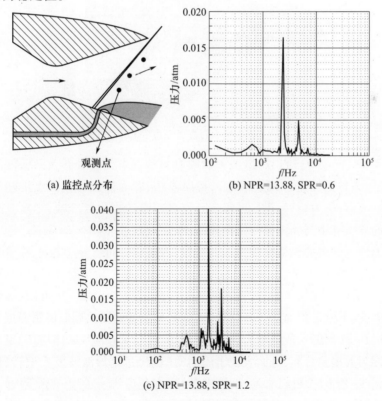

(a) 监控点分布
(b) NPR=13.88, SPR=0.6
(c) NPR=13.88, SPR=1.2

图3-6 激波矢量喷管内的非定常特征

激波矢量喷管壁面温度分布如图3-7所示,可以看到,二次流的射入对喷管下壁及侧壁面温度影响明显。由于二次流喷口后分离处低压区的存在,外流低温气流绕过喷管唇口进入喷管,使得二次流喷口后的下壁面出现大范围低温区,与上壁面相同位置的壁面温度相比,降低约360~460K。喷管侧壁面受到二次流温度的影响,温度也相应地下降。另外,在下壁面与侧壁面交汇处局部温度略高,该处主要受到侧面高温辐射的影响。从激波矢量喷管内部温度分布规律可以得到:①二次流对喷管壁面起到一定的冷却作用。②进入喷管的低温外流可以大面积的冷却二次流喷口后的壁面。因此,激波矢量喷管与常规喷管相比,红外辐射强度会有一定程度的减弱。

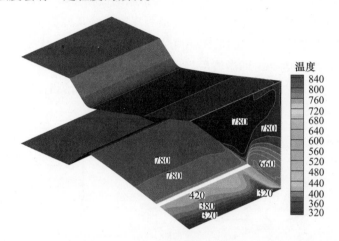

图3-7 激波矢量喷管内壁面的静温分布(NPR=13.88,SPR=1.2)

图3-8(a)、(b)给出了激波矢量喷管对称面上流场分布及下壁面静压分布(以喷管进口总压进行无量纲化),可以发现,壁面静压的突升点正好对应于附面层分离点,压力"凸台"上的高压区与对转涡的再附区一致,二次流喷口后下壁面的静压基本与周围大气保持相同。

本书研究的激波矢量喷管为二元喷管,因此在附面层分离之前,喷管内的流动表现出非常好的二维性,如图3-9(a)所示。但是二次流射入扩张段后,在侧壁面与上、下壁面相交区附近,存在明显的三维效应,从图3-9可以看到,在靠近侧壁面处,下壁面附面层分离位置略靠前,其主要是因为侧壁面附面层和下壁面附面层相交,低能区范围增大,抵抗逆压力梯度的能力下降,因而出现下壁面附面层的局部提前分离,进而表现出流动的三维性。

从图3-9(b)中可以看到,喷管内激波(红色虚线所示)在侧壁附近发生偏折,这说明诱导激波与侧壁面相交,使得侧壁面附面层也发生了分离,进而生成了分离激波,其与诱导激波相交后,表现为偏折的激波截面。从图3-9(b)、

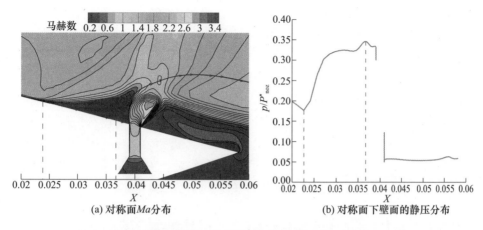

(a) 对称面Ma分布　　　　　　　　(b) 对称面下壁面的静压分布

图 3-8　激波矢量喷管的内流特征分布（NPR=13.88, SPR=1.2）

(c)中可清楚的看到,近侧壁面处向上(Y方向)的速度矢量分布,此处产生的涡量是主流在下游卷吸周围大气的动力之一。在喷管出口截面上,如图 3-9(d)所示,还可以看到诱导激波局部与上壁面相交,虽然未造成流动的分离,但是使得附面层明显变厚。

图 3-9(c)、(d)中近侧壁面处存在局部高速区(用点划线圈出),该处高速区的生成主因如下:近侧壁面的主流流过激波强度较小的分离激波,总压损失较小,主流在喷管扩张段中迅速膨胀,速度增大。侧壁面三维效应的另一影响体现在侧壁面与下壁面的交汇角区,在二次流喷口之前,主流在侧壁面分离形成的流向涡与在下壁面分离形成的展向涡发生干涉,使得角区低能区略有减小,但在二次流喷口后,侧壁面分离涡上移,不再与下壁面分离涡干涉,取而代之的是二次流。由于二次流压力较大,迫使侧壁面处附面层向下流动,逐渐侵入二次流后的开式分离区,并且越靠近下游(图 3-9(d)),该入侵越明显,在喷管出口已经形成明显的顺时针流向涡,该处流向涡也使得喷管下游尾流对周围大气卷吸更加剧烈,使得高温尾流迅速冷却。尽管在近侧壁面附近激波矢量喷管局部表现出了三维性,但对大宽高比的二元激波矢量喷管,喷管内流动的大部分展向区域仍表现出非常好的二维性。

激波矢量喷管的尾流分布如图 3-10 所示。可以看出,在喷管出口附近(X=0.06m),喷管尾流仍保持为矩形状,但随着尾流向下游发展,具有流向涡量的主流不断卷吸周围大气,使得尾流发生变形。从图中可见,尾流中主要存在三方面变形,分别位于顶部、底部与两侧,与它们相应的涡量来源分别为:内流中的诱导激波与上壁面相交形成的加厚的附面层、侧壁面与下壁面相交处卷起的顺时针流向角涡、诱导激波造成的侧壁面分离。激波矢量喷管尾流向下游发展

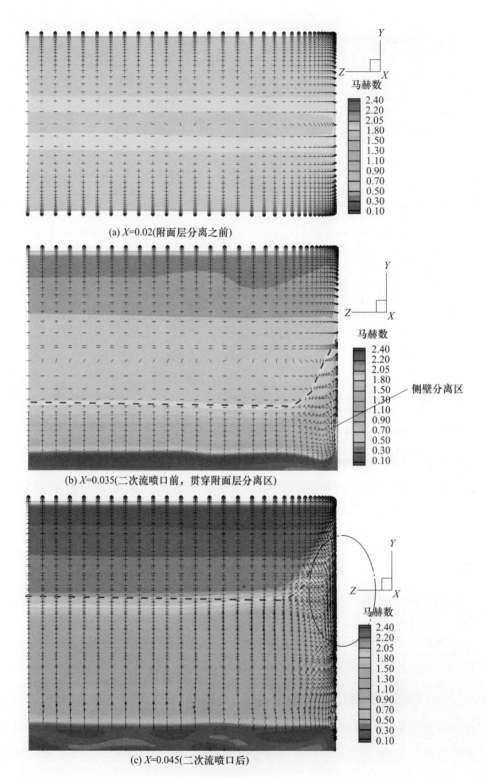

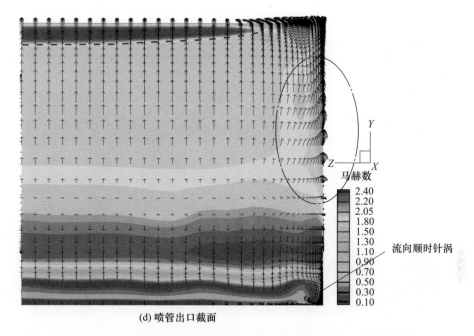

(d) 喷管出口截面

图 3-9 激波喷管内不同横截面的内流场分布(NPR=13.88,SPR=1.2)

的过程,也是此三方面涡量不断发展的过程,其直接结果是尾流横截面形状的变化,如图中 $X=0.08m$ 至 $X=0.24m$ 截面所示,在尾流的顶部两边逐渐形成分叉,在尾流侧部中间位置形成局部的"突起",而尾流的底部则形成"条状"的速度分布。但是由于涡量的耗散,在远后方($X \geqslant 0.32m$)此三方面的特征不断的退化。

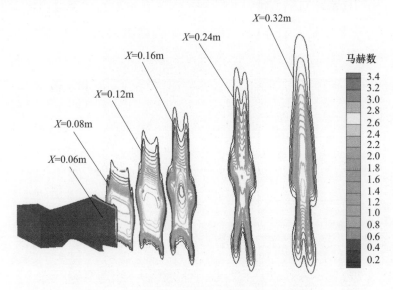

图 3-10 激波矢量喷管的尾流分布(NPR=13.88,SPR=1.2)

激波矢量喷管内,顺压力梯度下超声速主流中的横向射流特征参数主要包括射流深度 h、主分离区长度 L_{sep} 和射流轨迹。其中,主分离区长度对推力矢量性能影响最为直接,关注并分析该参数具有如下优势:①该参数易于获得;②它与射流深度一一对应,在射流深度测量存在明显误差时,它能反映射流深度。图 3-11 给出了不同落压比(NPR)、不同二次流压比(SPR)工况下,主分离区长度的变化特征:主分离区长度基本不随落压比改变而发生变化;随着二次流压比增加,主分离区长度增大。

在不同二次流压比工况下,激波矢量喷管中诱导激波位置发生改变,诱导激波前 Ma 数发生变化,此时,主分离区长度 L_{sep} 再无法采用二次流与主流动量之比 J 及诱导激波前马赫数等关联的关系,平板超声速流中横向射流研究所获得的关联关系在此处不再适用。需要寻找新的能够代替动量比及马赫数等的参数。通过研究发现,二次流折合流量比 $\omega\sqrt{\tau}$ 是一个较好的选择,因为它可以较全面地代表激波矢量喷管中的气动参数和关键几何参数,它更适用于进行喷管内横向射流的主分离区长度的关联式拟合。

主分离区长度 L_{sep} 与二次流折合流量比 $\omega\sqrt{\tau}$ 的关系如图 3-12 所示,可以看到,在本书模拟的工况下,主分离区长度 L_{sep} 和二次流折合流量比 $\omega\sqrt{\tau}$ 基本存在一一对应的关系,并且其变化趋势可用多项式近似为

$$L_{sep}/w = 7.493 + 2.234\omega\sqrt{\tau} + 2.7596(\omega\sqrt{\tau})^2 - 1.392(\omega\sqrt{\tau})^3$$

(3-14)

其中,w 为二次流喷口的宽度。它明显区别于平板上超声速流中横向射流的关联关系,一方面是 $\omega\sqrt{\tau}$ 能够关联主要影响因素,另一方面是它的拟合更便捷。

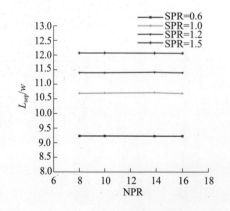

图 3-11 主分离区长度随气动参数的变化

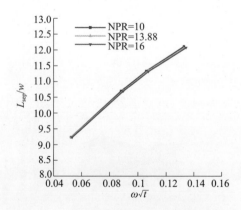

图 3-12 主分离区长度随折合流量的变化

3.3 气动参数对激波矢量喷管性能的影响

激波矢量喷管涉及的气动参数众多,包括喷管落压比、二次流压比、喷管进口总温、二次流进口总温及自由来流马赫数等。其中,二次流进口总温根据二次流总压、喷管总压、喷管总温之间的等熵关系获得,书中不作为独立变量。本节着重分析喷管落压比、二次流压比、喷管进口总温及自由来流马赫数等对激波矢量喷管流动特征及推力矢量性能影响规律。

3.3.1 喷管落压比的影响

保持如下关键参数不变:喷管进口总温 $T_{\text{noz.}}^* = 800\text{K}$,二次流压比 SPR = 1.0,二次流喷口相对面积(二次流喷口面积与喷管喉部面积之比)$A_{\text{sec.}} = 0.0934$,二次流喷射角度(二次流喷射方向与喷管轴线夹角)$\theta = 90°$,二次流喷口相对位置(二次流喷口至喉部的距离与喷管扩张段长度之比)$X_j = 0.688$,分析喷管落压比 NPR 对激波矢量喷管的流动特征及推力矢量性能的影响。其中,喷管落压比的取值分别为 6、8、10、13.88、16。

图 3-13 给出了不同落压比下激波矢量喷管的流场分布。可以看到,不同落压比下诱导激波前马赫数基本保持在 1.8~2.2 之间,诱导激波在靠近上壁面处的激波角度有所不同,这与喷管主流膨胀程度不同有关。激波矢量喷管内的流动本质是主流与二次流的交互作用,其具有顺压力梯度下横向射流的流动特点。二次流与主流交界处的流动特征与主流膨胀程度相关,在严重过膨胀(NPR=6)工况下,主流在二次流喷射位置附近已经基本膨胀至大气静压,气流加速性不明显,因此对二次流的冲击作用弱,二次流轨迹变化平缓,此时二次流喷口后表现为开式分离,如图 3-13(a)所示,二次流射流深度、诱导激波强度及上壁面附近的激波角度较大。而当喷管逐渐变为欠膨胀工况(NPR≥13.88)时,

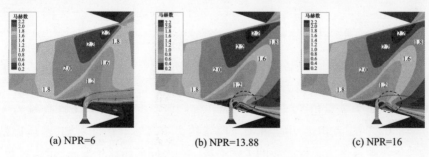

(a) NPR=6　　　　(b) NPR=13.88　　　　(c) NPR=16

图 3-13　不同落压比时,激波矢量喷管的内流特性

主流在二次流射流附近仍保持继续加速(图 3 – 13(b)、(c)虚线圈所示),对二次流的冲击作用较强,使二次流向喷管下壁面偏折,并在二次流喷口后形成闭式分离,此时二次流的射流深度比过膨胀工况略小,相应地诱导激波在上壁面附近的激波角度、主分离区长度均比过膨胀工况略小。

喷管内的流动特性直接影响上、下壁面静压的分布,如图 3 – 14 所示。可以看到,在不同落压比工况下,主流在喷管内上壁面附近一直保持加速流动,因此壁面静压一直减小,在过膨胀工况下,主流在上壁面近出口处已发展至过膨胀状态,气流静压低于大气压,此处产生弱激波以使得静压提高至大气压力,见图 3 – 14 中落压比 NPR = 6、8、10 等工况。随着落压比增大,喷管下壁面二次流喷口前的主分离区长度略有减小,使得下壁面的高压"凸台"范围略有减小;在二次流喷口后,下壁面相对压力随落压比增大而减小,这是由于二次流喷口后开式或闭式分离区的静压一直与周围大气相等所致,主流总压越大,二次流喷口后下壁面的相对压力就越小。后两种因素是影响推力矢量性能随落压比变化的主要因素。

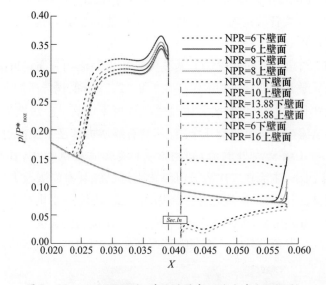

图 3 – 14 不同 NPR 时,壁面的局部压力分布(见彩页)

喷管上、下壁面压力积分差值的变化规律可代表主流偏转力及推力矢量角的变化。从图 3 – 15 可以看出,随着落压比增大,推力矢量角减小,在落压比 NPR = 6 时,推力矢量角 $\delta_p = 14.88°$,而在欠膨胀工况(NPR = 16)时,推力矢量角 $\delta_p = 8.02°$。二者相比,后者相对下降量约为 46.2%。由此可知,落压比是影响激波矢量喷管推力矢量性能的关键参数。在不同落压比工况下,推力系数 C_{fg} 均能够保持较高的水平(约 0.92),并且在略低于设计压比的工况(NPR = 10)

下,获得了最大推力系数 $C_{\text{fg}\cdot\text{max}}=0.932$,这主要是由于诱导激波提高了主流的静压、使得过膨胀工况下的压差损失大幅下降所致。

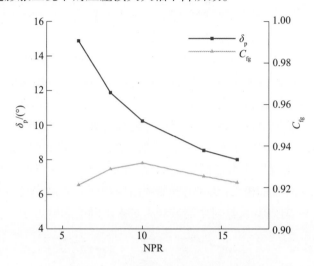

图 3-15 不同 NPR 时,推力矢量性能

激波矢量喷管主、次流的流量系数、二次流折合流量比及推力矢量效率随落压比的变化如表 3-1 所列。其中,喷管流量系数 $C_{\text{D.noz}}$ 约为 0.95,这与本书采用的缩比研究模型有关,研究模型尺寸增大,黏性影响减弱,流量系数将有所提升。二次流流量系数 $C_{\text{D.sec}}$ 在 0.90 附近,略微偏小,它不是本书关注的重点,这里不再详细探讨如何提高该流量系数。二次流折合流量比 $\omega\sqrt{\tau}$ 基本保持为 0.090,结合推力矢量效率的定义,可知推力矢量效率随落压比的变化规律和推力矢量角一致。对于本节研究模型,在落压比 NPR = 6 工况下,推力矢量效率可达 1.66(°)/%。

表 3-1 不同 NPR 时,激波矢量喷管的性能变化

NPR	$C_{\text{D.noz}}$	$C_{\text{D.sec}}$	$\omega\sqrt{\tau}$	V. E.
6	0.947	0.903	0.0897	1.660
8	0.948	0.903	0.0897	1.325
10	0.948	0.903	0.0897	1.169
13.88	0.948	0.904	0.0897	0.952
16	0.948	0.904	0.0897	0.894

3.3.2 二次流压比的影响

在喷管设计压比工况下(NPR = 13.88),分析二次流压比 SPR(0.1、0.2、

0.3、0.4、0.6、1.0、1.2、1.5)对激波矢量喷管的流动特征及推力矢量性能的影响。激波矢量喷管其他气动、几何参数,如喷管进口总温、二次流喷口相对面积、二次流喷射相对位置、二次流喷射角度等见 3.3.1 节。

二次流压比对激波矢量喷管流动特征的影响如图 3-16 所示。可以看到,在二次流压比过低时(SPR=0.1),二次流对喷管主流的影响微弱,仅在二次流喷口附近形成低速分离涡,随着二次流压比增大,二次流流量系数及二次流与主流动量比增加,喷管内的激波系和涡系逐渐形成。在二次流压比 SPR<1.0 时,二次流喷口后表现为闭式分离,二次流压比继续增加,二次流喷口后的分离转变为开式分离,如图 3-16(c)所示。二次流射流深度、主分离区长度、诱导激波的位置及强度随二次流压比增加而明显增大。当二次流压比 SPR>1.2 时,诱导激波与喷管上壁面唇口相交,造成上壁面附面层局部分离,如图 3-16(d)所示,使得上壁面局部静压提高,这对主流偏转力带来不利的影响。

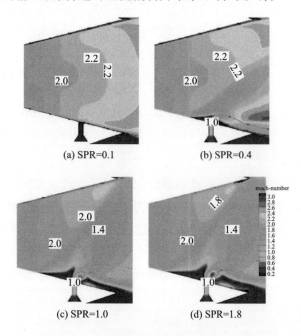

图 3-16 不同 SPR 时,喷管的内部流动特性

图 3-17 给出了不同二次流压比工况下,喷管上、下壁面无量纲压力分布。可以看到,二次流压比增加对高压区压力"凸台"及主分离区长度等的影响。二次流喷口分离区类型的转变及分离区内静压分布的变化。特别是在二次流压比 SPR=1.5、1.8 时,诱导激波与上壁面相交,导致上壁面静压显著增大,这些流动特征及压力分布的改变也导致了推力矢量性能的变化。

基于上述压力分布特征,可得到推力矢量角 δ_p 随二次流压比 SPR 的变化,

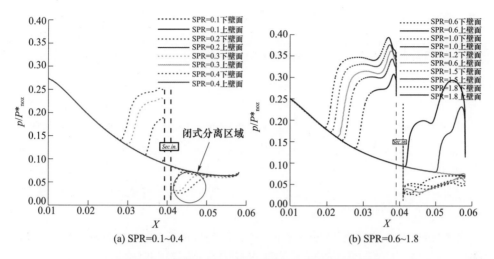

图 3-17 不同 SPR 时,壁面的局部压力分布(见彩页)

如图 3-18 所示。其主要分为三个特征段:①二次流压比 SPR≤0.3 区间,喷管主、次流相互干扰流场特征初步形成,推力矢量角随二次流压比从零快速增长,当二次流压比 SPR=0.3 时,推力矢量角 δ_p =2.19(°);②二次流压比 0.4≤SPR≤1.2 区间,推力矢量角与二次流压比呈近似线性关系,此区间为易于实现推力矢量控制的区间;③二次流压比 SPR>1.2 区间,诱导激波与喷管上壁面相交,尽管二次流压比增大使主分离区长度、高压"凸台"范围增大,但上壁面靠近出口附近的静压升高,使得推力矢量角增长缓慢,最终在二次流压比 SPR=1.5 时,上壁面静压的增大已经抵消了下壁面高压"凸台"的增益,此时达到最大的推力矢量角 $\delta_{p,max}$=10.85°,随二次流压比继续增加,推力矢量角逐渐下降。

由图 3-18 可见,推力系数 C_{fg} 随着二次流压比 SPR 的增大而减小。当二次流压比 SPR≤1.0 时,因诱导激波前移、激波角度及强度增大,推力系数迅速下降;当二次流压比 SPR=1.0 时,推力系数 C_{fg}=0.920;当二次流压比 SPR>1.0 时,诱导激波末端位于喷管上壁面唇口附近,诱导激波与喷管上壁面相交形成的分离激波及局部分离区损失逐渐增大,推力矢量角继续减小,二次流压比 SPR=1.8 时的推力系数比二次流压比 SPR=1.0 时的推力系数下降约 2%。

二次流折合流量比 $\omega\sqrt{\tau}$ 随二次流压比的变化规律如图 3-19 所示。可以看到,当二次流压比 SPR>0.3 时,二次流折合流量比与二次流压比具有较好的线性关系;当二次流压比 SPR>1.2 时,二次流折合流量比已经超过 10%,此时,从高压部件引出此量级的二次流对发动机总体性能造成严重的影响。另外,从图中还可以看出,当二次流压比 0.4≤SPR≤1.2 时,推力矢量效率数值基本保持不变,约为 0.95(°)/%;二次流压比继续增加,推力矢量效率逐步降低,这是由于推力矢量角的增加减缓甚至下降所致。

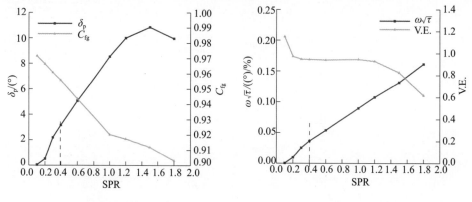

图3-18 推力矢量性能随SPR的变化　　图3-19 $\omega\sqrt{\tau}$、V.E.随SPR的变化

从二次流压比对激波矢量喷管性能的影响规律可以发现，选取二次流压比，既应考虑能否满足大推力矢量角要求，又要考虑是否会造成推力矢量效率下降，还应兼顾所需的二次流流量会不会造成发动机性能大幅下降。

3.3.3　喷管进口总温的影响

喷管主流比热容比随着喷管进口总温变化，影响主流膨胀过程中气流的焓降、速度分布、静压分布等流场特性，进而影响喷管壁面压力分布及侧向力。本节保持几何参数与3.3.1节相同，分析落压比NPR=13.88、二次流SPR=1.0工况下，不同喷管进口总温 $T^*_{\text{noz.}}$ 对喷管的流动特征及推力矢量性能的影响。其中，喷管进口总温 $T^*_{\text{noz.}}$ 取值为600K、800K、1000K、1200K。

不同喷管进口总温工况下，喷管内马赫数分布如图3-20所示。其中，实线表示喷管进口总温 $T^*_{\text{noz.}}$=600K工况，虚线表示喷管进口总温 $T^*_{\text{noz.}}$=1200K工况，可以看到，两种工况下，喷管收敛段内马赫数分布基本重合，但在扩张段内，随着气流的加速，二者表现出明显的区别。特别是在喷管上壁面出口附近，高温工况的马赫数甚至比低温工况小5%左右。这是由气体比热容比的变化所造成，高温气体比热容比更小，在相同的膨胀程度下，其焓更小、内能转化为动能的能量减小，因此马赫数偏低。

另外，也可以从气体流量公式推导出该现象，对于喉部 X_t 及扩张段 X_i 等两处截面，根据流量平衡，有

$$K_t P^*_{t.\text{noz.}} A_t q(\lambda)_t / \sqrt{T^*_{t.\text{noz}}} = K_i P^*_{i.\text{noz.}} A_i q(\lambda)_i / \sqrt{T^*_{i.\text{noz}}} \qquad (3-15)$$

化简，得

$$q(\lambda)_i = C K_t / K_i \qquad (3-16)$$

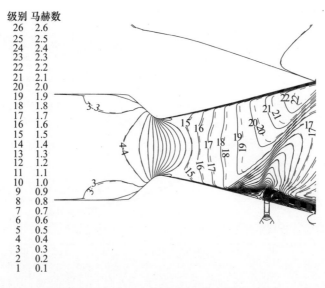

图3-20 不同 $T_{noz.}^*$ 时,喷管内部流场的对比

式中:C 为常数,$K = \sqrt{k/R(2/(k+1))^{(k+1)/(k-1)}}$,$R$ 为气体常数,k 为比热容比。

采用式(3-16)对喷管进口总温 $T_{noz.}^* = 600K$、$1200K$ 工况进行比较,可以得到:

$$q(\lambda)_{1200,i}/q(\lambda)_{600,i} = (K_{1200.t}/K_{1200.i})/(K_{600.t}/K_{600.i}) > 1 \quad (3-17)$$

即在相同扩张段位置,高温气体的 $q(\lambda)$ 较大、马赫数较小。

如图3-21和图3-22所示,主流总温较低的工况,气流加速更明显,在相同的扩张段位置,雷诺数较大、附面层较厚、静压较低,气流易发生分离。在喷管进口总温 $T_{noz.}^* = 600K$ 工况,下壁面二次流喷口前的分离点较为靠前,随着喷管进口总温上升,分离点后移。另外,喷管进口总温较低工况下,上壁面静压较小,结合上、下壁面静压分布特征,可知,喷管主流偏转力随着喷管进口总温升高而减小。因此,推力矢量角随喷管进口总温升高而降低,如图3-22所示,喷管进口总温从600K升高到1200K时,推力矢量角从8.47°下降至8.13°,约减小4%。

推力系数 C_{fg} 随喷管进口总温升高略有下降,基本上在0.5%之内。激波矢量喷管二次流折合流量比 $\omega\sqrt{\tau}$ 随喷管进口总温升高而增大。结合推力矢量角的变化规律,可知推力矢量效率随喷管进口总温升高而减小,喷管进口总温从600K升高到1200K时,推力矢量效率降低量约为5%,见图3-23。

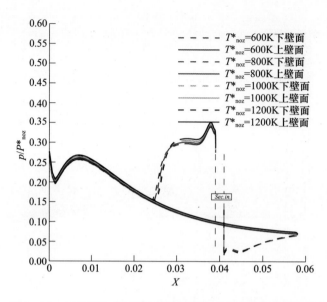

图3-21 不同 T_{noz}^* 时,喷管下壁面局部压力的对比(见彩页)

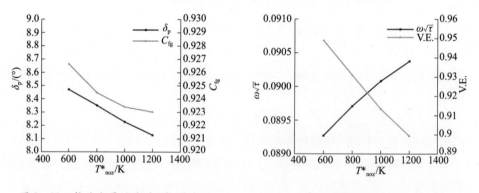

图3-22 推力矢量性能随 T_{noz}^* 的变化　　　图3-23 喷管性能随 T_{noz}^* 的变化

由上可见,喷管进口总温变化对激波矢量喷管推力矢量性能存在一定的影响,造成影响的根源是变比热容比带来的焓降和速度的变化。

3.3.4 自由来流马赫数的影响

自由来流马赫数对激波矢量喷管性能的影响主要集中在内、外流两个方面:①影响二次流喷口下游分离区的壁面静压分布;②影响喷管外罩壁面的静压分布。本节几何参数与3.3.1相同,分析落压比 NPR = 5、13.88,SPR = 1.0 时,不同飞行高度($H = 0km、11km$)、不同自由来流马赫数($Ma = 0.05、0.3、0.5、0.7、0.9、1.1、1.3$)对激波矢量喷管的流动特征及推力矢量性能的影响。

图3-24给出了自由来流马赫数对激波矢量喷管流动特征的影响。可以看

到,在设计落压比工况下(NPR=13.88),自由来流马赫数对激波矢量喷管内高速主流的影响微弱,诱导激波位置、喷管内马赫数分布特征基本不变。自由来流马赫数对亚声速区域(主要包括附面层及二次流喷口下游分离区)产生较明显的影响,在喷管上壁面附近,自由来流马赫数增加导致上壁面附面层厚度变化,影响上壁面静压的分布。在喷管内二次流喷口后的分离区内,随自由来流马赫数的变化,壁面压力变化有如下规律:当自由来流马赫数 $Ma<0.9$ 时,自由来流绕过喷管外罩下壁面时减速增压,提升了绕唇口进入二次流喷口后分离区的气流静压,使喷管下壁面静压升高,如图3-25(a)所示。对于跨声速工况(自由来流马赫数 $Ma=0.9$),自由来流在外罩收敛处附近迅速加速至超声速,静压快速下降,其后受下游背压影响,形成一道较强的激波,使得外流再次降为亚声速,而后继续减速增压,该工况下外流经过了激波增压、减速增压,因此进入二次流喷口后分离区外流静压比其他工况更大,相应的该工况下此处壁面静压更大。当自由来流马赫数 $Ma>1.0$ 时,随着自由来流马赫数增加,自由来流在喷管唇口附近的气流速度明显增大,对二次流喷口后分离区的抽吸作用增强,绕唇口进入喷管的气流流量、压力均减小,因此二次流喷口后下壁面的压力随自由来流马赫数增大而减小。由上述分析可知,如果仅考虑自由来流马赫数带来的喷管壁面压力的变化对激波矢量喷管推力矢量性能的影响,推力矢量角 δ_p 随自由来流马赫数的增大表现为先增加后减小的趋势,当自由来流马赫数 $Ma=0.9$ 时,推力矢量角达到最大。另外,自由来流马赫数还造成了激波矢量喷管外罩上、下壁面压力的不对称分布,在外罩上形成的侧向力对有效推力矢量角 δ_p 产生不容忽视的影响。

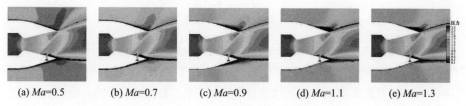

(a) $Ma=0.5$　　(b) $Ma=0.7$　　(c) $Ma=0.9$　　(d) $Ma=1.1$　　(e) $Ma=1.3$

图3-24　不同自由来流马赫数时,激波矢量喷管的流动特征(NPR=13.88, $H=11$km)

图3-26给出了激波矢量喷管外罩壁面的极限流线分布。可以看到,当自由来流马赫数 $Ma\leq0.5$ 时,自由来流在外罩收敛处减速增压,但未发生流动分离。当自由来流马赫数 $Ma\geq0.7$ 时,外罩上、下壁面及侧面均发生分离,且外罩上壁面分离区域比下壁面大,这是由于外罩上壁面自由来流受到偏转的主流的限制,使得外罩上壁面分离区的静压力大于下壁面,如图3-25(b)所示。其中,实线代表上壁面静压、虚线代表下壁面静压。值得注意的是,当自由来流马赫数 $Ma=0.9$ 时,因跨声速流动特征,导致外罩壁面分离区明显增大,并且外罩上壁

面分离区的压力明显增大(原因见上段分析),如图 3-25(b)中蓝色实线所示。但随着自由来流马赫数增加,外罩上壁面主流加速、静压下降明显,分离区也逐渐减小。

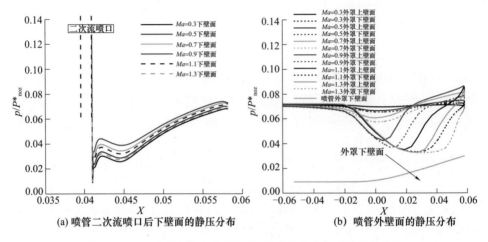

(a) 喷管二次流喷口后下壁面的静压分布　　(b) 喷管外壁面的静压分布

图 3-25　不同自由来流马赫数时,激波矢量喷管壁面压力分布
(NPR = 13.88, H = 11km)(见彩页)

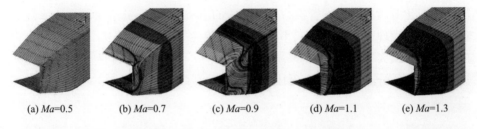

(a) Ma=0.5　(b) Ma=0.7　(c) Ma=0.9　(d) Ma=1.1　(e) Ma=1.3

图 3-26　不同自由来流马赫数时,激波矢量喷管的外流特性(NPR = 13.88、H = 11km)

通过比较图 3-25(a)、(b)中激波矢量喷管内壁面压差力与喷管外罩压差力,可以发现,外罩压差力是影响推力矢量性能的主要因素,它使得激波矢量喷管性能恶化。随着自由来流马赫数增大,喷管外罩压差力先增大后减小,结合激波矢量喷管内壁面压差力的变化特征,可以得到,推力矢量角随自由来流马赫数的变化规律,即先减小后增大,当自由来流马赫数 $Ma = 1.1$ 时,推力矢量角达到最小值 $\delta_p = 7.12°$,如图 3-27 和图 3-28 所示。它比自由来流马赫数 $Ma = 0.3$ 工况下的推力矢量角约有 14% 的下降。另外,对于地面工况($H = 0$km),随着自由来流马赫数增加($Ma = 0.05 \sim 0.7$),推力矢量角也表现为下降趋势,如图 3-27 所示。

在低的喷管落压比工况下(NPR = 5),喷管上壁面末端气流发生过膨胀分离,产生亚声速气流区域,自由来流马赫数会影响此处分离区的大小,并造成静压分布的变化,如图 3-29(a)中虚线所示。随着自由来流马赫数增大,过膨胀

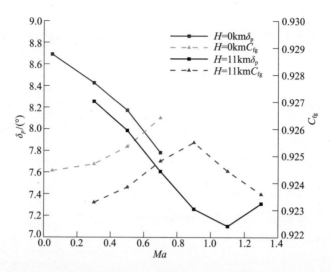

图 3-27 推力矢量性能随自由来流马赫数的变化(NPR=13.88)

分离点先前移继而后移,在自由来流马赫数 $Ma=1.1$ 工况下,分离点达到最前端。同时,注意到二次流喷口后的下壁面静压在高自由来流马赫数时($Ma=1.1$、1.3)更低,这使得二次流射流受到主流冲击力更大,因此射流轨迹改变,射流深度、二次流喷口前主分离区长度均减小。结合喷管外罩上、下壁面压力分布,如图 3-29(b)所示,可以得到,当自由来流马赫数 $Ma=0.9$ 时,喷管所受侧向力最小,此时推力矢量角 $\delta_{p.min}$ 为 6.42°,比自由来流马赫数 $Ma=0.5$ 工况($\delta_p=12.02°$),约有 47% 的下降。

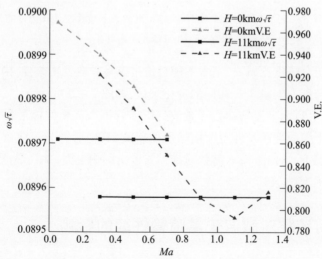

图 3-28 激波矢量喷管性能随自由来流马赫数的变化(NPR=13.88)

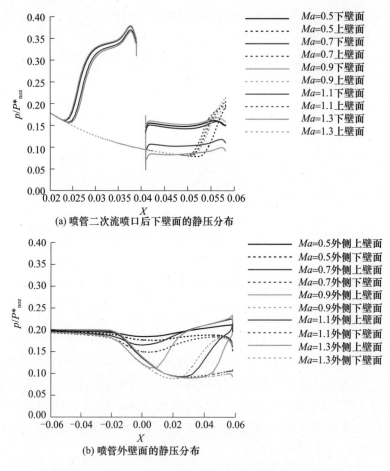

图 3-29　不同自由来流马赫数时,激波矢量喷管壁面压力分布
（NPR=5,H=11km）（见彩页）

二次流折合流量比 $\omega\sqrt{\tau}$ 基本不随自由来流马赫数发生改变,因此推力矢量效率表现出与推力矢量角 δ_p 相同的变化规律,如图 3-28 所示。

综上可知,自由来流马赫数对激波矢量喷管推力矢量性能的影响源于对二次流喷口后下壁面静压及外罩壁面静压的影响,其中后者为主要因素。在喷管低落压比工况下,自由来流马赫数对推力矢量角影响更大,并且最严重的影响发生在跨声速附近。

3.4　几何参数对激波矢量喷管性能的影响

激波矢量喷管涉及众多几何参数,包括喷管构型、二次流喷口构型等。本节主要分析不同喷管类型、二次流喷口相对面积(二次流喷口面积与喷管喉部面积之比)$A_{sec.}$、二次流喷射角度(二次流喷射方向与喷管轴线夹角)θ、二次流喷口相对位置(二次流喷口至喉部的距离与喷管扩张段长度之比)X_j、喷口无量纲展向长度 $\bar{l}$(二次流喷口展向长度与喷口宽度之比)及二次流多孔喷射等对激波矢量喷管流动特征及推力矢量性能影响规律。

3.4.1 不同喷管构型的影响

在相同喷管喉部面积 A_t、扩张段长度 X_L、面积比(A_9/A_8)、二次流喷口相对面积($A_s = 0.0934$)、二次流喷射角度($\theta = 90°$)及二次流喷口相对位置($X_j = 0.688$)等几何条件下,比较二元激波矢量喷管与轴对称激波矢量喷管在不同气动条件下的推力矢量性能。其中,轴对称激波矢量喷管二次流喷口周向开口角度为90°。

二元激波矢量喷管流动特征如以上章节所述,不再赘述。与之相比,轴对称激波矢量喷管内的流动具有明显的三维流动特征。图 3-30 给出了不同喷管落压比(NPR)下轴对称激波矢量喷管内壁面无量纲压力分布和极限流线分布。可以看到,二次流喷口前分离线是一条空间曲线,诱导激波是一个空间曲面,其基本构型可以通过图 3-31 中激波截面(如图中黑色虚线)看出,激波面不是"凸面"

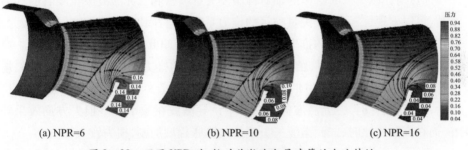

(a) NPR=6　　　　(b) NPR=10　　　　(c) NPR=16

图 3-30　不同 NPR 时,轴对称激波矢量喷管的内流特性

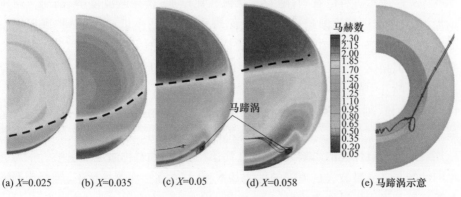

(a) $X=0.025$　(b) $X=0.035$　(c) $X=0.05$　(d) $X=0.058$　(e) 马蹄涡示意

图 3-31　轴对称激波矢量喷管 X 方向不同截面上的流动特性

的"Bow"形状,而是逐渐变缓的"凹面"构型,该构型的产生主要与喷管壁面限制、主流顺压力梯度下的加速流动等有关,这明显区别于平板三维横向射流。

诱导激波造成的附面层分离区域是二次流喷口前对应的高压区域,分离区内存在对转的涡系,涡轴方向均为 Z 方向。其中,附面层分离涡随主流运动,最终发展为涡轴为 X 方向的马蹄涡,如图 3-31(e)所示。另外,二次流喷口前的高压气流绕过喷口侧边进入喷口后的低压区,由于绕流作用,在喷口后方形成 Y 方向涡。

不同落压比工况下,二次流喷口前主分离区(高压区)的范围变化较小,但是二次流喷口后下壁面静压存在较大差别。这一方面受到喷口前高压分离气流的影响,其影响区域为 Y 方向涡覆盖的范围;另一方面受绕唇口进入的周围大气的影响。从图 3-30 壁面无量纲静压分布可以看出,随落压比增大,喷口后下壁面的相对静压逐渐减小,这是落压比影响轴对称激波矢量喷管推力矢量的主要原因。即随落压比增大,推力矢量角减小,如图 3-32 所示。与二元激波矢量喷管对比,轴对称激波矢量喷管推力矢量角在低落压比工况偏小,当落压比 NPR=6 时,轴对称激波矢量喷管推力矢量角比二元激波矢量喷管的约小 16.5%,随着落压比增大,二者差距逐渐减小,当落压比 NPR≥13.88 时,二者之间基本不存在差异。

通过对比图 3-33 给出的轴对称激波矢量喷管和二元激波矢量喷管的推力系数,可以发现,二元激波矢量喷管的推力系数在落压比 NPR=10 时达到最大,而轴对称激波矢量喷管的推力系数在设计落压比 NPR=13.88 时达到最大。而且,当落压比 NPR<10 时,轴对称激波矢量喷管的推力系数小于二元激波矢量喷管的,当落压比 NPR≥10 时,轴对称激波矢量喷管的推力系数大。这主要是因为在低落压比时,二元激波矢量喷管中诱导激波在减小压差损失方面效果较好,而在高落压比时,二元激波矢量喷管欠膨胀程度加剧,损失较大。

不同二次流压比下,轴对称激波矢量喷管壁面极限流线和无量纲静压分布如图 3-34 所示。可以看到,随着二次流压比增加,诱导激波范围、高压区范围增加,并且高压区域逐渐超过上、下壁面对称线(如图中虚线所示)扩展至上壁面区域,这会部分抵消喷管主流受到的偏转力,使得推力矢量增长变得缓慢,甚至下降。但相比于二元激波矢量喷管中诱导激波与上壁面相交的情况,轴对称激波矢量喷管中的这种"恶化"效果较为平缓,如图 3-33 中二次流压比 SPR=1.5 工况所示,轴对称激波矢量喷管与二元激波矢量喷管相比,轴对称激波矢量喷管的推力矢量角高出约 12%。结合不同二次流压比下推力系数的变化及落压比对推力矢量性能的影响,可发现在高落压比下,轴对称激波矢量喷管推力矢量的性能与二元激波矢量喷管的性能基本相同,在高二次流压比下,轴对称激波矢量喷管的推力矢量性能更好。

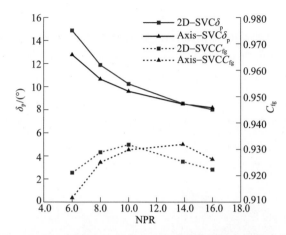

图 3-32 不同 NPR 时,两类激波矢量喷管推力矢量角的对比

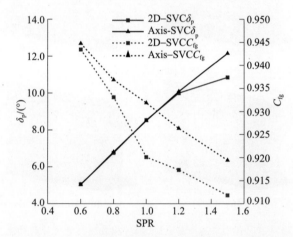

图 3-33 不同 SPR 时,两类激波矢量喷管推力系数的对比

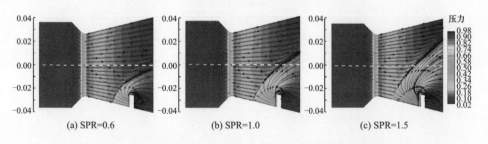

图 3-34 不同 SPR 时,轴对称激波矢量喷管的内流特性

图 3-35 给出了不同自由来流马赫数下,轴对称激波矢量喷管外壁面静压及极限流线分布。可以看到,在跨声速范围内(自由来流马赫数 $Ma = 0.9 \sim 1.1$),外壁面尾部分离区范围增大,这导致喷管外部所受的侧向力减小,因

此,在此自由来流马赫数范围内推力矢量角下降。在自由来流马赫数为1.1时,推力矢量角最小,比低自由来流马赫数下的推力矢量角降低6%,比二元激波矢量喷管下降量(约14%)略小。轴对称激波矢量喷管外壁面上下侧连通性好,上侧的高压与下侧低压连通,从而缓解自由来流马赫数造成的分离的影响,这也是在自由来流马赫数 $Ma=0.3\sim1.3$ 范围内,轴对称激波矢量喷管推力矢量角都大于二元激波矢量喷管推力矢量角的原因。轴对称激波矢量喷管推力系数随自由来流马赫数的变化规律与二元激波矢量喷管相同,但比后者高0.7%左右,如图3-36所示。

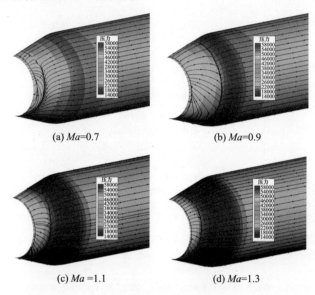

图3-35 不同自由来流马赫数时,轴对称激波矢量喷管的外流特性

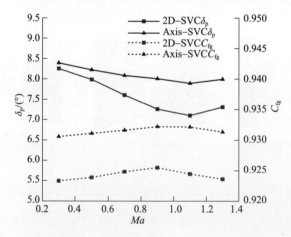

图3-36 不同自由来流马赫数时,两类激波矢量喷管推力矢量性能的对比

通过对比不同类型激波矢量喷管的性能可得出,低落压比工况下,二元激波矢量喷管推力矢量性能较高,随着落压比增大,二者差距缩小。在有自由来流及较大的二次流压比工况下,轴对称激波矢量喷管具有较高的推力矢量性能。

3.4.2 二次流喷口面积的影响

保持如下几何参数不变:二次流喷射角度 $\theta = 90°$,二次流喷口相对位置 $X_j = 0.688$,分析喷管设计落压比(NPR = 13.88)及不同二次流压比(SPR = 0.6、1.0、1.2)工况下,二次流喷口相对面积(二次流喷口面积与喷管喉部面积的比值) $A_{sec.}$ 对激波矢量喷管的流动特征及推力矢量性能的影响。其中,二次流喷口相对面积 $A_{sec.} = 0.0649、0.0934、0.1125、0.1514$。

从图 3-37 可以看到,随着二次流喷口相对面积增大,二次流折合流量比近似线性增加,射流深度及二次流喷口前主分离区长度也近似线性增大,因此在诱导激波未受到喷管上壁面限制的低二次流压比(SPR = 0.6)工况,随着次流喷口相对面积增大,推力矢量角近似线性增大。但是对于大二次流压比工况(SPR = 1.0、1.2),二次流喷口相对面积增加导致二次流喷射深度明显增大,诱导激波与激波矢量喷管上壁面相交,使得上壁面静压增加,主流侧向力减小,推力矢量性能下降。因此,在不同气动参数条件下,存在最佳的二次流喷口相对面积,并且二次流压比越大,该二次流喷口相对面积越小,如图 3-37 所示。当二次流压比 SPR = 1.0 时,最佳二次流喷口相对面积 $A_{sec.} = 0.1225$,对应推力矢量角 $\delta_p = 11.08°$。由于二次流喷口相对面积增加提升推力矢量角的本质是提高了二次流与主流动量比(二次流折合流量比 $\omega\sqrt{\tau}$),因此可知,对于一定的落压比、二次流喷口位置、二次流喷射角度,不同的二次流压比条件下,只有适当地改变

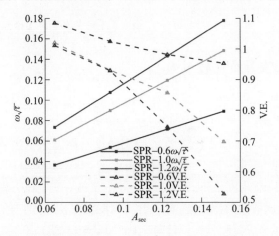

图 3-37 不同二次流喷口相对面积下,激波矢量喷管折合流量及推力矢量效率的变化

二次流喷口相对面积才能实现最优的推力矢量角,并且其对应的二次流折合流量比数值基本不变,本节中二次流折合流量比约为0.143。

随着二次流喷口相对面积增大,诱导激波强度增加,主分离区长度增大,这些都将导致推力系数下降,如图3-38所示,可以看到所有工况下,推力系数最大降低约2.5%。同时,也注意到推力矢量效率一直在下降,当二次流压比SPR=1.0时,与二次流喷口相对面积$A_{\text{sec.}} = 0.0649$工况相比,二次流喷口相对面积$A_{\text{sec.}} = 0.1225$工况的折合二次流流量比增加95.5%,而推力矢量角增长仅77.8%,这说明,尽管增大二次流喷口相对面积能够提高推力矢量角,但是其导致推力矢量效率下降,该方法不是提高推力矢量性能的首选方案。在一些工况下,考虑到二次流压比的大小是由发动机工作特性决定的,为了达到一定的二次流折合流量比,需要改变二次流喷口相对面积。因此在激波矢量喷管与发动机共同工作时,应该注意二次流喷口相对面积与二次流压比的配合。

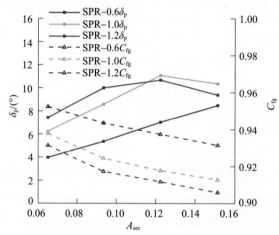

图3-38 不同二次流喷口相对面积下,激波矢量喷管矢量角及推力系数的变化

3.4.3 二次流喷射角度的影响

保持如下几何参数不变:二次流喷口相对面积$A_{\text{sec.}} = 0.0934$、二次流喷口相对位置$X_j = 0.688$,分析不同喷管落压比(NPR = 10、13.88、16)、不同二次流压比(SPR = 0.6、1.0、1.2)工况下,二次流喷射角度对激波矢量喷管的流动特征及推力矢量性能的影响。其中,二次流喷射角度,$\theta = 90°、100°、110°、120°、130°$。

随着二次流喷射角度增加,二次流在垂直方向与逆主流方向的动量均发生改变,直接影响二次流的射流轨迹、有效射流深度及二次流喷口前主分离区长度。图3-39给出了激波矢量喷管在设计落压比(NPR = 13.88)、不同二次流喷射角度工况下,喷管的流动特征分布。可以看到,随着二次流喷射角度增加,二次流喷口前后分离的拓扑结构、诱导激波前马赫数范围($Ma=1.8\sim2.2$)等基本保持不变,但诱导激波位置前移,主分离区范围变大(压力"凸台"范围增加)。在较大二次流喷射角度工况,诱导激波受到喷管上壁面的限制,如图3-39(c)所示,形成典型的入射激波与附面层相互干扰现象,造成上壁面局部附面层分离及局部静压升高,如图3-40(a)所示。另外,二次流逆向的动量分量造成喷管内流局部的上、下不对称性,如图3-39中虚线所框出,靠上壁面处马赫数略大于下壁面处,其主要原因是,逆向喷射气流形成的大的扰动压力沿附面层内的亚声速区前传,该影响集中表现在喉部后的喷管扩张段上、下壁面压力分布上,如图3-40中虚线所圈。

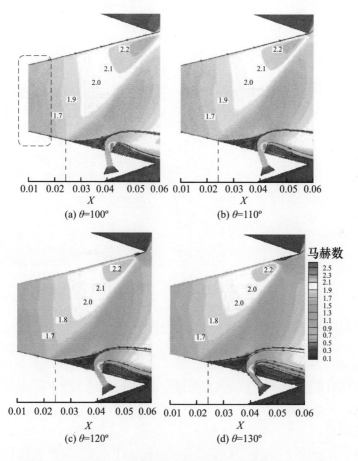

图3-39 不同二次流喷射角度时,激波矢量喷管的内流性能

上述典型流动特征使得喷管上、下壁面静压分布如图3-40(a)所示。可以看到,落压比 NPR=13.88、二次流压比 SPR=1.0 工况下,当二次流喷射角度 $\theta>110°$ 时,喷管上壁面唇口附近的静压增加明显,已经逐步抵消二次流喷口前高压"凸台"带来的增益,推力矢量性能也由此开始下降,如图3-41所示。

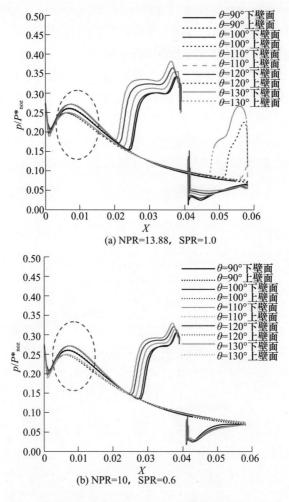

图3-40 不同主次流工况下,二次流喷射角度对激波
矢量喷管壁面静压分布的影响(见彩页)

当二次流喷射角度 $\theta=110°$ 时,推力矢量角达到峰值,约为 $9.87°$,与二次流喷射角度 $\theta=90°$ 工况相比增加 15.6%,但二次流喷射角度超过 $110°$ 时,推力矢量性能又迅速降低。

在落压比 NPR = 13.88 及其他二次流压比工况下,推力矢量角的变化如图3-41所示。对于较大的二次流压比(SPR = 1.2)工况,推力矢量角在较低的二次流喷射角度($\theta=100°$)时达到最大值($\delta_p=10.65°$),当二次流喷射角度增加至 $130°$,推力矢量角减小约 34%;而对于较小的二次流压比(SPR = 0.6)工况,诱导激波始终不与喷管上壁面相交,随着二次流喷射角度增加,推力矢量角持续增大,增幅高达 37.3%,在二次流折合流量比保持不变的情况下,该量级的增益已经非常可观。其他落压比工况下,二次流喷射角度对推力矢量性能的影响与 NPR=13.88 工况类似,但对于低落压比及二次流压比时(NPR=10、SPR=0.6),推力矢量角随二次流喷射角度增长更明显。

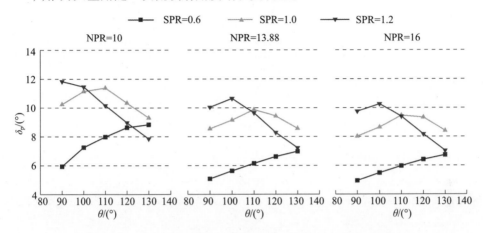

图 3-41 二次流喷射角度对激波矢量喷管推力矢量角的影响

推力系数随二次流喷射角度的变化如图 3-42 所示。可以看到,推力系数随着二次流喷射角度增加而减小,其主要原因是,二次流喷射角度增加导致诱导激波强度增大,通过诱导激波的主流流量增多,总的能量损失增大,而在更大的二次流喷射角度工况下,还会发生上壁面附面层的分离,并产生分离激波,这些因素是推力系数下降的主要根源。通过图 3-42 可得出,在不同落压比、二次流压比工况下,最大可导致推力系数下降 1.4%。

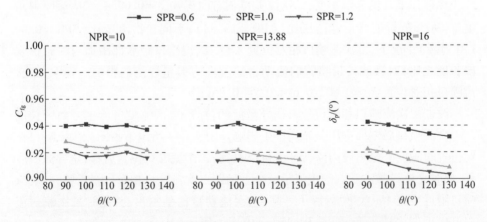

图 3-42 二次流喷射角度对激波矢量喷管推力系数的影响

二次流喷射角度对推力矢量效率的影响如图 3-43 所示。其变化规律与推力矢量角 δ_p 基本一致,这主要是由于二次流喷射角度的变化对喷管主流流量、

65

二次流流量仅产生微弱的影响。对于二次流压比 SPR≤1.0 的工况,通过改变二次流喷射角度基本上都能够实现推力矢量效率大于 1.0,并且落压比与二次流压比越小,能够达到的推力矢量效率越大,NPR = 10,SPR = 0.6 时,推力矢量效率 V.E. = 1.62(°)/% 。

可以说,改变二次流喷射角度是提高推力矢量效率的有效方法。一方面推力矢量效率增益较为明显;另一方面它不会增加对二次流的需求。因此,该参数是激波矢量喷管性能优化的关键参数。

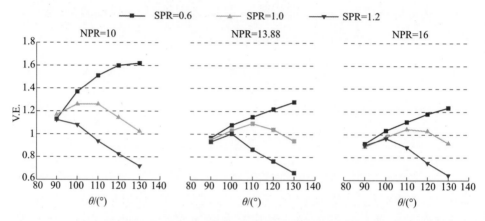

图 3-43 二次流喷射角度对激波矢量喷管推力矢量效率的影响

3.4.4 二次流喷口位置的影响

保持如下几何参数不变:二次流喷口相对面积 $A_{sec.} = 0.0934$,二次流喷射角度 $\theta = 90°$,分析喷管设计落压比(NPR = 13.88)、不同二次流压比(SPR = 0.6、1.0、1.2)工况下,二次流喷口相对位置 X_j(二次流喷口距喉部距离与喷管扩张段长度之比)对激波矢量喷管的流动特征及推力矢量性能的影响。其中,二次流喷口相对位置 $X_j = 0.602、0.688、0.74、0.86$。

改变二次流喷口相对位置对诱导激波的位置、二次流喷口前主分离区长度及二次流喷口后壁面静压分布均产生影响。图 3-44 给出了不同二次流喷口相对位置时激波矢量喷管内流特征。可以看到,二次流喷口位置后移,诱导激波后移,此时受诱导激波影响的主流量减少。随着二次流喷口相对位置后移,二次流喷口附近主流 Ma 数增加,静压下降,主次流动量比基本不变,此时二次流射流深度也近似保持不变,如图 3-45(a)中虚线所示(Ma 盘中心高度),但是由于二次流喷口附近主流静压减小,二次流射入主流后造成的逆压力梯度增大,使附面层分离更早发生,喷口前主分离区长度、压力"凸台"范围增大,如图 3-45(b)所示。二次流喷口后流动为开式分离,二次流喷口位置越靠前,分离区越大,其受到二次流的卷吸作用越明显,造成喷口后壁面静压越低,如图 3-45(b)、(c)所示,这不利于主流偏转。

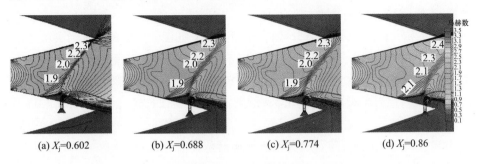

图 3-44 二次流喷射位置对激波矢量喷管内流特性的影响

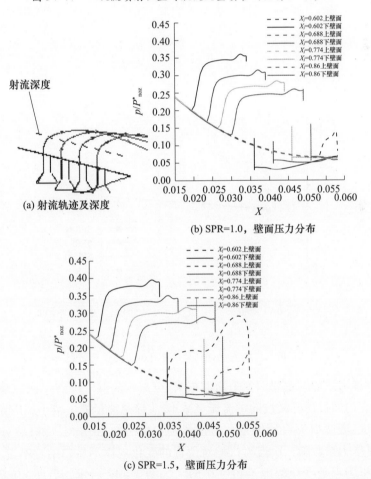

图 3-45 不同二次流喷射位置时,射流轨迹及壁面静压的分布(见彩页)

对于高二次流压比工况(SPR=1.5),二次流喷口越靠前($X_j=0.602$),主流中诱导激波与上壁面相交范围越大,如图3-45(c)所示,上壁面静压升高区域增加,主流受到的侧向力增大。

结合喷管上、下壁面静压分布特征,可以得到如图3-46所示推力矢量角随二次流喷口相对位置的变化规律。二次流喷口位置后移,喷管主流所受侧向力增大,推力矢量角增大;在低二次流压比(SPR=0.6)工况下,随着二次流喷口相对位置后移,推力矢量角约有13.3%的增益;在中等二次流压比(SPR=1.0)工况下,随着二次流喷口相对位置后移,推力矢量角约增长29.9%;在高二次流压比(SPR=1.5)工况下,随着二次流喷口相对位置后移,增益高达120%,这是因为在高二次流压比、靠前的二次流喷口工况下,诱导激波与喷管上壁面相交范围大,对推力矢量性能影响大,推力矢量性能低,如图3-46中虚线所示,此时二次流喷口位置应尽量后移。

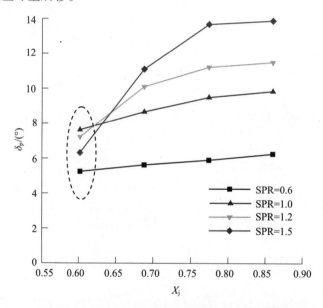

图3-46 二次流喷口相对位置对推力矢量角的影响

影响推力系数的主要因素是激波损失、分离损失等。随着二次流喷口位置后移,喷管内经过诱导激波的主流流量减小,主流总能量损失减小。诱导激波前Ma数增大,激波损失有所增加。二次流喷口前分离区增大、喷口后分离区减小。可见推力系数随二次流喷口相对位置的变化规律不易归纳。不过,在不同工况下,推力系数变化幅度不超过0.5%,如图3-47所示。另外,由于二次流折合流量比随着二次流喷口相对位置变化微弱,基本上不超过1.5%,因此推力矢量效率与推力矢量角的变化规律保持一致。

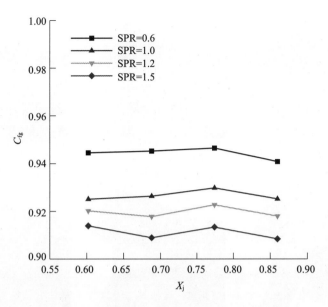

图 3-47 二次流喷口相对位置对推力系数的影响

3.4.5 二次流喷口展向长度的影响

保持如下几何参数不变：二次流喷口相对面积 $A_{sec.}=0.0934$、二次流喷射角度 $\theta=90°$、二次流喷口相对位置 $X_j=0.688$，分析不同喷管落压比（NPR=10、13.88、16）、不同二次流压比（SPR=0.6、1.0、1.2、15）工况下，二次流喷口无量纲展向长度 $\bar{l}$（二次流喷口展向长度与喷管宽度之比）对激波矢量喷管的流动特征及推力矢量性能的影响。其中，二次流喷口无量纲展向长度 $\bar{l}=0.5$、0.75、1.0。

二次流喷口无量纲展向长度决定了二次流喷射的影响范围，它对喷管内流形态的影响明显。图 3-48 给出了不同二次流压比工况下，二次流喷口无量纲展向长度对喷管内极限流线分布的影响。当二次流喷口无量纲展向长度 $\bar{l}<1.0$ 时，诱导激波表现出明显的三维性，从分离线形态可以判断出，此时诱导激波形态为"Bow"激波，如图 3-48(a)所示，其中，分离线包围的区域为高压区。随着二次流喷口无量纲展向长度、二次流压比增加，"Bow"激波与喷管侧壁面相交，如图 3-48(b)、(c)、(d)所示，使得喷管侧壁面局部附面层加厚，激波矢量喷管出口截面上对应低能区增大。

在低二次流压比（SPR=0.6）工况下，二次流与主流动量比较小，诱导激波及涡系发展不受上壁面影响，仅受二次流喷口形态的影响。对于小的二次流喷口无量纲展向长度构型激波矢量喷管，二次流射流影响更集中，二次流喷口正前

69

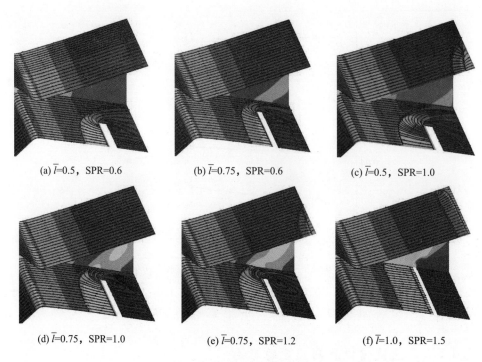

图 3-48 不同二次流喷口无量纲展向长度构型喷管的上、下壁面极限流线分布(NPR = 13.88)

方的主分离区范围增大,分离区内涡系仍表现为对转涡系,随着主流共同向下游发展,附面层分离涡轴由展向变为流向,并逐渐演化为马蹄涡,如图 3-49(a)、(b)所示。分离区内高压流体绕过二次流喷口边缘,进入二次流喷口后方低压区,因压差及绕流作用,气流在二次流喷口后方形成 Y 方向涡,并且二次流喷口无量纲展向长度越小,该 Y 方向涡尺度越大。上述两类涡起到连通二次流喷口前高压区及喷口后低压区的作用,平衡两个区域的压力分布。比较图 3-48(a)和(b)、(c)和(d)可以看到,二次流喷口无量纲展向长度越小,二次流喷口后受影响的区域越大,这对提高推力矢量性能有益。对于中等二次流压比(SPR = 1.0)工况,较小的二次流喷口无量纲展向长度($\bar{l}$ = 0.5)使得二次流喷流动量相对集中,局部射流深度增加明显,"Bow"诱导激波强度和范围增加,诱导激波率先与上壁面局部相交,如图 3-48(c)所示。形成诱导激波与附面层干扰现象,造成局部静压升高,它不利于推力矢量性能。随着二次流压比增加,较小的二次流喷口无量纲展向长度构型激波矢量喷管推力矢量性能受上壁面静压高压区增大的影响明显。比较图 3-48(c)、(e)、(f)可以看到,诱导激波与喷管上壁面相交所对应的二次流压比随着二次流喷口无量纲展向长度增加而增大。这也说明较小的二次流喷口无量纲展向长度构型激波矢量喷管不适于工作在高二次流压比工况,其无法实现大的推力矢量角。

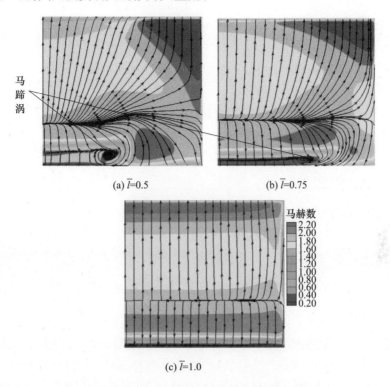

(a) $\bar{l}=0.5$ (b) $\bar{l}=0.75$

(c) $\bar{l}=1.0$

图 3-49 不同二次流喷口无量纲展向长度构型喷管的
出口面流线分布(NPR=13.88,SPR=1.0)

结合二次流喷口无量纲展向长度在不同工况下对激波矢量喷管流动特征及压力分布的影响,可以发现,推力矢量性能具有如图 3-50 所示的变化规律。在低二次流压比(SPR=0.6)及不同落压比工况下,不同二次流喷口无量纲展向长度构型激波矢量喷管的推力矢量角排序如下: $\bar{l}=0.50 > \bar{l}=0.75 > \bar{l}=1.0$。说明低二次流压比时,小二次流喷口无量纲展向长度对激波矢量喷管推力矢量性能更有利,相对于二次流喷口无量纲展向长度 $\bar{l}=1.0$ 构型激波矢量喷管,二次流喷口无量纲展向长度 $\bar{l}=0.50$ 构型激波矢量喷管的推力矢量角增长量约 6.4%~8.3%,此时推力矢量角范围为 5.94°~6.43°。随着二次流压比增加,大二次流喷口无量纲展向长度构型激波矢量喷管的矢量性能优势逐渐提高,在二次流压比 SPR=1.0 工况下,二次流喷口无量纲展向长度 $\bar{l}=0.75$ 和 $\bar{l}=1.0$ 构型激波矢量喷管的推力矢量性能基本相同,并且都明显优于二次流喷口无量纲展向长度 $\bar{l}=0.50$ 构型激波矢量喷管。当二次流压比 SPR>1.0

时，二次流喷口无量纲展向长度 $\bar{l}=1.0$ 构型激波矢量喷管的矢量性能比其他构型好。

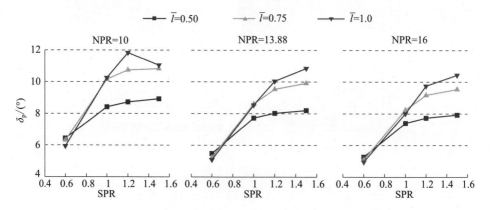

图 3-50 不同二次流喷口无量纲展向长度构型激波矢量喷管的推力矢量角变化规律

对于小二次流喷口无量纲展向长度构型激波矢量喷管，特别是对于二次流喷口无量纲展向长度 $\bar{l}=0.50$ 构型，当二次流压比 SPR≥1.0 时，折合流量比 $\omega\sqrt{\tau}$ 增加约 50%，推力矢量角增量不超过 7%。这主要因为二次流压比的增加虽然使得诱导激波位置、高压"凸台"区局部前移明显，但是诱导激波角度过大，使得"Bow"激波与上壁面在更大范围内相互作用，这严重影响了主流侧向力的增长，使得推力矢量性能下降；当二次流压比 SPR≥1.2 时，二次流喷口无量纲展向长度 $\bar{l}=0.75$ 构型也存在类似规律。

二次流喷口无量纲展向长度对激波矢量喷管推力系数的影响如图 3-51 所示。在过膨胀工况（落压比 NPR=10）及二次流喷口无量纲展向长度 $\bar{l}=1.0$ 时，推力系数较大，这是因为诱导激波提升了主流静压，减小了压差损失。而在设计压比及欠膨胀工况，不同二次流喷口无量纲展向长度构型下推力系数区别不明显。

综上所述，在二次流压比 SPR<0.6 时，小二次流喷口无量纲展向长度对激波矢量喷管推力矢量效率有利；随着二次流压比增加，大二次流喷口无量纲展向长度更利于激波矢量喷管推力矢量效率。如需要获得大的推力矢量角，必须采用大的二次流喷口无量纲展向长度构型。

3.4.6 展向二次流喷孔数量的影响

保持如下几何参数不变：二次流喷口相对面积 $A_{\text{sec.}}=0.07$，二次流喷射角度

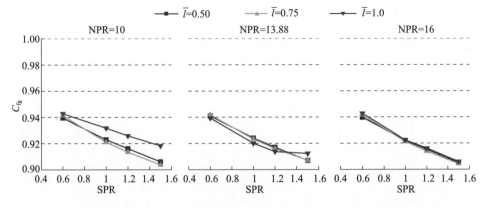

图 3-51　不同二次流喷口无量纲展向长度构型激波矢量喷管的推力系数变化规律

$\theta = 90°$，二次流喷口相对位置 $X_j = 0.688$，分析喷管设计落压比（NPR = 13.88）、不同二次流压比（SPR = 0.6、1.0、1.2、1.5）下，展向多孔喷射对激波矢量喷管流动特征及推力矢量性能的影响。其中，二次流喷孔数目分别为 7、13、19，沿喷管展向方向均布，如图 3-52 所示。

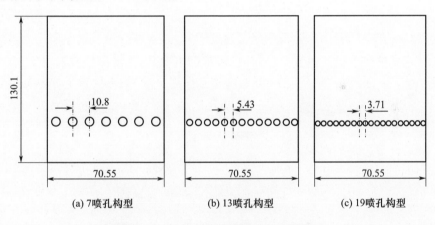

(a) 7喷孔构型　　(b) 13喷孔构型　　(c) 19喷孔构型

图 3-52　不同二次流喷孔数目构型特征

多孔喷射激波矢量喷管流场的基本特征由受限空间内并排圆孔超声速横向射流构成，喷管内流场在单孔横向喷射特征的基础上，还存在相邻孔横向喷射的相交及干扰等。超声速气流中单孔喷射所诱导的激波形状是三维弓形激波，而带多个喷射孔的激波矢量喷管中，相邻诱导激波发生相交、合并，作用的后诱导激波表现出较明显的二维性，这可以从图 3-53 中极限流线的形态看出。也可以从图 3-54 给出的不同展向截面上的马赫数分布（其中 $z = -0.003785$ 平面过喷孔中心，$z = -0.00859$ 过两相邻喷口中间）看出。图中不同展向位置上诱导激波结构、激波前马赫数基本一致，而且附面层分离形状都为楔形。但需要注

73

意的是,二者在喷孔后马赫数分布存在较明显区别,前者受二次流射流的影响,后者由通过两孔间的气流加速所致。二者的速度差别是造成激波矢量喷管出口截面速度高低交替分布的主要原因,如图3-55(a)所示。

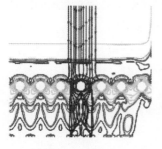
(a) NPR=6, SPR=1.0

(b) NPR=13.88, SPR=0.6

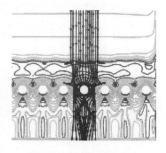
(c) NPR=13.88, SPR=1.2

图3-53 不同工况下,下壁面极限流线及壁面剪切力的分布(7喷孔)

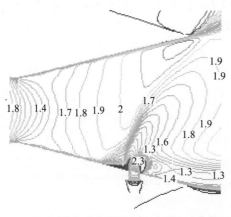
(a) NPR=13.88, SPR=1.5, $z=-0.003785$m

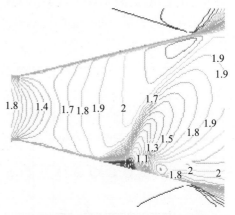
(b) NPR=13.88, SPR=1.5, $z=-0.00759$m

图3-54 不同Z方向截面流场的分布

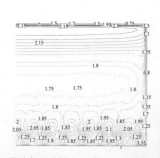
(a) 激波矢量喷管出口截面上马赫数分布 (b) 高低速气流分布的来源

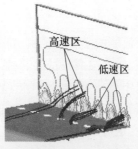
(c) 二次流喷口前的涡特性

图3-55 多孔喷射的内流特征(7喷孔)

激波矢量喷管出口截面上的气流高、低速区对应的来流分布如图 3-55(b) 所示。其中,低速区气流主要来自于附面层分离区以及附面层外层低能区,高速区气流主要来自于二次流射流及附面层外层主流。高、低速区交替分布能够加快气流掺混,对尾流温度在下游迅速扩散有利,可起到降低红外辐射的作用,但是不均匀的速度分布所形成的剪切层也会造成一定的流动损失。

激波矢量喷管内涡系的发展及形态如图 3-55(c)所示。采用了 Q 值涡识别方法,给出了相对 $Q=0.003$ 时的涡核分布。可以看到,喷孔前因多孔喷射特点而存在分段的 Z 向涡,代表了喷孔前因诱导激波而形成的附面层分离,根据流线分布可辨识该处涡的气流来自附面层的低能区。在喷孔周围高压气流与二次流射流共同作用形成并列分布的马蹄涡,它们连通了喷孔前的高压分离区域和喷孔后的低压区。

图 3-56 给出了不同喷孔构型激波矢量喷管下壁面的静压分布。可以看到,相邻喷孔的间距发生改变,喷孔上、下游壁面静压分布发生改变。展向 7 个喷孔构型相邻两孔间距离较大,喷孔前分离区内更多的高压气流流进下游低压区,使下游壁面静压在大范围内有较大幅度的提升,从图 3-56(a)可见,喷孔间隙后方壁面静压提升较快,相比展向 19 个孔构型,最小静压提高约 10%,最大静压提高约 50%,这提升了喷孔下游的壁面静压。但需要注意的是,因展向 7 个喷孔构型的上、下游强的气流联通性,导致因诱导激波、分离激波等提升的气流静压略有下降,引起喷孔前高压区压力值与高压范围的减小,并且二次流压比越大,这种减小程度越明显,这造成喷管侧向力的减小程度比喷口下游壁面静压升高的收益大,此时这种"压力释放"机制使得推力矢量性能下降。

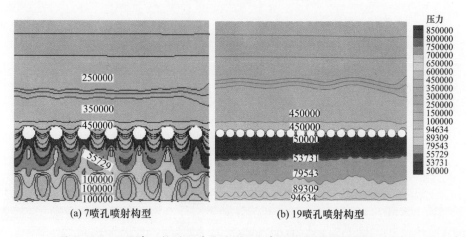

(a) 7喷孔喷射构型　　(b) 19喷孔喷射构型

图 3-56　不同喷口构型下壁面的静压分布(NPR=13.88,SPR=1.5)

图 3-57 给出了不同二次流压比下,激波矢量喷管推力矢量角随喷孔数量

和形状的变化,为了对比喷管矢量性能,增加了二次流射缝构型,其几何特点是,二次流喷孔为矩形,喷口展向宽度与喷管宽度相同。可以看到,当二次流压比 SPR≤1.0 时,多孔喷射构型、射缝构型并未表现出明显的区别,最大差别不超过 5%。随着二次流压比增加,喷孔间距增大造成的压力释放作用明显,大幅削弱了喷孔前有效高压区,喷管推力矢量性能下降明显,推力矢量性能排序如下,射缝构型>19 孔构型>13 孔构型>7 孔构型。当二次流压比 SPR=1.5 时,最大差别可达 22.6%。不同二次流压比下,推力系数随喷孔形态变化如图 3-58 所示,推力系数也是在大的二次流压比下出现差别,展向 7 喷孔构型相邻喷孔之间流动损失较大,因此推力系数比其他构型偏小。

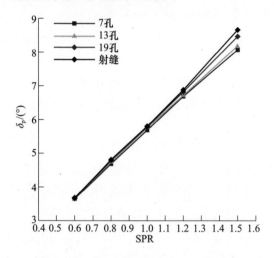

图 3-57 推力矢量角随喷孔形态的变化

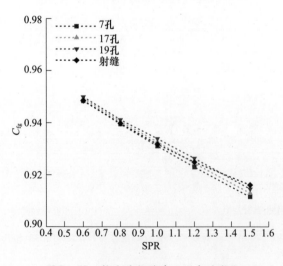

图 3-58 推力系数随喷孔形态的变化

综合二次流喷孔构型对激波矢量喷管推力矢量角、推力系数等两方面的性能影响,可以发现,在相同的二次流条件下,二次流多孔喷射构型非最佳选择,射缝构型更利于激波矢量喷管的推力矢量性能。

3.5 激波矢量喷管的动态响应特性

分析激波矢量喷管的动态响应特性,获得二次流喷射在超声速主流中的扰动传播规律、推力矢量形成/恢复过程的流动特征及推力矢量动态响应特性,有助于进一步理解激波矢量喷管的非定常工作特性。本节对激波矢量喷管的推力矢量建立及恢复过程的非定常结果进行分析,其几何模型与3.2节相同,气动参数如下,喷管落压比 NPR = 13.88,二次流压比 SPR = 1.0。

3.5.1 推力矢量建立过程

激波矢量喷管推力矢量建立过程主要包括横向射流流场建立、稳定诱导激波形成及二次流喷口后稳定分离区生成等。本节激波矢量喷管非定常数值模拟初场基于无二次流喷射的收敛流场,其处理方法如下,$t \leqslant 3.0$ms,开启非定常计算,不启动二次流喷射;$t = 3.0$ms,开启二次流喷射。

图3-59给出了激波矢量喷管流场特征随时间的变化规律。可以看到,二次流射入喷管扩张段超声速主流后,在二次流喷口前形成如图3-59(a)所示的弓形诱导激波,使得主流局部静压骤升,导致喷口前附面层局部分离。随着时间推移,二次流射入主流深度的增加,附面层分离点前移、分离区增大,诱导出分离激波,并与诱导激波相交形成"λ"激波。经过约0.8ms后,"λ"激波基本成形,如图3-59(b)~(d)所示,此时二次流喷口上游的流场基本稳定,二次流喷口前的分离区范围、压力不再随时间变化,如图3-60(b)所示。这段时间内推力矢量角迅速建立,$t = 3.0 \sim 4.4$ms,推力矢量角增长至6.36°,如图3-61所示。但二次流喷口后的分离区及推力矢量角需要更长的时间(约12ms)才能趋于稳定,这也是在$t > 4.4$ms后,推力矢量角随着时间增长缓慢的原因。

二次流喷口下游的流动与射流深度紧密相关。射流启动及建立的初始阶段,喷口后流动表现为闭式分离,分离区壁面压力明显降低,如图3-60(a)($t = 3.2$ms)所示。随后($t = 3.6$ms),二次流绕过分离区后,迅速膨胀加速,如图3-59(b)虚线所圈,壁面压力再次略有减小,但在收尾激波的影响下,气流恢复至大气压力。随着射流深度增加,喷口后的闭式分离区域增大,如图3-59(c)~(d)所示,二次流近壁面处的加速对壁面影响减弱,如图3-60(a)中圈出。在$t \geqslant 6.2$ms时,闭式分离逐渐变为开式分离,分离区范围

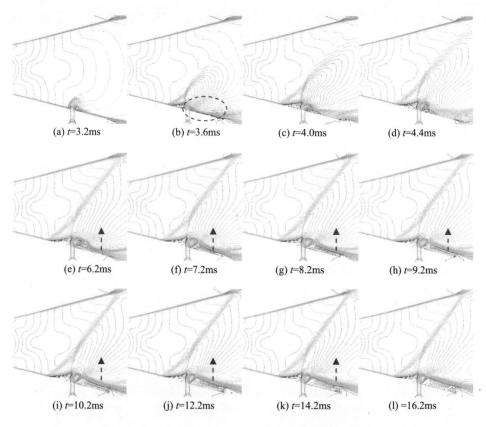

图 3-59 推力矢量建立过程,激波矢量喷管内流特性随时间的变化(见彩页)

也逐渐增大,如图 3-59 中箭头所示。因为分离区内为低速流动,并且与二次流射流轨迹相互干扰,形成稳态流动所需的时间更长,约在 $t=16.2\text{ms}$ 时,分离区范围基本稳定,推力矢量角达到 $8.55°$,与定常计算所得推力矢量角一致。

在激波矢量喷管推力矢量建立过程中,推力系数的变化如图 3-61 所示。未开启二次流喷射时,推力系数 $C_{fg}=0.979$,随着二次流射入主流,推力系数骤减。原因如下,从二次流开启时刻起,激波矢量喷管理想推力计算开始计入二次流产生的理想推力 $F_{i.sec}$,如式(3-8)所示,但是二次流还未发展至喷管出口,尚不能形成实际推力,因此推力系数骤减,这属于典型的延迟效应。随着二次流喷出喷管形成有效推力,推力系数开始逐渐恢复,约在 $t=16.2\text{ms}$ 时,推力系数 $C_{fg}=0.920$,这也与定常计算结果一致。

从上述结果可知,在设计落压比工况下,激波矢量喷管推力矢量建立过程时间为 10ms 量级。其中,推力矢量角骤升发生在 1.4ms 内,随后经过约 12ms,二次流喷口后的流场及推力矢量角才能够逐渐趋于稳定。

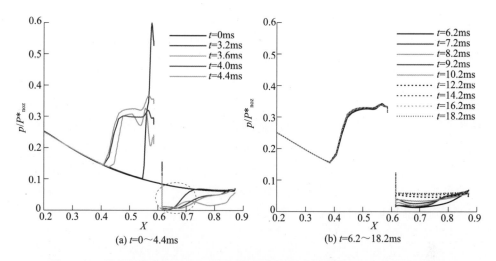

图 3-60 推力矢量建立过程,激波矢量喷管下壁面静压随时间的变化(见彩页)

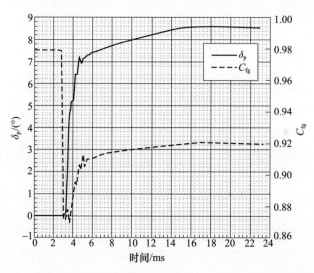

图 3-61 推力矢量建立过程,激波矢量喷管推力矢量性能随时间的变化

3.5.2 推力矢量恢复过程

在推力矢量恢复过程中,激波矢量喷管流场中主要包括两类特征:诱导激波后移及消失、低速区被推出喷管外。本节激波矢量喷管非定常数值模拟初场基于带二次流喷射的收敛流场,其处理方法如下:$t \leqslant 3.0 \mathrm{ms}$,保持二次流喷射;$t = 3.0 \mathrm{ms}$,关闭二次流喷射。

图 3-62 给出了不同时刻激波矢量喷管流动特征随时间的变化。关闭二次流喷射,首先影响到二次流的射流深度及其对主流的阻碍性,二次流受到喷口前

高压主流的"冲击""压迫",射流轨迹无法维持,射流深度逐渐降低,并在主流的推动下向后移动,直至消失,如图3-62(b)~(d)所示。主流中因二次流射入而形成的诱导激波相应的随之后移,激波根部对壁面的静压影响区也逐渐减小,如图3-63(a)所示。二次流喷口前高压区压力下降,附面层分离点后移,即主分离区范围减小,在$t=4.6$ms时,二次流喷口前的高压区消失。由于射流深度降低,二次流逐步扫过喷口后下壁面,导致壁面静压升高,在$t=3.8$ms时,达到最大静压分布。随后,壁面静压主要受到来自分离区的高压低速气流的影响,该团低速气流和诱导激波逐步离开喷管,如图3-62(h)所示,下壁面的静压近一步降低,在$t=5.8$ms时,上、下壁面静压基本一致,如图3-63(b)所示,此时关闭二次流对激波矢量喷管内流的影响基本结束。

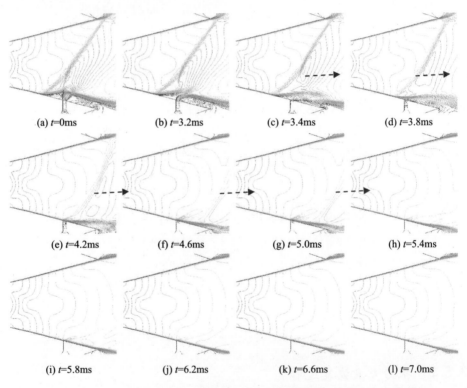

图3-62 推力矢量恢复过程,激波矢量喷管内流特性随时间的变化(见彩页)

激波矢量喷管内诱导激波末端形态对二次流关闭的响应有短暂的滞后影响,如图3-62(b)、(c)所示。因此推力矢量角表现出一定滞后性,直到$t=3.6$ms时,推力矢量角开始骤减,如图3-64所示。经历约2.2ms,恢复到无推力矢量工况。另外可看到,推力矢量角随时间的变化率由大变小,这是因为主分离区前高压低速气流对下游壁面的影响恢复较慢。

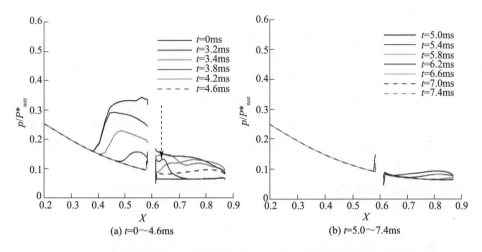

图3-63 推力矢量恢复过程,激波矢量喷管下壁面静压随时间的变化(见彩页)

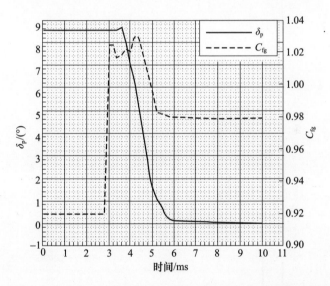

图3-64 推力矢量恢复过程,激波矢量喷管推力矢量性能随时间的变化

在推力矢量恢复过程中,激波矢量喷管推力系数随时间变化如图3-64所示。关闭二次流喷射后,推力系数骤升,这主要由于激波矢量喷管理想推力骤减所致,如式(3-18)所示。

$$C_{fg} = F_{noz} / (F_{i.\,noz.} + F_{i.\,sec.}) \tag{3-18}$$

$t=3.0$ ms起,激波矢量喷管理想推力的计算不再计入二次流的理想推力,即 $F_{i.\,sec.}=0$。但此时二次流仍未完全流出喷管,它对实际推力仍有贡献,因此激波矢量喷管推力系数会暂时超过1.0。约在 $t=4.4$ ms时,二次流对喷管推力贡献减弱,推力系数开始下降,在 $t=6.0\text{ms}$ 时,推力系数达到稳定值,即 $C_{\text{fg}}=0.979$,它与定常计算结果一致。

  激波矢量喷管推力矢量恢复过程用时不超过 10ms,约为推力矢量建立过程时间的一半。其主要原因是,矢量恢复过程中二次流与主流干扰减弱的流动是顺压力梯度下的行为,而矢量建立过程中的二次流与主流相互作用流场的形成是逆压力梯度下的行为。而且在矢量建立过程中,二次流喷射稳定后,在二次流喷口后仍存在低速分离区及二次流轨迹发展等过程,因此需要更长时间建立稳定的推力矢量。总的来看,激波矢量喷管动态响应可在 20ms 内完成,比机械式推力矢量喷管响应快,推力矢量响应速率约为机械式的 20~50 倍。

第4章　激波矢量喷管性能提高方法

激波矢量喷管所需的二次流引自于航空发动机的高压部件(如风扇、压气机等),引气量越大对航空发动机整机性能和部件匹配特性影响越明显。为了降低这种影响,同时保证可用的推力矢量角,需要采取一些辅助措施提高激波矢量喷管的推力矢量效率。本章在激波矢量喷管构型的基础上,提出了机械/气动组合与辅助喷射等提高推力矢量效率的方法,具体形式为插板式激波矢量喷管、旋转阀式激波矢量喷管和辅助喷射式激波矢量喷管。基于数值模拟和理论分析,分析3类激波矢量喷管工作机制、喷管内部复杂流动机理及矢量性能提升特点,给出关键几何、气动参数对喷管流动特征及推力矢量性能的影响规律。

4.1　插板式激波矢量喷管性能提高方法

4.1.1　插板式激波矢量喷管的结构及工作原理

激波矢量喷管的优势在于大幅减少甚至取消机械作动部件,显著减轻排气系统的重量,从而提高航空发动机的推重比。其实现推力矢量的核心是基于二次流喷射的主动控制技术。然而,激波矢量喷管在满足推力矢量角度需求时,所需的高压二次流流量甚至会达到主流的15%~20%,这是航空发动机总体设计无法接受的。那么是否存在一种折中方案,在保持激波矢量喷管优势的同时,又能减小对高压二次流的需求?简单机械机构结合激波气动矢量控制技术,即插板式激波矢量喷管正是这样思路下的一种尝试。其基本原理示意如图4-1所示,采用高度可调节的插板提高二次流喷射对喷管主流的扰动,利用插板作动机构,将插板部分插入喷管扩张段,同时将高压二次流从插板顶部喷出,即插板和二次流喷射共同作用,通过调节插板高度、二次流压比等参数控制推力矢量角度。

本章中的激波矢量喷管基本尺寸与第3章相同,其对称截面尺寸如图4-2所示。考虑空间条件限制,插板均采用垂直插入喷管的形式,相应地二次流喷射角度为90°。本节主要通过改变不同气动、几何参数,对插板式激波矢量喷管的流动特征及推力矢量性能进行分析。其关键参数包括喷管落压比、二次流压比、插板相对高度及插板相对位置。

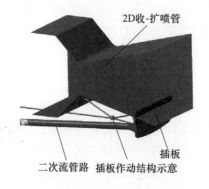

图4-1 插板式激波矢量喷管的示意图

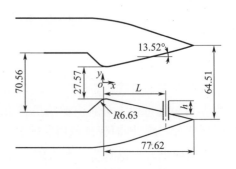

图4-2 插板式激波矢量喷管的尺寸（单位:mm）

首先,从流动控制机理、喷管内部特征及推力矢量实现等角度,分析对比单独插板、单独二次流喷射及插板+二次流喷射对喷管流场及矢量特性的影响。图4-3~图4-5给出了3种方案下的喷管内部流动特征。其中,插板相对高度 h 为0.2(用喷管喉部高度无量纲化),二次流压比 SPR = 1.2。从图中可以看到,插板对喷管扩张段超声速气流产生明显扰动,在主流中产生诱导激波,形成强逆压力梯度,造成插板前附面层分离,该处诱导激波即附面层分离激波。分离区内流动由顺时针涡主导,在插板与下壁面交汇处诱导出小的逆时针涡,在插板下游,外部气流在压差力的作用下进入插板下游真空区,在喷管唇口形成绕流涡。插板扰动与二次流喷射扰动对喷管内激波形态及涡系形态影响不同,区别是,后者的激波系为附面层分离激波与诱导激波相交而成的"λ"激波,涡系为附面层分离及高压二次流卷吸而形成的反向旋转对涡。插板+二次流喷射扰动对喷管流场特性的影响,在激波系形态上,与二次流喷射扰动相同。插板前的涡系表现为插板和二次流扰动结果的叠加,即存在大的附面层分离涡、插板与壁面交汇处角涡及高压二次流出口附近因高速卷吸而形成的涡,插板后的涡系分布与插板和二次射流深度有关。从图4-6可以看出,插板、二次流喷射、插板+二次流喷射等方法实现推力矢量的本质相同——通过对超声速主流的强干扰生成激波,形成使主流偏转的上下壁面压差力。

对比二次流喷射与插板+二次流喷射,即对比激波矢量喷管与插板式激波矢量喷管的推力矢量性能,包括推力矢量角、推力矢量效率、推力系数等结果,可以发现,插板式激波矢量喷管的推力系数比激波矢量喷管略有下降,从0.877降低至0.866,但是推力矢量角和推力矢量效率均有大幅上升,分别从10.1°、

0.946(°)/% 增长至13.6°、1.272(°)/%,其有效增长幅度约为35%。即在相同的二次流流量下,借助插板获得了更大的推力矢量角、推力矢量效率等。本节着重分析插板高度、插板位置等对插板式激波矢量喷管流动特征及推力矢量性能的影响。

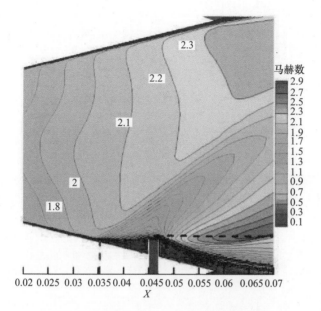

图4-3 插板对喷管流场的影响(见彩页)

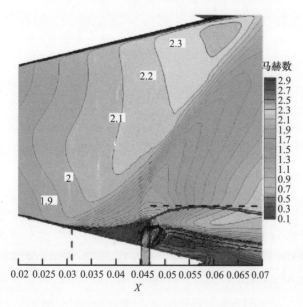

图4-4 二次流喷射对喷管流场的影响(见彩页)

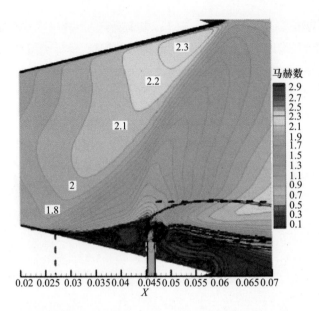

图4-5 插板+二次流喷射对喷管流场的影响(见彩页)

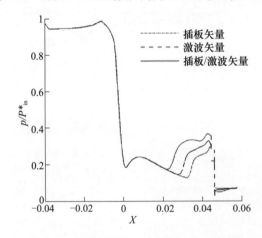

图4-6 插板式激波矢量喷管的压力分布

4.1.2 插板高度的影响

插板高度是影响插板和二次流对主流扰动深度的关键参数,本节在插板相对位置(插板至喷管喉部距离与喷管扩张段长度之比)$X_j = 0.79$ 及二次流喷口相对面积 $A_s = 0.08$ 条件下,分析不同气动参数,喷管落压比 NPR = 6、10、13.88、18,二次流压比 SPR = 0.6、1.0、1.5 时,插板相对高度(h)对插板式激波矢量喷管流动特征及推力矢量性能等的影响。其中,插板相对高度取值为 $h = 0.10$、0.15、0.20、0.25。

在喷管设计落压比 NPR=13.88、二次流压比 SPR=1.0 工况下,喷管流场特征随插板相对高度的变化如图 4-7 所示。可以看到,随插板高度增加,诱导激波角度及强度增加,激波后相应位置上的马赫数减小。其中,沿着诱导激波,波前马赫数变化范围:1.9~2.5,波后马赫数变化范围:1.3~1.8。激波损失的增加是造成推力下降的主要原因。诱导激波强度增加使得插板前附面层分离点位置前移,即分离区长度增加。插板相对高度从 0.10 增加至 0.25 时,分离区长

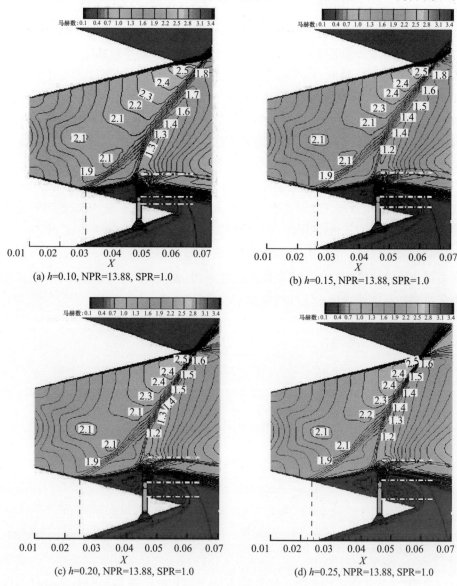

图 4-7 不同插板相对高度时,喷管内部的流场分布

度增长约30%,从图4-8可以发现,分离区的压力"凸台"数值大小也相应提高。根据第3章结论,分离区域对应的高压区是形成主流偏转的主要根源,可知随着插板相对高度增加,推力矢量角度增大,如图4-9所示。随着插板高度增加,压力"凸台"所围成的面积近似线性增加,推力矢量角也有线性的变化。在固定的气动参数条件下,随插板相对高度增加,二次流的折合流量比保持为7.8%,推力矢量角从10.94°提高至14.04°,推力矢量效率(Vectoring Efficiency,V. E.)则从1.4(°)/% 增长至1.8(°)/%。由上可知,适当条件下增大插板高度有利于推力矢量性能的提升。

插板式激波矢量喷管在非设计落压比工况(过膨胀及和膨胀状态)及二次流压比 SPR≤1.0 时,推力矢量角、推力矢量效率随插板相对高度的变化趋势与在设计落压比工况时变化规律一致,如图4-9和图4-10所示。可以看到,随着喷管落压比增加,推力矢量角及推力矢量效率均减小。一方面,喷管落压比的增加使得诱导激波位置后移,插板前高压区减小;另一方面,主流从过膨胀逐渐变为欠膨胀时,插板下游壁面的静压逐渐变小,低于上壁面相应位置的静压。这两个方面因素使得主流受到的偏转力随喷管落压比增加而减小。相同二次流压比工况下,不同喷管落压比时二次流折合流量比基本保持不变,所以推力矢量效率变化规律与推力矢量角相同。在相同的喷管落压比下,二次流压比 SPR≤1.0 时,随着二次流压比增加,推力矢量角增加,但是推力矢量效率减小。原因是二次流折合流量比随喷管二次流压比线性增加,即 $\Delta(\omega\sqrt{\tau})/\Delta \text{SPR} = 1.0$,但是推力矢量角随二次流压比非线性增长,$\Delta\delta_p/\Delta \text{SPR} < 1.0$。

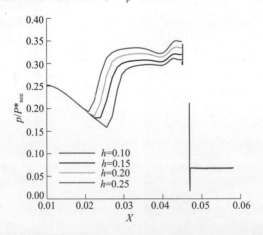

图4-8 不同插板相对高度时,喷管下壁面的局部压力分布(见彩页)

从图4-9和图4-10还可以看到一些与插板式激波矢量喷管在设计工况下不同或相反趋势的变化规律。这些特殊规律均出现在较大二次流压比

(SPR=1.5)时,此时诱导激波靠近喷管唇口或与喷管上壁面相交,随着插板相对高度的增加,诱导激波角度增大,诱导激波与上壁面交点前移,如图4-11所示,喷管上壁面静压大幅提升,进而导致喷管主流受到的偏转了减小,推力矢量角减小。

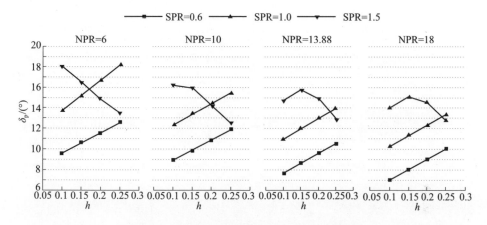

图4-9 推力矢量角随插板相对高度的变化

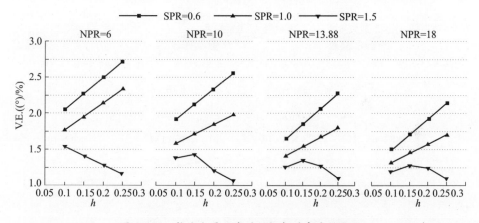

图4-10 推力矢量效率随插板相对高度的变化

插板式激波矢量喷管的推力系数随插板相对高度、喷管落压比及二次流压比的变化如图4-12所示。可以看到,除了落压比NPR=6,二次流压比SPR=0.6、1.0工况,推力系数随着插板高度增加而略有上升外,其他工况下,随着插板高度增加推力系数均下降。原因如下,当落压比NPR=6时,喷管过膨胀明显,压差损失大,虽然喷管内激波系损失随着插板高度而变大,但是压差损失因为激波后压强的回升而得到缓和,后者的影响偏大,因此推力系数有所增大。也正是由于激波后压力的回升,使得喷管推力系数在小于设计落压比的工况时(落压比NPR=10)达到最大。其他工况下,喷管内激波随插板高度变化而带来的损失占主导作用,因此推力系数均降低。插板式激波矢量喷管推力系数范围在

89

0.880~0.938 之间。当插板相对高度 $h=0.25$,落压比 NPR=6,二次流压比 SPR=1.0 时,推力矢量性能较好,推力系数 $C_{fg}=0.920$,推力矢量角为 $\delta_p=18.17°$,二次流折合流量比 $\omega\sqrt{\tau}=7.77\%$,推力矢量效率 V.E.=2.34(°)/%。

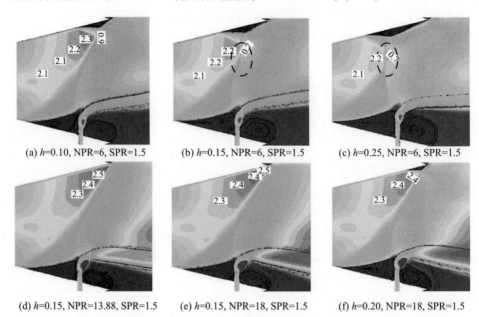

图 4-11 高二次流压比下、不同插板相对高度时,喷管内部流场特征

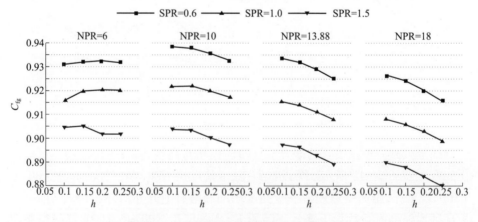

图 4-12 推力系数随插板相对高度的变化

4.1.3 插板位置的影响

在插板相对高度 $h=0.20$、二次流喷口相对面积 $A_s=0.08$ 条件下,分析不同气动参数,喷管落压比 NPR=6、10、13.88、18,二次流压比 SPR=0.6、1.0、1.5

时,插板相对位置(X_j)对插板式激波矢量喷管的流动特征及推力矢量性能的影响。其中,插板相对位置取值为 $X_j=0.69$、0.74、0.79、0.84、0.89。

当喷管设计落压比 $NPR_D=13.88$、二次流压比 $SPR=1.0$ 时,随插板位置改变,插板式激波矢量喷管的流场特征如图 4-13 所示。可以看到,插板相对位置 $X_j=0.69$ 时,诱导激波与喷管上壁面相交,造成上壁面局部压力突升,如图 4-14 所示,这使得主流偏转力减小,推力矢量效率下降,在 7.78% 的二次流折合流量作用下,形成 9.36° 的推力矢量角,推力矢量效率 V.E. 仅为 1.26(°)/%。上壁面的逆压力梯度造成附面层发生分离(图 4-13(a)),形成分离激波,与诱导激波相互干涉,造成局部损失加剧,此时推力系数 $C_{fg}=0.909$。随着插板位置后移,诱导激波位置相应地后移,在插板相对位置 $X_j=0.74$ 时,诱导激波恰好与喷管唇口相交,随着插板相对位置继续后移,诱导激波远离唇口,不再受到唇口限制,通过诱导激波的主流流量减少,总的能量损失相应下降。因此随着插板后移,推力系数增大。由于插板位置后移,插板和射流扰动处的主流 Ma 数增大,主流静压减小,在主次流动量比保持不变的条件下,插板前主分离长度也有所增加,但是分离点处"凸台"压力突升程度减小,如图 4-14 所示。由于后者其作用较大,因此在插板相对位置 $X_j \geqslant 0.74$ 时,造成的主流偏转力略有减小,即诱导激波与上壁面未相交的情况下,随着插板位置后移推力矢量角度减小,如图 4-15 所示。

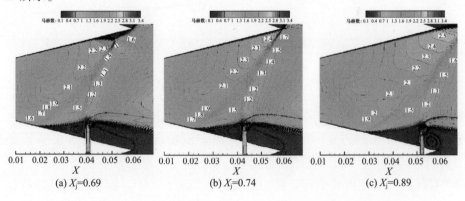

图 4-13 $NPR=13.88$,$SPR=1.0$ 时,不同插板相对位置工况下的流动特征

在喷管其他落压比($NPR=10$、18)及二次流压比($SPR=1.0$)工况下,推力矢量性能变化规律与设计落压比时一致。而在落压比 $NPR=6$、二次流压比 $SPR=1.0$ 工况下,在插板相对位置 $X_j=0.79$ 时,插板式激波矢量喷管的诱导激波逐步脱离与上壁面的相交,因此推力矢量角表现为先增大后减小,最大值为 16.67°,推力矢量效率高达 2.14(°)/%。

当高二次流压比($SPR=1.5$)及插板位置靠前($X_j \leqslant 0.79$)时,诱导激波与上

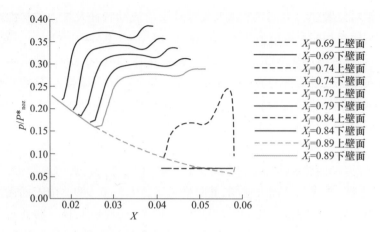

图4-14 NPR=13.88,SPR=1.0时,喷管上下壁面局部压力随插板相对位置的变化(见彩页)

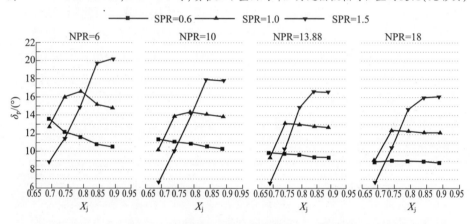

图4-15 推力矢量角随插板相对位置的变化

壁面相互作用范围大,推力矢量角、推力矢量效率均明显下降,推力矢量效率甚至会下降至0.56(°)/%(二次流压比NPR=18,插板相对位置X_j=0.69),如图4-16(a)所示。随着插板位置后移,诱导激波与上壁面交点后移,上壁面的局部高压区范围逐步减小直至消失。从图4-16(c)、(d)可以看到,当插板相对位置X_j=0.84时,诱导激波已经基本脱离喷管唇口,因此推力矢量角及推力矢量效率随着插板位置后移而增加,在各落压比条件下(NPR=6、10、13.88、18),分别得到最大推力矢量角为20.23°、17.92°、16.60°、15.92°。

图4-17给出了不同工况下推力矢量效率随插板相对位置的变化。可以发现,各工况下最大的推力矢量效率均在插板相对位置X_j=0.69、二次流压比SPR=0.6时获得。其中,最大的推力矢量效率在落压比NPR=6时得到,推力矢量效率V.E.=2.95(°)/%,其相应的推力矢量角δ_p=13.62°。插板位置过于

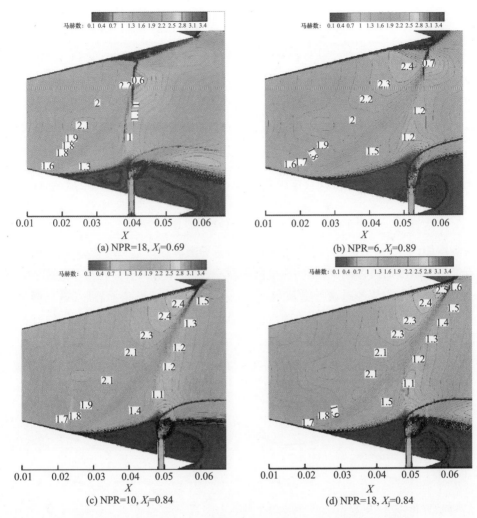

图 4-16 SPR=1.5 时,不同插板相对位置工况下喷管的流场特性

靠前,增加插板高度或者增加二次流压比均会致使诱导激波与上壁面相交,使得推力矢量角减小。因此,插板位置靠前时可获得高的推力矢量效率,但对应的最大推力矢量角会减小。如果既要获得高的推力矢量角,又追求大的推力矢量效率,那么必须在插板位置与二次流压比之间做一定的优化。对于本书给出的喷管模型,在落压比 NPR=6.0、二次流压比 SPR=1.0、插板相对位置 X_j=0.79 工况下,得到较为理想的推力矢量性能,二次流折合流量比 $\omega\sqrt{\tau}$ = 7.77%、推力矢量角 δ_p = 16.67°、推力矢量效率 V.E. = 2.14(°)/%、推力系数 C_{fg} = 0.921。无论是推力矢量角度、推力系数,还是二次流流量需求,均表现出很满意的结果。

除了低落压比工况(NPR=6),在其他工况下,随着插板位置的后移,推力

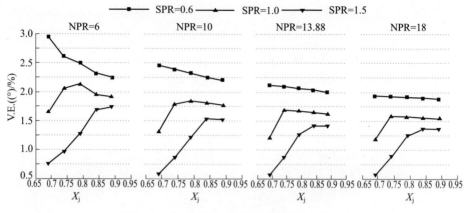

图4-17 推力矢量效率随插板相对位置的变化

系数增加,如图4-18所示。这主要是因为诱导激波逐渐远离喷管唇口,主流中流经诱导激波的流体减少,总的能量损失减小,推力系数回升。在严重过膨胀状态(NPR=6),主流经过诱导激波虽然有总压损失,但是提高了静压,诱导激波起到缓解负压差力的作用,因此插板位置靠前反而能获得更大的推力系数,在插板相对位置 $X_j=0.69$ 时,推力系数 C_{fg} 达到最大值为0.936。

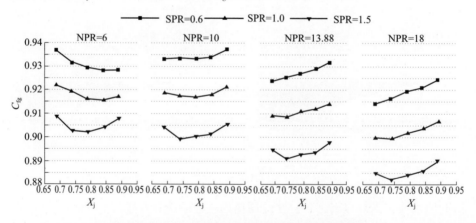

图4-18 推力系数随插板相对位置的变化(见彩页)

4.2 旋转阀式激波矢量喷管性能提高方法

4.2.1 旋转阀式激波矢量喷管的结构及工作原理

与插板式激波矢量喷管结构类似,旋转阀式激波矢量喷管是另外一种基于机械/气动组合式的推力矢量方案。其特点是,在保持气动矢量喷管优势的同时,减小对高压二次流的需求。其基本结构如图4-19所示,采用旋转阀可以提高二次射流在喷管主流的射入深度,同时也可以控制二次射流的射入角度。其工作机制是,利用简单的作动机构控制位于扩张段的旋转阀的开合,在旋转阀开启的状态下,高压二次流通过旋转阀的内部流道射入主流,通过调整旋转阀的角度及二次流压比等参数控制推力矢量角度,如图4-20所示。

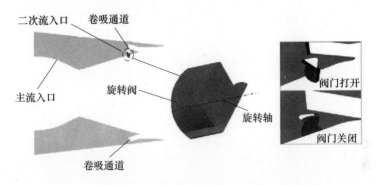

图4-19 旋转阀式激波矢量喷管的示意图(见彩页)

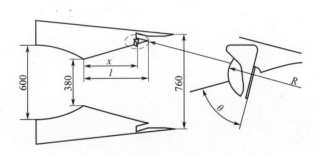

图4-20 旋转阀式激波矢量喷管的几何参数

当喷管处于矢量工作状态时,旋转阀打开,从高压部件引出的二次流流经旋转阀内部流道射入超声速主流。从图4-21给出的旋转阀式激波矢量喷管的内外流场马赫数分布,可以看到,旋转阀及高压二次流喷射对喷管扩张段的超声速气流产生扰动,干扰主流并在主流中形成一定强度的诱导激波,形成强的逆压力梯度,造成旋转阀上游的附面层分离,形成逆时针的分离区。同时,由于高压二次流的卷吸作用,在旋转阀出口附近形成微弱的顺时针方向涡。在旋转阀上游,涡系表现为附面层分离及高压二次流卷吸而形成的反向旋转对涡。由于附面层分离区一直延伸喷管喉部,所以并没有产生分离激波及"λ"激波。在旋转阀下游,引射通道中的气流在压力差的作用下进入旋转阀后的真空区,形成扰流涡和开式分离区。主流在开式分离区附近经历膨胀-压缩过程,并在分离区尾部形成一道激波。

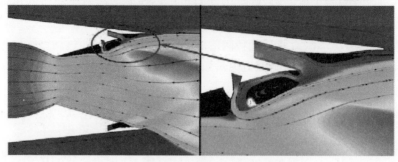

图4-21 旋转阀式激波矢量喷管的流场分布

旋转阀下游分离区的形态(开式、闭式)及分离区尾部激波的强度受到旋转阀角度、二次流压比等参数的影响。从图4-22给出的喷管内壁面静压力分布可以看到,通过旋转阀和高压二次流对超声速主流的扰动,形成诱导激波及大范围的流动分离,造成喷管内上下壁面静压力的非对称分布,产生使主流偏转的侧向力。

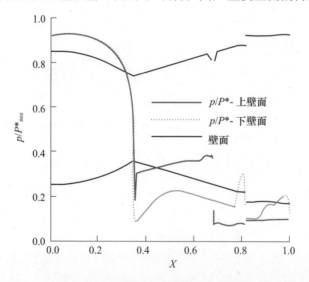

图4-22 旋转阀式激波矢量喷管壁面静压分布(见彩页)

本节着重讨论了旋转阀式激波矢量喷管的旋转阀角度、旋转阀位置等对喷管流动特征及推力矢量性能的影响。

4.2.2 旋转阀角度的影响

旋转阀角度是影响射流深度及射流方向的关键参数。本节在旋转阀相对位置(旋转阀至喷管喉部距离与喷管扩张段长度之比)$X_j = 0.75$,旋转阀相对半径

(旋转阀半径与喷管喉部高度之比)$R=0.12$ 条件下,分析不同气动参数,喷管落压比 NPR = 8、10、12,二次流压比 SPR = 0.8、1.0、1.2 时,旋转阀角度对喷管流动特征及推力矢量性能的影响。其中,旋转阀角度取值为 $\theta = 30.0°$、$37.5°$、$45.0°$、$52.5°$、$60.0°$。

在喷管设计落压比 NPR = 10、二次流压比 SPR = 1.0 工况下,喷管内部流场的分布如图 4-23 所示。可以看到,随着旋转阀角度增加,旋转阀对主流的干扰作用增大,高压二次流与主流夹角逐渐增大,二次流在主流法向的动量分量增加,二次流射流深度增加,同时射流深度最大的位置不断向旋转阀下游方向移动。当旋转阀角度小于 $45.0°$ 时,随着旋转阀角度增加,旋转阀及高压二次流对主流的阻碍作用增强,诱导激波强度增强,上游分离区不断发展,从图 4-24 可以看到,分离区的压力"凸台"数值大小提高,推力矢量角也相应增大。随着旋转阀角度进一步增大,受限于旋转阀的几何特性,二次流射流深度增加的幅度较小,旋转阀上游分离区的压力"凸台"数值变化不明显。随着二次流射流深度最大的位置向下游方向移动,二次流法向动量的增加,旋转阀下游的分离区转变为

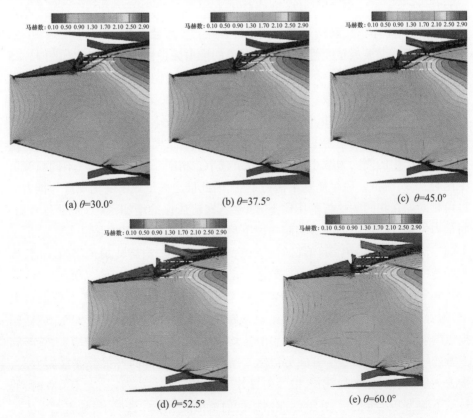

图 4-23　NPR = 10、SPR = 1.0 时,不同旋转阀角度下喷管内部的流场分布

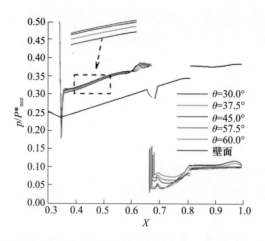

图4-24　NPR=10、SPR=1.0时,不同旋转阀角度喷管上壁面局部静压力分布(见彩页)

开式分离区,此处的壁面静压力增加,使得推力矢量角进一步增加如图4-26所示。随着旋转阀角度的增加,二次流的折合流量保持为2.6%,推力矢量角从3.77°提高至4.94°,推力矢量效率则从1.4(°)/%增长至1.9(°)/%。由此可知,适当条件下增大旋转阀角度有利于提升推力矢量性能。

旋转阀式激波矢量喷管在其他工况下的推力矢量性能变化规律如图4-25和图4-26所示,与喷管设计落压比NPR=10、二次流压比SPR=1.0工况下推力矢量性能变化规律一致。但因气动参数的变化,在其数值上表现出一定的差异。随着喷管落压比增加,推力矢量角及推力矢量效率均减小,这是由于喷管落压比增加,旋转阀上、下游的分离区均被主流抑制,壁面静压力逐渐减小,喷管壁面压差力产生的侧向力减小,推力矢量角减小。相同二次流压比下,不同喷管落压比时,二次流折合流量比基本保持不变,因此推力矢量效率变化规律与推力矢量角相同。在相同的喷管落压比下,随着二次流压比的增加,推力矢量角增加,而推力矢量效率在不同的旋转阀角度下呈现不同的变化规律。图4-27给出了不同二次流落压比下喷管内部的流动特征,可以发现,当旋转阀角度较小时,旋转阀造成的射流深度较小且二次流法向动量分量较小,在不同的二次流压比下,旋转阀下游的分离区皆为闭式分离区。在旋转阀造成的射流深度不变的情况下,随着二次流压比增加,推力矢量效率减小。而当旋转阀角度较大时,旋转阀提供的射流深度及二次流法向动量分量均较大,随着二次流压比的增加,旋转阀下游的闭式分离区转变为开式分离区。当由闭式分离区向开式分离区转变时,推力矢量角会明显增加,引起推力矢量效率增加。当二次流压比大于1.0时,旋转阀下游为开式分离区,在旋转阀造成的射流深度不变的情况下,随着二次流压比增加,推力矢量效率仍减小。

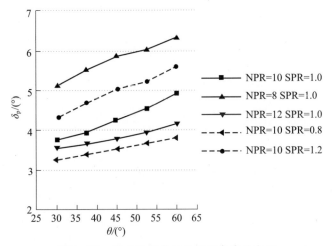

图 4-25 推力矢量角随旋转阀角度的变化

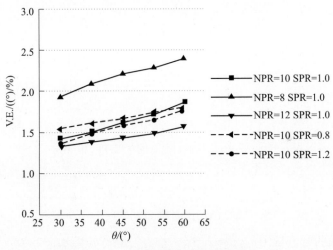

图 4-26 推力矢量效率随旋转阀角度的变化

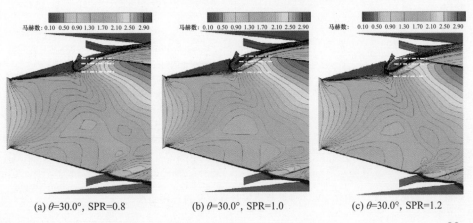

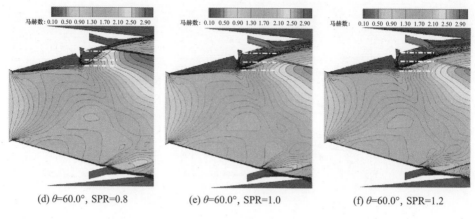

(d) θ=60.0°, SPR=0.8　　(e) θ=60.0°, SPR=1.0　　(f) θ=60.0°, SPR=1.2

图 4-27　NPR=10,不同二次流落压比及旋转阀角度下喷管内部的流动特征

喷管推力系数随旋转阀角度、喷管落压比及二次流压比的变化如图 4-28 所示。可以看到,不同的气动参数下,随着旋转阀角度变化,推力系数变化规律有所不同。图 4-29 给出了二次流压比 SPR=1.0 时,不同旋转阀角度下喷管内部流场的变化。当主流落压比 NPR=8、二次流压比 SPR=1.0 及主流落压比 NPR=10、二次流压比 SPR=1.2 时,旋转阀下游的分离表现为开式分离,随着旋转阀角度增大,开式分离区尾部的激波强度减弱,流动损失减小,推力系数增加。而当主流落压比 NPR=10、二次流压比 SPR=0.8 时,该分离表现为闭式分离,随着旋转阀角度的增大,分离区尾部的激波强度增强,流动损失增加,推力系数减小。在其他两种工况下,推力系数的变化大体上仍主要受旋转阀下游分离区状态及尾部激波强度的影响。从推力矢量性能看,当旋转阀角度 θ=60°,落压比 NPR=8,二次流压比 SPR=1.0 时,推力矢量性能较好,此时推力系数 C_{fg}=0.964,推力矢量角为 δ_p=6.34°,二次流折合流量比 $\omega\sqrt{\tau}$=2.64%,推力矢量效率 V.E.=2.40(°)/%。

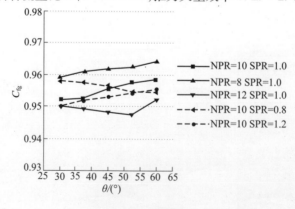

图 4-28　喷管推力系数随旋转阀角度的变化

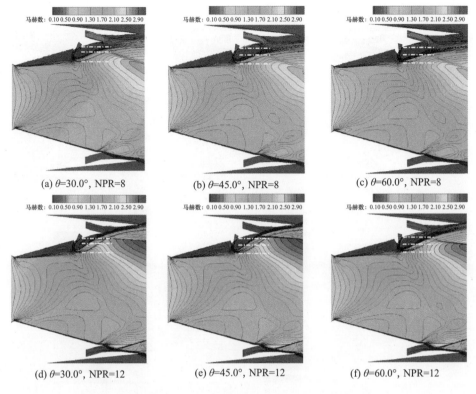

图 4-29 SPR=1.0,不同旋转阀角度下喷管内部流场的变化

4.2.3 旋转阀位置的影响

在旋转阀角度 $\theta=60.0°$ 及旋转阀相对半径 $R=0.12$ 条件下,分析不同气动参数,喷管落压比 NPR=8、10、12,二次流压比 SPR=0.8、1.0、1.2 时,旋转阀相对位置 X_j(旋转阀至喷管喉部距离与喷管扩张段长度之比)对喷管流动特征推力矢量性能的影响。其中,旋转阀相对位置取值为 $X_j=0.600$、0.675、0.750、0.825、0.900。

在喷管设计落压比 NPR=10、二次流压比 SPR=1.0 工况下,喷管内部流场的分布如图 4-30 所示。从图中可以看到,随着旋转阀的位置远离喷管喉部,旋转阀及高压二次流对主流的干扰作用逐渐减弱,旋转阀上游分离区的压力"凸台"数值大小相应减小,但是长度增加,致使上下壁静压力差值增大,推力矢量角增大。同时,随着旋转阀位置远离喷管喉部,阀门下游的闭式分离区转变为开式分离区,该区域的壁面静压力升高,利于推力矢量角增长。另外,随着旋转阀位置远离喉部,诱导激波位置随之向下游移动,诱导激波对下壁面唇口附近的影响减弱,该区域壁面静压力降低,如图 4-31 所示,这也有利于推力矢量角的增长。

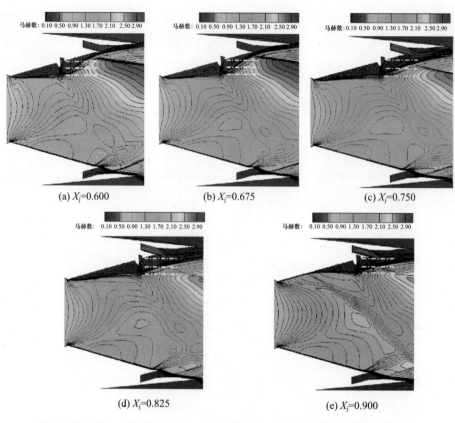

图 4-30　NPR=10、SPR=1.0,不同旋转阀相对位置时喷管内部的流场分布

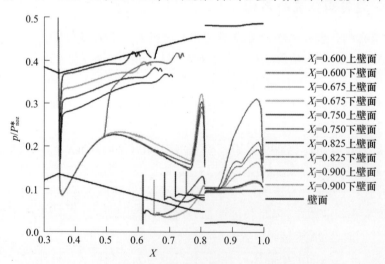

图 4-31　NPR=10、SPR=1.0,不同旋转阀相对位置时
喷管内壁面局部的静压分布(见彩页)

当旋转阀相对位置 $X_j = 0.900$ 时,旋转阀与喷管喉部距离较远,旋转阀上游分离区起点脱离喷管喉部,在喷管扩张段形成一道分离激波及"λ"激波。与旋转阀相对位置 $X_j = 0.825$ 时流场相比,分离区范围变小,但是分离区的压力"凸台"数值大小增加,推力矢量角增大。随着旋转阀位置远离喷管喉部,二次流折合流量比保持为 2.6%,推力矢量角从 1.97°提高至 6.05°,推力矢量效率则从 1.0 (°)/% 增长至 2.7(°)/%。可见在适当条件下,旋转阀远离喷管喉部有利于提升推力矢量性能。

旋转阀式激波矢量喷管在其他工况下推力矢量性能的变化规律如图 4-32 和图 4-33 所示,与喷管设计落压比 NPR = 10、二次流压比 SPR = 1.0 工况下推力矢量性能的变化规律一致。但因气动参数的变化,在其数值上表现出一定的差异。随着旋转阀远离喷管喉部,推力矢量角及推力矢量效率均增加,但是增长趋势趋于平缓,尤其是在低二次流压比工况下(SPR = 0.8、1.0)。

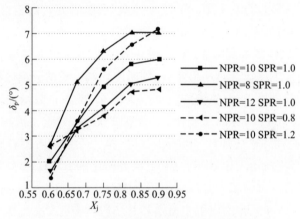

图 4-32 推力矢量角随旋转阀位置的变化

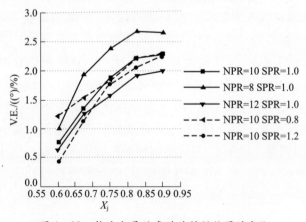

图 4-33 推力矢量效率随旋转阀位置的变化

随着喷管落压比增加，推力矢量角及推力矢量效率均减小，这是由于喷管落压比增加，旋转阀上、下游的分离区均被主流抑制，壁面静压力相对减小，由喷管内壁面压差力而产生的侧向力减小，推力矢量角减小。相同二次流压比、不同喷管落压比工况下，二次流折合流量比基本保持不变，推力矢量效率变化规律与推力矢量角相同。在相同喷管落压比下，推力矢量角和推力矢量效率的变化规律则随着二次流压比的增加而有所不同。图4-34给出了不同二次流压比下喷管内部的流动特征，可以发现，当旋转阀相对位置 $X_j = 0.600$ 时，诱导激波强度随着二次流压比增大而增强，对下壁面唇口附近流动的影响增强，该区域壁面静压力升高，推力矢量角减小，推力矢量效率随之减小。而当旋转阀相对位置 $X_j = 0.900$ 时，随着二次流压比的增加，旋转阀上游的分离区不断向喉部延伸，推力矢量角增加，但由于二次流折合流量的增加，推力矢量效率并没有明显变化。

喷管推力系数随旋转阀相对位置、喷管落压比及二次流压比的变化如图4-35所示。可以看出，在不同的气动参数下，随着旋转阀相对位置变化，推力系数变化规律有所不同。当二次流压比 SPR=1.0，主流落压比 NPR=8、10、12时，随着旋转阀位置远离喷管喉部，诱导激波及旋转阀下游分离区尾部的激波不断后移，更少的主流经过两道激波，同时旋转阀下游的分离区转变为开式分离区，尾部的激波强度减弱，主流的流动损失减小，推力系数增加。但当旋转阀相对位置 $X_j = 0.900$ 时，分离激波及"λ"激波的形成，导致主流损失骤增，推力系数减小。因而在二次流压比 SPR=1.0 时，推力系数随着旋转阀位置远离喉部先增后减。当主流落压比 NPR=10、二次流压比 SPR=1.2 时，随着旋转阀位置远离喉部，喷管内部流场中并没有出现分离激波，如图4-34所示，因而推力系数单调增加。图4-36给出了主流落压比 NPR=10、二次流压 SPR=0.8，不同旋转阀位置工况下喷管内部的流场特征，可以发现，随着旋转阀位置远离喉部，当旋转阀相对位置 $X_j = 0.825$ 时，分离激波及"λ"激波形成，同时，旋转阀下游的闭式分离区转变为开式分离区，该区域激波强度减弱且向下游移动，前者导致主流流动损失增大，而后者导致流动损失减小。旋转阀位置进一步远离喉部，分离激波的强度增加，而开式分离区尾部的激波向下游移动且强度持续减弱，前者导致主流流动损失增大，而后者导致流动损失减小。当主流落压比 NPR=10、二次流压比 SPR=1.2 时，推力系数随着旋转阀位置远离喉部而单调增加。从推力矢量性能来看，当旋转阀相对位置 $X_j = 0.825$，落压比 NPR=8，二次流压比 SPR=1.0 时，推力矢量性能较好，此时推力系数 $C_{fg} = 0.967$，推力矢量角为 $\delta_p = 7.06°$，二次流折合流量比 $\omega\sqrt{\tau} = 2.64\%$，推力矢量效率 V.E. = 2.67(°)/%。

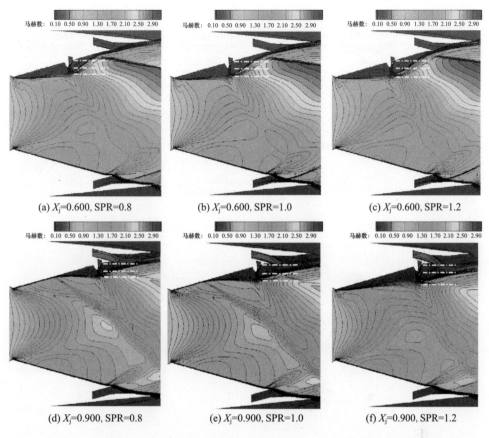

图 4-34 NPR=10,不同二次流压比及旋转阀相对位置时喷管内部的流动特征

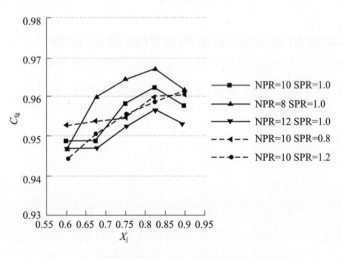

图 4-35 喷管推力系数随旋转阀相对位置的变化

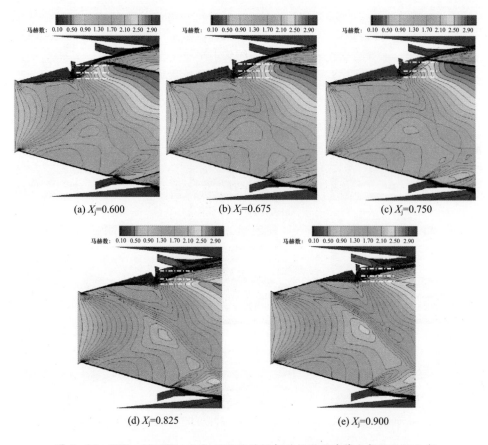

图 4 - 36　NPR = 10、SPR = 0.8,不同旋转阀相对位置下喷管内部的流场分布

4.3　辅助喷射式激波矢量喷管性能提高方法

4.3.1　辅助喷射式激波矢量喷管的结构及工作原理

激波矢量喷管对航空发动机的影响主要集中在两个方面:①二次流引气对发动机共同工作点的影响;②激波及分离损失对发动机推力的影响。二次流引气使得压缩部件工作点朝着左下方移动,造成压缩部件压比降低、发动机总的气流流量下降。研究表明,引气量越大,这种影响也就越明显。针对这种情况,本节提出如下缓解方案,在喷管收敛段和扩张段之间构建辅助喷射通道,形成辅助喷射式激波矢量喷管。其工作时,除了从压缩部件引气至喷管扩张段形成二次流喷射,还从喷管收敛段中引出一股气流至喷管扩张段,即辅助喷射,如图 4 - 37 所示。辅助喷射的气流相当于另一股气流压比为 1.0 的二次流,它能在原来

二次流喷射的基础上增强对主流的控制,增大推力矢量角,提高推力矢量效率。在相同推力矢量角的需求下,辅助喷射能相应地减少二次流需求,而且辅助通道扩大了发动机喷管的气流流通能力,能缓解共同工作性能的退化。基于此工作原理及特性,本节针对辅助喷射式激波矢量喷管进行流动特性及性能变化研究。

图 4-37 辅助喷射激波矢量喷管的原理示意图

本节中喷管的基本尺寸与第 3 章相同,其对称截面如图 4-38 所示。研究方法仍为数值模拟,湍流模型为带压缩效应的 SST $K-\omega$ 两方程湍流模型。

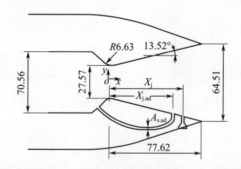

图 4-38 辅助喷射激波矢量喷管的基本尺寸

图 4-39 给出了辅助喷射式激波矢量喷管和激波矢量喷管的流动特征对比。其中,辅助喷口相对面积(辅助喷口面积与喷管喉部面积之比)$A_{s,ad} = 0.08$,二次流喷口相对面积(二次流喷口面积与喷管喉部面积之比)$A_s = 0.08$,喷管落压比 NPR = 13.88,总温 $T_{noz}^* = 800K$,二次流压比 SPR = 1.0,二次流总温 $T_{sec}^* = 622K$(根据等熵条件求得)。高压辅助射流在二次流前注入喷管扩张段,其效果与二次流喷射一致,在喷口前使得附面层分离,形成顺时针方向分离涡,并在射流引射作用下生成逆时针涡。区别于喷射式激波矢量喷管,辅助喷口后、二次流喷口前,也存在一对反向旋转的对涡,从图 4-39(c)可以看到,分离再附线基本位于辅助喷口与二次流喷口中间位置,即对涡尺寸相当。对于两种喷管,二次流喷口后壁面均存在一条再附线,该处对应周围大气进入喷管低压区时,在唇口形

成的绕流涡。另外对比图4-39(a)、(b)可以看到,辅助喷射式激波矢量喷管中射流的有效深度明显增加,这使得诱导激波角度更大,更接近喷管唇口,主流的偏转程度更明显。辅助喷射的介入,使得二次流喷口前高压区范围也明显增大,如图4-39(c)、(d)所示,并且辅助喷口前的高压"凸台"压力更大,此时喷管上壁面静压分布基本不变,如图4-39(e)所示,因此主流两侧侧向力增大,形成更大的推力矢量角,$\delta_p = 14.28°$。在相同二次流条件下,与激波矢量喷管推力矢量角($\delta_p = 8.98°$)相比,辅助喷射式激波矢量喷管推力矢量角增益约58.9%。引入辅助通道,相当于扩大了喷管的喉部面积,使得喷管主流流量约有6.0%的增量,辅助射流折合流量为5.64%,二次流折合流量为7.42%,以二次流折合流量计算可得推力矢量效率为1.93(°)/%。从模拟结果看,辅助喷射对提高推力矢量角及推力矢量效率有增益效果。

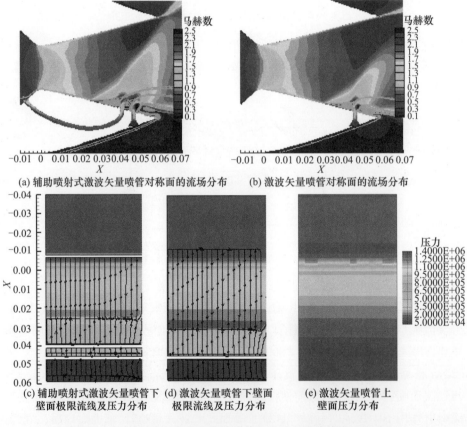

(a) 辅助喷射式激波矢量喷管对称面的流场分布 (b) 激波矢量喷管对称面的流场分布

(c) 辅助喷射式激波矢量喷管下壁面极限流线及压力分布 (d) 激波矢量喷管下壁面极限流线及压力分布 (e) 激波矢量喷管上壁面压力分布

图4-39 辅助喷射式激波矢量喷管与激波矢量喷管的流场对比

辅助喷射的几何构型对喷管流动特征及推力矢量性能的影响是本节的关注重点。本节在二次流喷射角度 $\theta = 90°$、二次流喷口相对位置 $X_j = 0.79$ 及二次流

喷口相对面积 $A_s = 0.08$ 下,主要研究辅助喷射相对位置(辅助喷口至喉部的距离与喷管扩张段长度之比)$X_{j.ad}$、辅助喷口相对面积(辅助喷口面积与喷管喉部面积之比)$A_{s.ad}$、辅助喷射角度(辅助喷射方向与喷管轴线夹角)θ_{ad} 等对喷管流动特征及推力矢量性能的影响。

4.3.2 辅助喷口位置的影响

本小节在不同喷管工况(过膨胀 NPR = 6、10,设计状态 NPR = 13.88,欠膨胀 NPR = 18)及二次流压比(SPR = 0.6、1.0、1.5)条件下,分析辅助喷口相对位置 $X_{j.ad}$ 对辅助喷射式激波矢量喷管的流动特性及推力矢量性能的影响。其中,辅助喷口相对面积 $A_{s.ad} = 0.08$,辅助喷射角度 $\theta_{ad} = 90°$,辅助喷口相对位置 $X_{j.ad} = 0.69$、0.74、0.84、0.89。

辅助喷流与二次流相互作用,使得喷管内的激波/涡系发生变化,造成喷管壁面的压力重新分布,进而影响喷管推力矢量性能。二者之间相互作用强度是影响推力矢量性能的关键因素。辅助喷口相对位置直接影响二者的干扰距离与作用规律,在不同气动条件下,辅助喷口相对位置改变带来的推力矢量性能变化也有所不同。

当喷管设计落压比 NPR = 13.88 及二次流压比 SPR = 1.0 时,辅助喷口相对位置改变,喷口附近流场分布如图 4-40 所示。可以看到,辅助喷流及二次流之间距离改变,仅使得流场中涡的尺寸发生改变,并不改变涡的形态,流场内仍保持两对对转涡、唇口绕流涡。但辅助喷流及二次流之间的距离及相对前后位置变化,带来两方面显著的影响:①影响主分离区长度;②影响辅助射流与二次流之间的壁面压力分布。

对比辅助喷口相对位置 $X_{j.ad} = 0.69$ 及 $X_{j.ad} = 0.74$ 工况,如图 4-40(a)、(b)所示,可以发现,辅助喷流与二次流更靠近时,二次流对辅助喷流的射入深度有所加强,辅助喷流前的主分离区(高压区)长度增长约 9%,但是由于辅助喷流与二次流之间的相对距离减小,二者对其之间壁面的引射作用增加,则使得该处壁面压力与辅助喷射相对位置 $X_{j.ad} = 0.69$ 工况时相比较低,如图 4-40(b)所示,该处壁面静压下降比主分离区长度增大的影响程度更大。同时两工况未受喷流影响的壁面压力及二次流下游的壁面压力基本不变。因此,当辅助喷口相对位置 $X_{j.ad} = 0.74$ 时,推力矢量角略有下降。比较辅助喷口相对位置 $X_{j.ad} = 0.74$ 及 $X_{j.ad} = 0.84$ 工况(辅助喷流在二次流喷射前和在二次流喷射后),可以发现,由于几何原因,辅助喷流流量系数(约为 0.75)较二次流($C_{d.sec} = 0.96$)偏小,相应的动量也较小,辅助喷流在二次流之前时,主分离区长度比二次流在辅助喷流前时偏小。在两股射流之间壁面压力相差不大的情况下,二次流位于辅助射流之前,推力矢量角更大。随着辅助喷口位置的后移,其对二次流射入深度、主分离区长度的影响减弱,但辅助喷流与二次流之间静压回升,如图 4-40(b)所示,使得推力矢量角增大。在其他落压比及二次流压比下,即 NPR = 10、13.88、18,SPR = 0.6、1.0 时,随辅助喷口相对位置的变化,喷管内的流场分布、推力矢量性能变化也表现出类似的规律,推力矢量角随着辅助喷口相对位置的变化并不明显,最大约有 1°的增量。

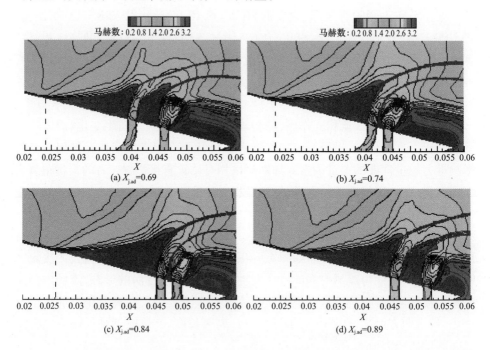

图 4-40 不同辅助喷口相对位置时,二次流喷口附近流场分布(NPR = 13.88,SPR = 1.0)

对于大的二次流压比(SPR = 1.5)或小的喷管落压比(NPR = 6)工况,随着辅助喷口相对位置改变,推力矢量角变化规律与上述分析略有区别,这主要跟诱导激波与上壁面相交及主流膨胀状态有关。图 4-41(c)给出了落压比 NPR = 1.388、二次流 SPR = 1.5 时,喷管壁面静压随辅助喷口相对位置改变的变化规律。对于辅助喷口相对位置 $X_{\rm j.ad}$ = 0.69、0.74 工况,诱导激波与喷管上壁面相交,前者诱导激波与上壁面相交范围更大、上壁面压力升高更多,两者在辅助喷流前的分离位置相当,即下壁面高压区范围相当,因此后者主流偏转力更大,推力矢量角更大。随着辅助喷流移至二次流后,一方面,主分离区长度增加,另一方面,诱导激波与上壁面相交带来的推力性能下降消失,因此推力矢量角增加。但当辅助喷口相对位置 $X_{\rm j.ad}$ = 0.89 时,在大的二次流压比下,二次流本身的射入深度大,辅助射流对其增强作用已不明显,而两股射流对其之间壁面引射作用增强,造成壁面的静压偏低,使得主流偏转力减小,推力矢量角降低。

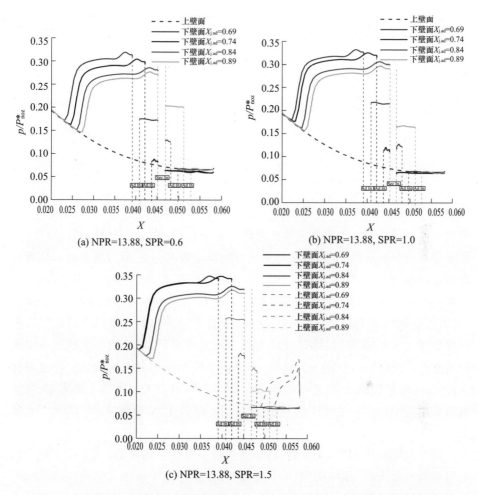

图4-41 不同二次流压比时,不同辅助喷口相对位置对壁面压力的影响(见彩页)

对于欠膨胀状态NPR=18及大二次流压比SPR=1.5工况,推力矢量角随辅助喷口位置后移的变化规律与落压比NPR=13.88时相同。轻度过膨胀状态NPR=10及二次流压比SPR=1.5时,辅助喷口相对位置靠前($X_{j,ad} \leq 0.74$),诱导激波与喷管上壁面的相交点更靠前,上壁面高压区范围更大,推力矢量角甚至略小于二次流压比SPR=1.0工况,然而当辅助喷口相对位置$X_{j,ad} \geq 0.84$时,诱导激波与上壁面脱离相交,推力矢量角回升,但随着辅助喷口位置后移而下降,如图4-42所示。

在喷管深度过膨胀状态NPR=6及二次流压比SPR≤1.0工况下,推力矢量角随着辅助喷口位置后移而下降(图4-42),其主要受到过膨胀主流与诱导激

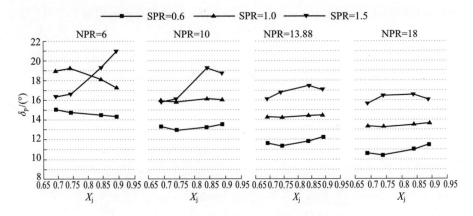

图4-42 推力矢量角随辅助喷口相对位置的变化

波相互作用的影响。主流在喷管扩张段中膨胀过度,在靠近喷管出口处产生过膨胀分离及分离激波,分离激波与主流中的诱导激波相交,并且辅助喷口位置越靠后,相交点位置越靠后。喷管唇口分离表现为闭式分离时,如图4-43(a)、(b)所示,后移的激波相交点使得分离泡减小,如图4-43(b)所示。当辅助喷口相对位置 $X_{j.ad}=0.74$ 时,喷管上壁面压力升高点比辅助喷口相对位置 $X_{j.ad}=0.69$ 靠后,唇口分离表现为开式分离后,后移的激波相交点加大分离范围,如图4-44(a)~(d)所示,进而上壁面压力升高点前移。经过对比发现,在深度过膨胀状态,上壁面压力分布是影响推力矢量角的主要因素,推力矢量角随辅助喷口相对位置后移而下降,即推力矢量角 δ_p 从 18.92° 下降至 17.26°。

当二次流压比 SPR = 1.5 时,诱导激波强度及角度均较大,与上壁面相交产生明显的入射激波与附面层相互干扰现象,在上壁面生成闭式分离。随着辅助喷口相对位置后移,该闭式分离后移,并一直表现为闭式分离,其导致壁面压力分布如图4-43(c)所示。主流偏转力随着辅助喷口位置后移而增大,即推力矢量角增大。推力矢量角最大 $\delta_p=20.96°$,此时,二次流折合流量比约为 11.3%,推力矢量效率 V.E. = 1.88(°)/%,推力系数 $C_{fg}=0.90$。

在不同工况下,辅助喷口相对位置对推力矢量效率及推力系数的影响如图4-45和图4-46所示。可以看到,在宽广气动工况下,辅助喷流与主流流量比约为 5.6%,推力矢量效率基本保持在 1.4(°)/% 以上,推力系数范围在 0.88 ~ 0.94 之间。推力矢量效率随喷射位置的改变趋势与推力矢量角一致,推力矢量效率随落压比及二次流压比下降而提高,在低落压比及二次流压比工况下,甚至可以高达 3.0(°)/% 以上,这比激波矢量喷管推力矢量效率有大幅提高,较大程度地减少了对二次流的需求。推力系数主要与诱导激波强度、诱导激波与上壁

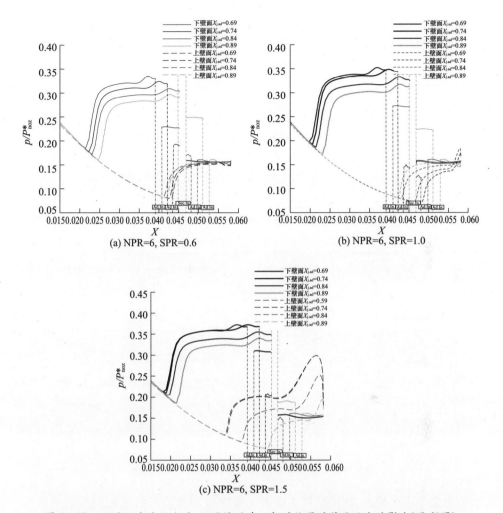

图 4-43 不同二次流压比时,不同辅助喷口相对位置对壁面压力的影响(见彩页)

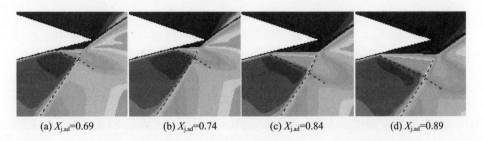

图 4-44 不同辅助喷口相对位置时,诱导激波与分离激波的相交情况
(NPR=6,SPR=1.0)

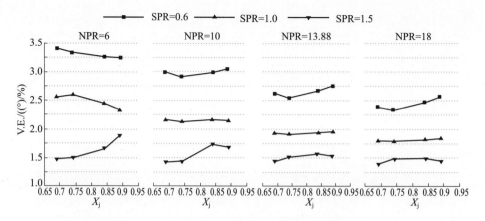

图4-45 推力矢量效率随辅助喷口相对位置的变化

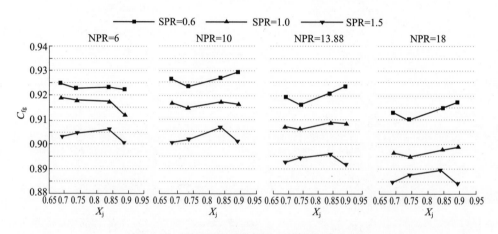

图4-46 推力系数随辅助喷口相对位置的变化

面的相交等因素相关,辅助喷射式激波矢量喷管和激波矢量喷管的推力系数基本保持在相同范围,即 0.88~0.94。辅助喷射式激波矢量喷管在大的落压比(NPR=6~10)范围内,推力矢量角度 $\delta_p \geq 15$,推力矢量效率 V.E. ≥ 2.0 (°)/%,推力系数 $C_{fg} \geq 0.90$。这个范围随着辅助喷口相对面积及喷射角度的变动会有一定的变化,但能够说明辅助喷射式激波矢量喷管具有较好的气动性能。

4.3.3 辅助喷口面积的影响

本小节在不同喷管工况(过膨胀 NPR=6、10,设计状态 NPR=13.88,欠膨胀 NPR=18)及二次流压比(SPR=0.6、1.0、1.5)条件下,分析辅助喷口相对面积(辅助喷口面积与喷管喉部面积之比)$A_{s,ad}$ 对喷管流动特性及推力矢量性能的影响。其中,辅助喷口相对位置 $X_{j,ad}=0.89$,辅助喷口角度 $\theta_{ad}=90°$,辅助喷口

相对面积 $A_{s.ad}$ = 0.06、0.08、0.10、0.12。

辅助喷口相对面积增加,辅助喷流流量、动量等近似线性增加,对二次流射入深度的干扰增强,二次流前的主分离区长度呈近似线性增长。图4-47给出了设计落压比(NPR = 13.88)及二次流压比 SPR = 1.0 工况下,喷管的流动特

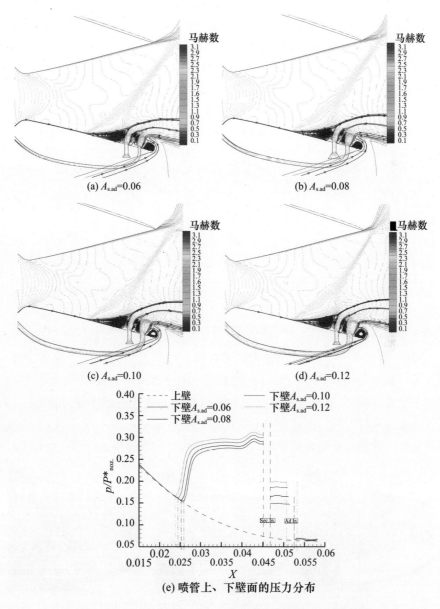

图4-47 不同辅助喷口相对面积时,喷管的内部流动特征
(NPR = 13.88, SPR = 1.0)(见彩页)

性。可以看到，辅助喷口相对面积增大并未影响喷管内部的流场结构，λ 诱导激波，二次流前、二次流及辅助喷流之间的反向旋转对涡，喷管唇口的绕流涡等拓扑特性不变。一方面由于辅助喷射动量增大提高了二次流的射入深度，使得主分离点前移，诱导激波前移，造成主分离区"凸台"高压范围增大。另一方面随着辅助喷口面积增大，辅助喷流及二次流间的壁面压力有所提高（主要由于辅助射流与二次流之间干扰加强）。此两个方面原因使得主流偏转力增大，推力矢量角增大，并且表现为近似线性增长，如图 4 – 48 所示。当辅助喷口相对面积从 0.06 增大至 0.12 时，辅助喷流流量比从 0.0419 增为 0.0825，推力矢量角有 3.7°的增益。

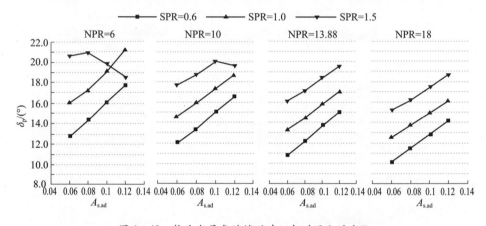

图 4 – 48　推力矢量角随辅助喷口相对面积的变化

另外，由图 4 – 48 可知，在较大的喷管落压比及二次流压比工况下，喷管内部流场结构与落压比 NPR = 13.88、二次流压比 SPR = 1.0 时一致，此时诱导激波与上壁面未相交，推力矢量角随辅助喷射面积的变化规律不变。但在过低的喷管落压比及较大的二次流压比（NPR = 6、10，SPR = 1.5）工况下，诱导激波与喷管上壁面的相交点随着辅助喷口相对面积的增大而前移，致使上、下壁面压差

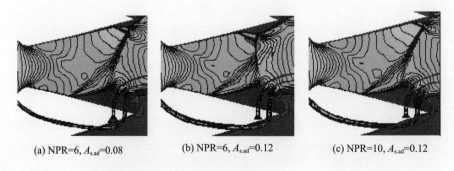

图 4 – 49　辅助喷射式激波矢量喷管中诱导激波与上壁面相交情况（SPR = 1.5）

力(主流偏转力)明显下降,推力矢量角减小,如图4-49所示。可以发现,对于本研究构型,推力矢量角在宽广的落压比、二次流压比范围内表现出来很好的线性关系,推力矢量角的变化范围为9°~20°,可满足战机对推力矢量的需求,这对辅助式喷射激波矢量喷管设计参数的选取有借鉴意义。

激波损失是辅助喷射式激波矢量喷管中推力损失的主要根源,当落压比 NPR≥10时,随着辅助喷口相对面积增大,诱导激波更靠近喷管上唇口,通过诱导激波的主流流量增多,造成主流的能量损失变大,因此推力系数有所下降,如图4-50所示。但当喷管落压比 NPR=10 时,推力系数比其他工况偏大,主要因为诱导激波后压力的提升减缓了过膨胀造成的压差损失。可以发现,除了高二次流压比(SPR=1.5)及高喷管落压比(NPR=18)工况,其他工况下推力系数基本上可以保持在0.90之上。

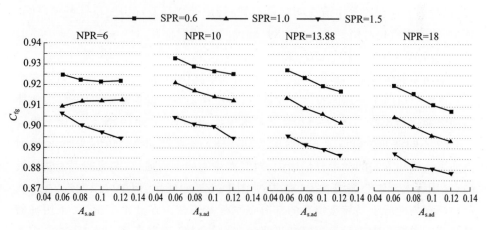

图4-50 推力系数随辅助喷口相对面积的变化

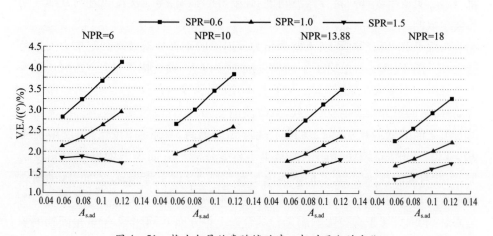

图4-51 推力矢量效率随辅助喷口相对面积的变化

推力矢量效率(V.E.)随喷口相对面积的变化如图 4-51 所示,其变化趋势与推力矢量角一致。在低主流落压比、低二次流压比工况下,推力矢量效率更容易达到高值。当落压比 NPR=6、二次流压比 SPR=0.6 及辅助喷口相对面积 $A_{s,ad}=0.12$ 时,借助 8.26% 的辅助射流,在 4.30% 的二次流折合流量比下,甚至可实现 4.13(°)/% 的推力矢量效率。另外,增大的主流流量,将可以部分抵消因二次流引气、激波损失等而造成的总推力的下降。结合图 4-48 可以发现,合理的选择辅助喷口面积参数,能够实现大推力矢量角和高推力矢量效率。

4.3.4 辅助喷射角度的影响

本小节在不同喷管工况(过膨胀 NPR=6、10,设计状态 NPR=13.88,欠膨胀 NPR=18)及二次流压比(SPR=0.6、1.0、1.5)条件下,分析辅助喷射角度 θ_{ad}(辅助喷射方向与喷管主流方向夹角)对喷管流动特征及推力矢量性能的影响。其中,辅助喷口相对位置 $X_{j,ad}=0.89$,辅助喷口相对面积 $A_{s,ad}=0.08$,辅助喷射角度 $\theta_{ad}=90°、100°、110°、120°、130°$。

辅助喷射角度影响辅助射流对二次流的干扰作用,使二次流轨迹、射入深度及二次流喷口前主分离区长度发生改变,但二次流及辅助射流附近的涡/波拓扑结构仍能保持不变。图 4-52 给出了落压比 NPR=13.88、二次流压比 SPR=1.0 时,不同辅助喷射角度下喷管的流动特征。随着辅助喷射角度增加,辅助射流逆主流流动方向的动量分量增大,对二次流的冲击增强,二次流的射流轨迹最高点(用二次流中心流线表征)提高,如图 4-52(e)所示,但是可以发现,在二次流轨迹在高度低于马赫盘位置的部分基本保持不变。在此类工况下,采用马赫盘高度表征二次流射入深度及推力矢量效果已经不再合适。此时,二次流的轨迹形态更适于表现对诱导激波角度、强度等的影响,但二次流轨迹与其他气动几何参数的关系难以拟合表达。

由前章节可知,喷管上、下壁面压力及射流的垂直分量最终决定推力矢量角的大小。图 4-52(d)给出了不同辅助喷射角度下,喷管内壁的压力分布,随着辅助喷射角度增大,二次流对主流的扰动增强,诱导激波强度增大,诱导激波位置前移,附面层分离点前移,因此,二次流前压力"凸台"范围增大。二次流与辅助射流之间的壁面压力因二者的干扰加强而提高,直到辅助喷射角度增加至 $\theta_{ad}=120°、130°$ 时,该处壁面压力基本不再变化。一方面由于辅助喷射角度增加,辅助射流的背压提高,辅助射流流量有 3%~5% 的下降,另一方面,辅助喷射的垂直动量因辅助喷射角度改变而有 $1-\cos(\theta_{ad}-90°)$ 的减小,此两方面均为负面影响,但是属于次要影响因素。结合以上各方面,可得推力矢量角随辅助喷射角度变化规律如图 4-53 所示,在二次流流量基本不变、辅助喷射流量略有减小的情况下,辅助喷射从90°增大至130°,推力矢量角约有12%的增幅。可见,辅助喷射角度是辅助喷射式激波矢量喷管的关键影响参数。在几何条件许可的条件下,增大的辅助喷射角度利于实现高的推力矢量效率。但这要与二次流压比相互配合设计,当二次流压比过大(SPR = 1.5)时,增大辅助喷射角度将使得诱导激波进入喷管内并与上壁面相交,反而不利于推力矢量效率。

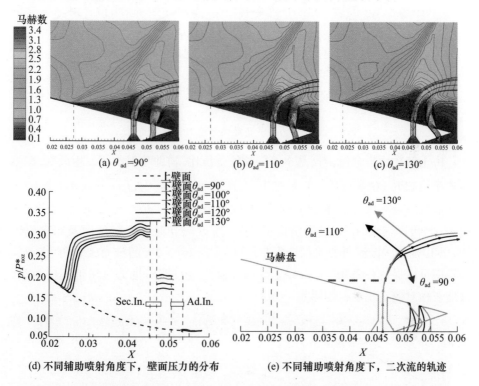

图4-52 不同辅助喷射角度下,喷管内的流动特征(NPR = 13.88,SPR = 1.0)(见彩页)

喷管各膨胀状态及不同二次流压比下,推力矢量角随辅助喷射角度变化如图4-53所示。在诱导激波与上壁面未相交时,推力矢量角的变化规律与设计工况一致,即推力矢量角度随喷射角度增加而增加。在低的喷管落压比工况下,辅助喷射角度对推力矢量角的增益效果更明显,如当落压比NPR = 6、二次流压比SPR = 1.0、辅助喷射角度θ_{ad} = 120°时,推力矢量角δ_p = 21.4°,比辅助喷射角度θ_{ad} = 90°的工况约有24%的增益。在高二次流压比工况下,辅助喷射角度增加使诱导激波前移过大,甚至可能与上壁面相交,因此存在最佳的辅助喷射角度。不同落压比下,最佳辅助喷射角度不同。一般而言,落压比增加,对应的最佳辅助喷射角度增加。数值模拟发现,对于二次流压比SPR = 1.5工况,各膨胀状态下最佳辅助喷射角度依次为90°、100°、110°和120°。对于落压比NPR = 6、

10的工况,超过最佳辅助喷射角度后,推力矢量性能下降亦明显,下降量分别为23%、13%。

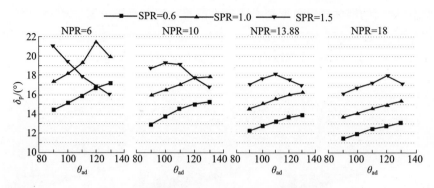

图4-53 推力矢量角随辅助喷射角度的变化

由于二次流折合流量比基本不随喷管落压比、辅助喷射角等发生改变,在二次流压比SPR=0.6、1.0、1.5工况下,二次流折合流量比$\omega\sqrt{\tau}$=0.044、0.077、0.111,推力矢量效率随辅助喷管角度的增益规律与推力矢量角一致。结合图4-54可以发现,在不同落压比工况下,通过调节辅助喷射角度及二次流压比,以10%的二次流折合流量比限制,可以实现16°~20°的推力矢量角,推力矢量效率可以保持在2.0(°)/%以上。既能满足飞行器对推力矢量性能的要求,又能兼顾对航空发动机的影响。

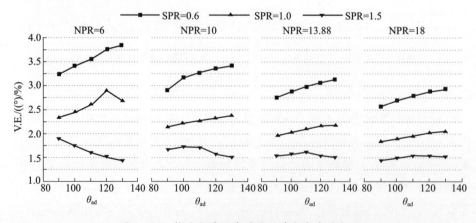

图4-54 推力矢量效率随辅助喷射角度的变化

推力系数随辅助喷射角度的变化如图4-55所示。在落压比NPR≥10、不同二次流压比工况下,诱导激波位置随辅助喷射角度增大而前移,更贴近喷管上唇口,有更多的主流通过诱导激波,这是造成推力系数下降的关键因素。对于设计落压比及二次流压比SPR=1.0工况,推力系数约有0.5%的下降。高二次流压比时该下降值减小,低二次流压比下该下降略有增大,这与推力矢量效率有关。然而喷管处在过膨胀状态时,诱导激波可以使过度膨胀的气流压差阻力有所恢复,因此推力系数上升,如落压比 NPR = 6、二次流压比 SPR = 1.0、辅助喷射角度 $\theta_{ad} > 90°$ 工况。

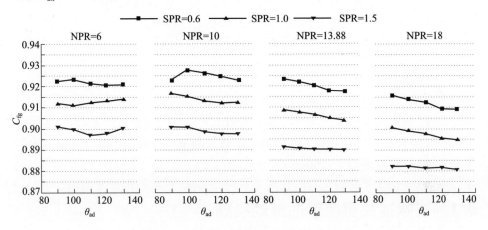

图 4-55 推力系数随辅助喷射角度的变化

通过本节对辅助喷口位置、辅助喷口面积及辅助喷射角度等的参数分析,可以发现,辅助喷射式激波矢量喷管能够得到高的推力矢量效率,可以实现大的推力矢量角度,并且能使得可用工况推力系数不低于 0.90。

第5章 双喉道矢量喷管流动特征及参数影响规律

双喉道矢量喷管技术由喷管喉部偏移技术发展而来,其主要优点是二次流需求量小,在低落压比工况下具有高的推力矢量效率。因此,受到国内外研究人员的广泛关注。本章主要结合二元及轴对称双喉道矢量喷管的流场特征及推力矢量性能,分析双喉道矢量喷管的工作特性。

5.1 双喉道矢量喷管的流动机理

喉道偏移矢量喷管是将二次流不对称地射入到喷管的喉道截面,使喉道声速面出现变形且偏移一定角度,从而使主流产生一定的矢量偏转角,该方法的矢量效率较低,大约每1%的二次流流量只能产生1.5°的气动矢量角。双喉道矢量喷管的结构和原理与喉道偏移矢量喷管相似,区别是在喉道下游增加了一个凹腔,利用凹腔将气流的矢量偏转效果放大。由于气流在凹腔中的马赫数并不是很大,因此推力损失较小,矢量偏转角稳定。在落压比 NPR=4 时,实验获得的矢量角达到了 15°,矢量效率(每1%的二次流所实现的推力矢量角)为 6.1(°)/%,推力系数达到 0.968。综合考虑喷管气动性能和典型战机的飞行包线范围等,研究人员认为双喉道矢量喷管有应用前景。

根据喷管自身流动的特点,在基准双喉道矢量喷管的基础上,在喷管内部设计增加新的二次流流道布局,形成旁路二次流通道。其中,二次流进口与发动机涡轮出口连通,二次流出口位于喉道附近。在矢量状态开启时,旁路通道打开,流过旁路通道的少量气流与喷管主流在喉道处相互作用,并且产生与二次流相类似的效果,在喷管出口产生推力矢量。这种新布局的二次流总压与主流总压相等,它既不影响喷管正常的推力性能,也不需要从发动机高/低压级引入二次流,而且还可以像常规的二次射流一样产生较大的、稳定的矢量偏转角,并保持较高的推力系数。图 5-1 给出了这种新型双喉道矢量喷管的示意图。

李明、顾瑞等前期进行了大量分析和优化工作,获得了新型双喉道矢量喷管较优性能的构型。具体构型如图 5-2 所示。

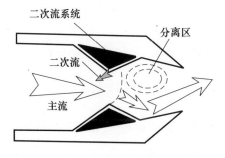

图 5-1 双喉道气动矢量喷管的示意图

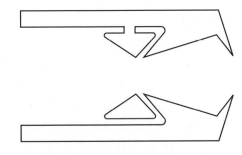

图 5-2 双喉道气动矢量喷管的结构尺寸

在非矢量状态时,双喉道矢量喷管旁路二次流通道的上下通道阀门全部关闭。此时,在凹腔的上下顶端附近会产生大尺度的涡结构。

在矢量状态时,一侧二次流通道打开,喷管产生矢量。当上侧旁路二次流通道开启时,少量气流通过上旁路通道在喉道附近冲击主流,使得喉道处气流截面以喉道下部端点为圆心,顺时针方向倾斜。受到二次流扰动的主流贴着凹腔下壁面流动,最后通过出口截面斜向上喷出,产生抬头力矩。反之,下侧旁路二次流通道打开后,喷管将产生低头力矩。

通过旁路二次流通道开闭的方式控制喷管推力矢量,既不影响喷管的非矢量性能,更不需要从发动机高/低压压气机或通过其他方式引入二次流,实现了自适应控制。此方式可以像常规的二次射流一样产生较大的、稳定的矢量偏转角,同时保持较高的推力系数。

5.2 二元双喉道矢量喷管气动矢量特性

5.2.1 落压比的影响

选择 1.5、2、3、4、6、8、10 等共 7 组落压比进行计算分析。根据不同的落压比,设定不同的压力入口条件和压力出口条件。其中,压力进口和压力出口边界条件的具体设定如表 5-1 所列,环境参考压力为 101325Pa。

表 5-1 二元双喉道矢量喷管压力进口、压力出口边界条件设置

落压比 NPR	压力进口绝对总压设置/Pa	压力出口绝对静压设置/Pa
1.5	151987.5	101325
2	202650	101325
3	303975	101325
4	405300	101325
6	607950	101325

续表

落压比 NPR	压力进口绝对总压设置/Pa	压力出口绝对静压设置/Pa
8	810600	101325
10	1013250	101325

1. 非矢量状态性能计算

非矢量状态时上下旁路通道均关闭,落压比与推力系数、流量系数的数值如表5-2所列,其相对变化关系如图5-3~图5-5所示。

表5-2 二元双喉道矢量喷管非矢量状态下的性能参数

落压比 NPR	推力系数 C_f	流量系数 C_d	推力矢量角 $\delta_p/(°)$
1.50	0.892	0.932	26.973
2.00	0.920	0.905	27.441
3.00	0.960	0.951	19.032
4.00	0.963	0.941	15.588
6.00	0.952	0.949	14.158
8.00	0.940	0.950	13.729
10.00	0.928	0.949	13.675

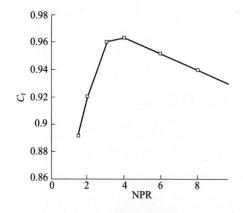

图5-3 非矢量状态下推力系数随落压比的变化情况

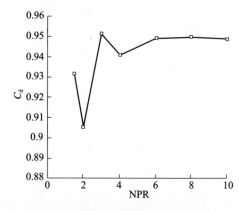

图5-4 非矢量状态下流量系数随落压比的变化情况

由表5-2及图5-3、图5-4可以看出,非矢量状态下,随着喷管工作落压比提高,喷管推力系数先升高后降低,在设计落压比 NPR=4 处达到最高(0.963),处于较高水平。当落压比 NPR<3 时,流量系数有所振荡;当落压比 NPR≥3,流量系数在0.945附近波动,基本保持不变。

2. 矢量状态性能计算

矢量状态时一侧旁路通道完全打开,而另一侧通道完全关闭,推力系数、流量系数、矢量角随落压比的变化如表 5-3 所列,其相对变化关系如图 5-6~图 5-8 所示。

表 5-3 二元双喉道矢量喷管矢量状态下的性能参数

落压比 NPR	推力系数 C_f	流量系数 C_d	推力矢量角 $\delta_p/(°)$
1.50	0.880	0.852	26.973
2.00	0.932	0.857	27.441
3.00	0.942	0.890	19.032
4.00	0.957	0.894	15.588
6.00	0.947	0.913	14.158
8.00	0.939	0.908	13.729
10.00	0.930	0.902	13.675

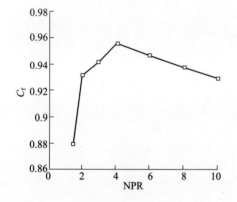

图 5-5 旁路通道最大开度状态下推力系数随落压比的变化情况

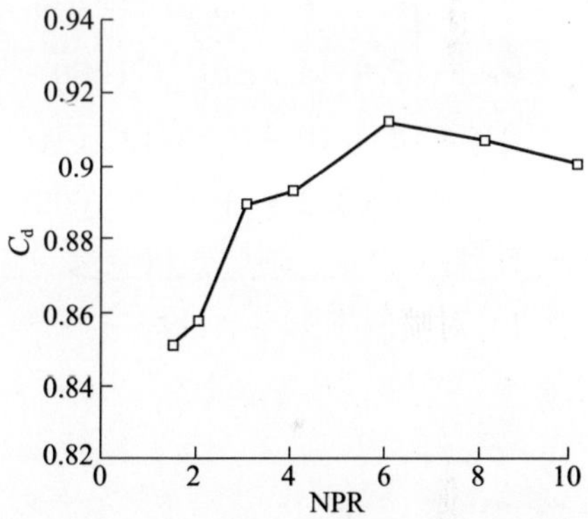

图 5-6 旁路通道最大开度状态下流量系数随落压比的变化情况

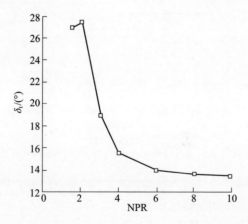

图 5-7 旁路通道最大开度状态下矢量角随落压比的变化情况

由表5-3及图5-5~图5-7可以看出,矢量状态下喷管的推力系数与非矢量状态下喷管的推力系数差别很小,说明喷管在矢量和非矢量状态下推力性能变化很小,矢量状态下的流量系数较非矢量状态的有所减小。矢量角性能随落压比增加降低比较明显,但仍能满足飞行器飞行需要。矢量角随落压比增加而降低的原因主要是,随着落压比提高,喉道后的凹腔内主流流动附壁情况逐渐变差,因此矢量角有所减小。

5.2.2 进口总温的影响

高温条件下的理想气体黏性采用Sutherland公式计算。理想气体定压比热容与当地气流的静温有关,有

$$C_P = \begin{cases} 1004.4 \text{J} \cdot \text{kg}^{-1} \cdot K^{-1}(0 < T \leq 300K) \\ 1048.63 - 0.3838T + 9.45576 \times 10^{-4}T^2 - 5.4915 \times 10^{-7}T^3 + \\ 7.9315 \times 10^{-11}T^4 (300 < T \leq 1000K) \\ 874.10 + 0.3841T - 1.4009 \times 10^{-4}T^2 + 2.4544 \times 10^{-8}T^3 - \\ 1.6362 \times 10^{-12}T^4 (1000K < T \leq 5000K) \end{cases}$$

1. 非矢量状态喷管入口总温对喷管性能的影响

1) 对喷管推力系数的影响

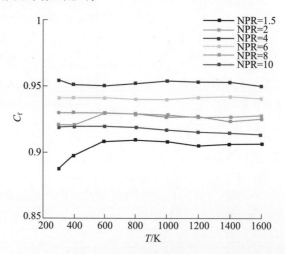

图5-8 非矢量状态下喷管进口总温对喷管推力系数的影响(见彩页)

非矢量状态下喷管的推力系数如图5-8所示,可以看到喷管进口总温与喷管落压比对推力系数有如下影响:

(1) 非矢量状态下,喷管进口总温变化对喷管推力系数的影响很小。

(2) 当落压比NPR=1.5与NPR=2时,进口总温从300K升高到600K时

推力系数略有增加,随后喷管进口总温上升,推力系数基本不再变化;当落压比NPR=4与NPR=10之间时,喷管进口总温对推力系数基本无影响。

(3)落压比对推力系数影响的整体趋势为,当落压比从NPR=1.5增加到NPR=4时,推力系数随喷管落压比的增加而增加;当落压比NPR>4时,推力系数随着喷管落压比的增加而逐渐减小。

2)对喷管流量系数的影响

在非矢量状态下喷管的流量系数如图5-9所示,可以看到喷管进口总温与喷管落压比对流量系数有如下影响:

(1)喷管进口总温对流量系数没有很明显的影响,当落压比NPR=1.5与NPR=2之间时,随着喷管进口总温升高,流量系数有微小的增长,其余的落压比条件下,流量系数几乎不随喷管进口总温的改变而改变。

(2)在低落压比时,喷管落压比对流量系数影响较大,高落压比时喷管落压比对流量系数影响很小。当落压比在NPR=1.5与NPR=4之间时,流量系数随喷管落压比的增加而增加,且增幅逐渐放缓,当落压比NPR>4时,流量系数基本不随喷管落压比变化。

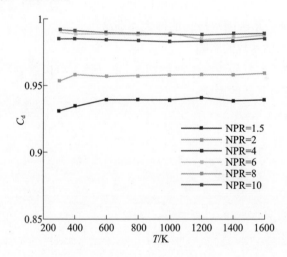

图5-9 在非矢量状态下喷管进口总温对喷管流量系数的影响(见彩页)

2. 矢量状态下喷管进口总温对喷管性能的影响

1)对喷管推力系数的影响

在矢量状态下喷管的推力系数如图5-10所示,可以看到喷管进口总温与喷管落压比对推力系数的影响:

(1)当落压比NPR=1.5时,喷管进口总温变化对推力系数有一定影响,喷管入口总温升高时,推力系数有所波动,当落压比在NPR=2与NPR=10之间

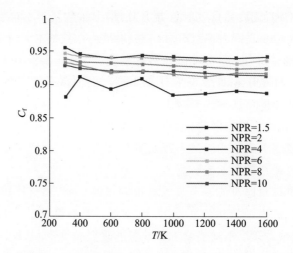

图 5-10 矢量状态下喷管进口总温对喷管的推力系数的影响(见彩页)

时,喷管进口总温对推力系数影响很小。

（2）在相同喷管进口总温的条件下,喷管落压比对推力系数的影响的整体趋势为,当落压比从 NPR = 1.5 增加到 NPR = 4 时,推力系数逐渐增加,当落压比 NPR > 4 后,推力系数随落压比的增大逐渐减小。

2) 对喷管流量系数的影响

在矢量状态下喷管的流量系数如图 5-11 所示,可以看到喷管进口总温与喷管落压比对流量系数的影响:

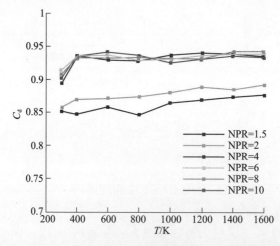

图 5-11 矢量状态下喷管进口总温对喷管的流量系数的影响(见彩页)

（1）当落压比 NPR = 1.5 与 NPR = 2 时,喷管进口总温对流量系数的影响较大,随着进口总温的升高,流量系数基本呈增加趋势,当落压比在 NPR = 4 与

NPR=10之间时,喷管进口总温由300K升高至400K时,流量系数均有升高,此后随着总温升高,流量系数在小范围浮动基本保持不变。

(2) 随着落压比增加,喷管进口总温对流量系数的影响减小。

(3) 随落压比由NPR=1.5增加到NPR=4时,流量系数随之增加。

3) 对喷管矢量角的影响

在矢量状态下喷管的矢量角如图5-12所示,可以看到喷管进口总温与喷管落压比对矢量角的影响:

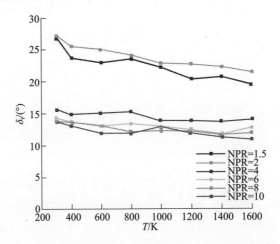

图5-12 矢量状态下喷管进口总温对喷管的矢量角的影响(见彩页)

(1) 当落压比NPR=1.5与NPR=2时,喷管进口总温对矢量角的影响明显。随着喷管进口总温升高,矢量角持续下降;在落压比从NPR=4一直增加到NPR=10的过程中,矢量角呈逐渐下降的趋势。

(2) 低落压比时,喷管入口总温对矢量角衰减的影响很大。随着落压比增加,喷管入口总温对矢量角的影响减小。

5.3 轴对称双喉道矢量喷管气动矢量特性

喷管的推力矢量一方面能够为飞机提供俯仰力矩,另一方面也可以提供偏航力矩。因此,轴对称构型的双喉道矢量喷管具有更强的实用价值。本节将前文所述的几何模型沿轴向进行旋转,获取了一个轴对称构型的双喉道矢量喷管三维构型,并开展初步的数值计算分析。

5.3.1 轴对称双喉道矢量喷管几何模型

本节的计算方法和边界条件与前文一致。几何模型是在前文所述的基础上,沿中心轴线旋转得到的。考虑到该喷管可以具备俯仰和偏航两个作用,作为初期的探索研究,本章在喷管上游喉道上侧开设了环形90°的次流进口通道,如图5-13所示。

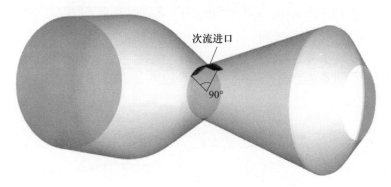

图5-13 轴对称双喉道矢量喷管示意图

5.3.2 计算结果与分析

图5-14～图5-16分别给出了落压比NPR=3、5和10工况下的马赫数云图。图5-17给出了落压比NPR=5时的速度云图及其速度矢量。可以发现,轴对称双喉道矢量喷管的矢量效果比二元构型差,在喷管出口截面没有非常明显的激波串结构,势流核心区面积较小,喷管内部分离区面积更大。由于轴对称双喉道矢量喷管的凹腔存在侧向膨胀,喷管气流在凹腔内的相互作用更加剧烈。表5-4给出了不同落压比下,轴对称双喉道矢量喷管气动参数。当落压比NPR=3时,推力矢量角达到了21.80°;当落压比NPR=10时,推力矢量角达到了16.86°。Karen等2007年针对轴对称双喉道矢量喷管开展了试验研究,试验在落压比NPR=3时,推力矢量角为13°,在落压比NPR=10时,推力矢量角为10.2°。由此可见,本书中双喉道矢量喷管在性能上有进一步的提高。

另外,当落压比NPR=10时,轴对称双喉道矢量喷管较二元双喉道矢量喷管的推力系数有所提高。其原因为,二元双喉道矢量喷管的上下游喉道的面积扩张比为1.2,而轴对称双喉道矢量喷管的上下游喉道的面积扩张比为1.44。在较高落压比时,轴对称双喉道矢量喷管欠膨胀率低,因此推力系数有所改观。从图5-17可见轴对称双喉道矢量喷管在凹腔内的流动更为复杂,凹腔上侧的分离区面积较大,且主流在凹腔下侧附体效果较差,因此要得到性能更佳的轴对称双喉道矢量喷管构型,需要在前期设计时重点考虑轴对称构型中所特有的凹腔侧向膨胀问题。

图 5-14　轴对称双喉道矢量喷管马赫数云图(NPR=3)(见彩页)

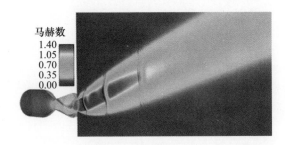

图 5-15　轴对称双喉道矢量喷管马赫数云图(NPR=5)(见彩页)

图 5-16　轴对称双喉道矢量喷管马赫数云图(NPR=10)(见彩页)

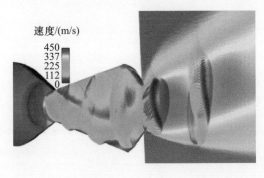

图 5-17　轴对称矢量喷管速度云图及速度矢量图(NPR=5)(见彩页)

表 5-4 各落压比下,轴对称双喉道矢量喷管气动性能

落压比	推力矢量角/(°)	推力系数	流量系数
NPR = 3	21.80	0.906	0.792
NPR = 5	18.86	0.935	0.808
NPR = 10	16.86	0.942	0.811

第6章 固定几何气动矢量喷管喉部面积控制方法

固定几何气动矢量喷管除了要满足战机对推力矢量快速灵活控制的需求,还必须能够适应航空发动机不同工况下对喷管喉部面积调节的要求。常规机械式喷管喉部面积控制系统存在类似机械式推力矢量系统的缺点,诸如机构复杂、重量大及燃气泄漏等问题等。因此,气动控制喷管喉部面积技术成为国内外研究机构重点关注的一个研究方向。本章分析固定几何气动矢量喷管气动控制喉部面积的工作原理、流动机理、参数影响规律及动态响应特征,评估辅助喷射提高喉部面积控制率的可行性,分析其涉及的流动特征及重要几何参数影响规律。

6.1 气动控制喷管喉部面积的工作原理及流场结构

6.1.1 气动控制喷管喉部面积的工作原理

具有工程实用价值的收敛—扩张喷管,喉部面积一般随着航空发动机工作状态而改变。固定几何推力矢量喷管的一个重要技术即是对固定几何喷管喉部面积的控制,因此,气动控制喷管喉部面积技术是目前的一个研究热点。其基本原理如下,在喷管喉部对称地射入高压二次流,对喷管喉部形成有效阻塞,进而实现对喉部面积的控制,如图6-1所示。一般而言,具有气动控制喉部面积功能的固定几何气动矢量喷管,其喉部面积设计点往往取值为整个飞行包线内最大的喷管喉部面积。战机在爬升或者脱离战斗时需要航空发动机接通加力,此时喷管喉部面积处在最大值。而对于其他非加力工况需要喷管喉部面积处在较小的状态,此时通过气动喷射控制喷管喉部面积,即减小喉部有效面积,如图6-1(b)所示。

在气动控制喷管喉部面积的研究中,存在两类问题需要阐明:①从发动机何处获得高压二次流及其如何影响航空发动机的性能。②如何评价喉部面积控制率及各参数对其影响的程度。研究表明,具有实用价值的气动控制喉部面积的喷管,需要在一定二次流折合流量限制下,实现超过50%的喉部面积控制率。

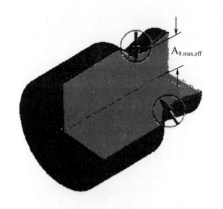
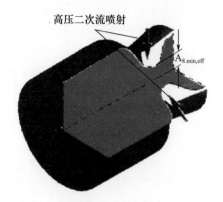

(a) 无二次流喷射工况　　　　　　(b) 高压二次流喷射工况

图 6-1　发动机不同工况下,气动控制喷管喉部面积的原理

下面首先说明衡量喉部面积控制效果的参数,喉部面积控制率 RTAC 的定义及计算方法,见式(6-1):

$$\text{RTAC} = 100\% \times (A_{8.\max,\text{eff}} - A_{8.\min,\text{eff}})/A_{8.\min,\text{eff}} \quad (6-1)$$

式中:$A_{8.\max.\text{eff}}$ 为喷管喉部最大有效面积,一般取为喉部面积设计值,$A_{8.\min.\text{eff}}$ 为喷管喉部最小有效面积,是气动喷射控制后喷管的有效喉部面积。

该定义较为理想化,通常情况下无法精确获得喷管喉部最小有效面积,而且此定义条件下得出的喉部面积控制率不能直接用于喷管与航空发动机的耦合并评估,因此对其计算方法做如下修正:

$$\text{RTAC} = 100\% \times (m_{\max,\text{NPR}} - m_{\min,\text{NPRf}})/m_{\min,\text{NPR}} \quad (6-2)$$

式中:$m_{\max,\text{NPR}}$,$m_{\min,\text{NPRf}}$ 分别为相同落压比下,喷管有/无二次流喷射时的喷管主流流量。此外,引进二次流与主流的流量比 $\omega(W_s/W_p)$,二次流与主流的总温比 $\tau(T_{\text{sec}}^*/T_{\text{noz}}^*)$,并通过二次流折合流量比 $\omega\sqrt{\tau}$ 来描述二次流喷射流量的相对大小。这样定义的喉部面积控制率及二次流折合流量比可以从流量、动量等方面较好地表征出气动控制喷管喉部面积的效率。

6.1.2　气动控制喷管喉部面积的理论分析

气动控制喷管喉部面积的流动本质是管道内质量添加的广义定常一维流动,该质量添加过程的主要特点如下:以 $\mathrm{d}\dot{m}$ 质量速率将特性参数为 p_i、ρ_i、h_i、V_i 等的流体团注入到喷管主流,并假设主次流完全掺混,以质量流率 $\mathrm{d}\dot{m} + \dot{m}$ 离开控制体,并具有均匀出口特性参数。然而,对于气动控制喉部喷管面积技术,除质量添加 $\mathrm{d}\dot{m}$ 外,还有面积变化 $\mathrm{d}A$、喷管内壁面摩擦 δF、与外界热交换 δQ、其他

因素造成的阻力 δD,其物理模型如图 6-2 所示。对喷管内部流动采用控制体分析法,在理想气体的假设条件下,可以得到如下一维流动的控制方程。

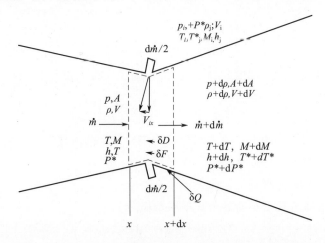

图 6-2 气动控制喷管喉部面积的定常一维流动物理模型

（1）连续方程

$$\dot{m} = \rho A V \quad (6-3)$$

其微分形式：

$$\frac{d\dot{m}}{\dot{m}} = \frac{d\rho}{\rho} + \frac{dA}{A} + \frac{dV}{V} \quad (6-4)$$

（2）动量方程

$$dp + \rho V dV + \delta F_f + \frac{\delta D}{A} + \rho V^2 (1 + y) \frac{d\dot{m}}{\dot{m}} = 0 \quad (6-5)$$

式中:壁面摩擦 δF_f 可以表示为 $\delta F_f = \rho V^2/2 \cdot (4fdx/\alpha)$, 式中 f 为摩擦因数, α 表示水力直径, $y = V_{ix}/V$。

将式(6-5)左右两边同时除以 p,并将 $p/\rho = c^2/\gamma$ 代入, 得

$$\frac{dp}{p} + \gamma Ma^2 \frac{dMa}{Ma} + \frac{\gamma Ma^2}{2} \left[\left(\frac{4fdx}{a}\right) + \frac{2\delta D}{\gamma Ma^2 pA} \right] + \gamma Ma^2 (1 + y) \frac{d\dot{m}}{\dot{m}} = 0$$

$$(6-6)$$

（3）能量方程

$$(\dot{m} + d\dot{m})\left[h + dh + \frac{V^2}{2} + d\left(\frac{V^2}{2}\right) \right] - \dot{m}\left(h + \frac{V^2}{2} \right) - d\dot{m}\left(h_i + \frac{V_i^2}{2} \right) - \delta Q = 0$$

$$(6-7)$$

合并各项,并略去高阶微分项,方程两边同时除以 $\dot{m}$, 得

$$\mathrm{d}h + \mathrm{d}\left(\frac{V^2}{2}\right) + \left[\left(h + \frac{V^2}{2}\right) - \left(h_i + \frac{V_i^2}{2}\right)\right]\frac{\mathrm{d}\dot{m}}{\dot{m}} - \delta q = 0 \quad (6-8)$$

根据 $H = h + V^2/2$ 及定义 $\mathrm{d}H_i = (H - H_i)\mathrm{d}\dot{m}/\dot{m}$，上式可简化为

$$\mathrm{d}H + \mathrm{d}H_i - \delta q = 0 \quad (6-9)$$

根据焓定义及滞止温度和静温的关系，进一步简化如下：

$$\frac{\delta q - \mathrm{d}H_i}{C_p T} = \left(1 + \frac{\gamma - 1}{2}Ma^2\right)\frac{\mathrm{d}T^*}{T^*} \quad (6-10)$$

可以看出因传热和主次流之间总焓的差异带来的流动参数影响都直接反映在总温的变化中。

（4）其他微分方程。

对理想气体方程及马赫数公式取对数微分如下：

$$\frac{\mathrm{d}p}{p} = \frac{\mathrm{d}\rho}{\rho} + \frac{\mathrm{d}T}{T} \quad (6-11)$$

$$\frac{\mathrm{d}Ma}{Ma} = \frac{\mathrm{d}V}{V} - \frac{\mathrm{d}T}{2T} \quad (6-12)$$

对总压与静压、总温与静温公式取对数微分如下：

$$\frac{\mathrm{d}P^*}{P^*} = \frac{\mathrm{d}p}{p} + \frac{\gamma Ma^2}{1 + (\gamma - 1)Ma^2/2}\frac{\mathrm{d}Ma}{Ma} \quad (6-13)$$

$$\frac{\mathrm{d}T^*}{T^*} = \frac{\mathrm{d}T}{T} + \frac{(\gamma - 1)Ma^2}{1 + (\gamma - 1)Ma^2/2}\frac{\mathrm{d}Ma}{Ma} \quad (6-14)$$

则式(6-4)、式(6-6)、式(6-10)、式(6-11)、式(6-12)、式(6-13)等公式组成的方程组，将 6 个流动特性参数 $\mathrm{d}p/p$，$\mathrm{d}\rho/\rho$，$\mathrm{d}T/T$，$\mathrm{d}V/V$，$\mathrm{d}Ma/Ma$ 和 $\mathrm{d}P^*/P^*$ 同 4 个驱动势 $\mathrm{d}A/A$，$\mathrm{d}T^*/T^*$，$\mathrm{d}\dot{m}/\dot{m}$ 和 $(4f\mathrm{d}x/a) + 2\delta D/\gamma Ma^2 pA$ 连接起来。将此方程组联立求解，可得到 6 个流动参数与 4 个驱动势之间的关系如下：

$$\frac{\mathrm{d}Ma}{Ma} = \frac{\varphi}{1 - Ma^2}\left\{-\frac{\mathrm{d}A}{A} + \frac{\gamma Ma^2}{2}\left[\left(\frac{4f\mathrm{d}x}{a}\right) + \frac{2\delta D}{\gamma Ma^2 pA}\right] + \right.$$

$$\left. \frac{(1 + \gamma Ma^2)}{2}\frac{\mathrm{d}T^*}{T^*} + \left[(1 + \gamma Ma^2) + y\gamma Ma^2\right]\frac{\mathrm{d}\dot{m}}{\dot{m}}\right\} \quad (6-15)$$

$$\frac{\mathrm{d}p}{p} = \frac{\gamma Ma^2}{1 - Ma^2}\left\{\frac{\mathrm{d}A}{A} - \frac{1 + (\gamma - 1)Ma^2}{2}\left[\left(\frac{4f\mathrm{d}x}{a}\right) + \frac{2\delta D}{\gamma Ma^2 pA}\right] - \right.$$

$$\left. \varphi\frac{\mathrm{d}T^*}{T^*} - \left[2\varphi(1 + y) - y\right]\frac{\mathrm{d}\dot{m}}{\dot{m}}\right\} \quad (6-16)$$

$$\frac{\mathrm{d}\rho}{\rho} = \frac{Ma^2}{1-Ma^2}\left\{\frac{\mathrm{d}A}{A} - \frac{\gamma^2}{2}\left[\left(\frac{4f\mathrm{d}x}{a}\right) + \frac{2\delta D}{\gamma Ma^2 pA}\right] - \frac{\varphi}{Ma^2}\frac{\mathrm{d}T^*}{T^*} - (\gamma + 1 + y\gamma)\frac{\mathrm{d}\dot{m}}{\dot{m}}\right\} \tag{6-17}$$

$$\frac{\mathrm{d}T}{T} = \frac{(\gamma-1)Ma^2}{1-Ma^2}\left\{\frac{\mathrm{d}A}{A} - \frac{\gamma Ma^2}{2}\left[\left(\frac{4f\mathrm{d}x}{a}\right) + \frac{2\delta D}{\gamma Ma^2 pA}\right] + \frac{(1-\gamma Ma^2)\varphi}{(\gamma-1)Ma^2}\frac{\mathrm{d}T^*}{T^*} - \left[(1+\gamma Ma^2) + y\gamma Ma^2\right]\frac{\mathrm{d}\dot{m}}{\dot{m}}\right\} \tag{6-18}$$

$$\frac{\mathrm{d}V}{V} = \frac{1}{1-Ma^2}\left\{-\frac{\mathrm{d}A}{A} + \frac{\gamma Ma^2}{2}\left[\left(\frac{4f\mathrm{d}x}{a}\right) + \frac{2\delta D}{\gamma Ma^2 pA}\right] + \varphi\frac{\mathrm{d}T^*}{T^*} + \left[(1+\gamma Ma^2) + y\gamma Ma^2\right]\frac{\mathrm{d}\dot{m}}{\dot{m}}\right\} \tag{6-19}$$

$$\frac{\mathrm{d}P^*}{P^*} = \gamma Ma^2\left\{-\frac{1}{2}\left[\left(\frac{4f\mathrm{d}x}{a}\right) + \frac{2\delta D}{\gamma Ma^2 pA}\right] - \frac{1}{2}\frac{\mathrm{d}T^*}{T^*} - (1+y)\frac{\mathrm{d}\dot{m}}{\dot{m}}\right\} \tag{6-20}$$

其中，$\varphi = 1 + (\gamma-1)Ma^2/2$。

对于式(6-15)~式(6-20)，必须针对具体的初值及边界条件才能进行数值积分求解，通常我们只对此方程组做定性分析，研究二次流射入对喷管气动喉部面积的影响。

这里引入参数 Λ，将式(6-15)改写为

$$\frac{\mathrm{d}Ma}{Ma} = \frac{\Lambda}{1-Ma^2} \tag{6-21}$$

得

$$\Lambda = \left(1 + \frac{\gamma-1}{2}Ma^2\right)\left\{-\frac{\mathrm{d}A}{A} + \frac{\gamma Ma^2}{2}\left[\left(\frac{4f\mathrm{d}x}{a}\right) + \frac{2\delta D}{\gamma Ma^2 pA}\right] + \frac{(1+\gamma Ma^2)}{2}\frac{\mathrm{d}T^*}{\mathrm{d}T^*} + \left[(1+\gamma Ma^2) + y\gamma Ma^2\right]\frac{\mathrm{d}\dot{m}}{\dot{m}}\right\} \tag{6-22}$$

从式(6-21)能够看出，马赫数的变化除了跟初始速度相关，还跟 Λ 紧密相关，而 Λ 则是由所有对管道流动有影响的驱动势共同决定的。考虑式(6-21)，若 Λ 始终为负，初始流速为亚声速，则 $\mathrm{d}Ma < 0$，即流动继续减速；初始流速为超声速，则 $\mathrm{d}Ma > 0$，即流动继续加速。可以看到，Λ 为负值时，流动不存在从亚声速到超声速或超声速到亚声速的不连续。而当 Λ 为零时，马赫数将保持为常数，在简单的流动中，全部流动特性参数都为常数。例如，在有摩擦管流中，可以将流动通道设计成扩张型面，使得 $\mathrm{d}A/A$ 和 $(4f\mathrm{d}x/a)$ 的影响相互抵消，从而保持通道内流动马赫数恒定。若 Λ 为正，初始流速为亚声速，马赫数

将继续增大；初始流速为超声速，Ma 将继续减小，两种情况下流动均朝着极限状态 $Ma=1$ 发展，并且达到 $Ma=1$ 时，流动壅塞，这时如果进一步改变相关驱动势，则流动状态会重新进行调整。如果壅塞位置上游是亚声速流动，那么气流流量将下降。如果上游是超声速，则会产生激波，如果驱动势特别大，整个流道内流动都将变为亚声速。

对于气动控制喷管喉部面积技术，按如上方程组可定性分析二次流对喷管流动状态的影响。首先，考虑二次流的注入及喷管流道面积变化的影响，此时 Λ 可表示为如下形式：

$$\Lambda = \left(1 + \frac{\gamma-1}{2}Ma^2\right)\left\{-\frac{\mathrm{d}A}{A} + \left[(1+\gamma Ma^2) + y\gamma Ma^2\right]\frac{\mathrm{d}\dot{m}}{\dot{m}}\right\} \quad (6-23)$$

在射流方向与主流逆向时可保持 $(1+\gamma Ma^2) + y\gamma Ma^2 > 0$，因此，在次流喷射位置附近的喷管收敛段（$\mathrm{d}A < 0$），有 $[(1+\gamma Ma^2) + y\gamma Ma^2]\mathrm{d}\dot{m}/\dot{m} > 0$，整个收敛段内，$\Lambda$ 为正值，速度保持为亚声速，而在喷管喉部，尽管喉部面积变化率为 0，但 $[(1+\gamma Ma^2) + y\gamma Ma^2]\mathrm{d}\dot{m}/\dot{m} > 0$，$\Lambda$ 依然为正，喉部 Ma 仍然小于 1，喷管中气流由亚声速转为超声速将发生在 $\Lambda=0$ 的地方，此时有 $\mathrm{d}A/A = [(1+\gamma Ma^2) + y\gamma Ma^2]\mathrm{d}\dot{m}/\dot{m} > 0$。由此可见，喷管临界点位于 $\mathrm{d}A > 0$，因此在喷管喉部射入二次流后，喷管的气动喉部将出现在几何喉部下游的扩张部分。在喷管喉部位置 $Ma < 1$，相比于未射入二次流的情况，在相同进口总温、总压的条件下，二次流的射入必然导致喷管主流流量的下降，因此也就实现了喷管气动喉部面积控制。

然而，如何提高喷管气动喉部面积的控制效果，我们同样可以从式 (6-21)、式 (6-22) 着手分析。由式 (6-22) 可知，除了在喷管喉部附近注入二次流外，在喷管中增加摩擦力或其他阻力（$4f\mathrm{d}x/a + 2\delta D/\gamma Ma^2 pA > 0$），或提高二次流总焓（$(1+\gamma Ma^2)\mathrm{d}T^*/2T^*$）以及增加二次流逆向喷射角度（$[(1+\gamma Ma^2) + y\gamma Ma^2]\mathrm{d}\dot{m}/\dot{m}$）都能使得喷管气动喉部后移，进一步降低喷管主流流量，提高喷管气动喉部面积的控制效果。在固定几何气动矢量喷管中，喷管的截面面积变化率 $\mathrm{d}A/A$、喷管内摩擦阻力等基本不发生变化，因此提供气动喉部面积控制效果的关键途径还在于改变二次流流量及二次流喷射相关参数。

以上为定性分析结果，要理解气动控制喷管喉部的基本机理、流动特征，辨识哪些参数对喉部面积控制率更有效，影响权重有多大，还需要进一步细化研究分析。

6.1.3 气动控制喷管喉部面积的基本流动特性

气动控制喷管喉部面积的流动本质是基于受限空间内横向射流的流动控制,因此第 2 章对激波矢量喷管进行的湍流模型验证结论同样适用于这里。本节数值模拟方法与激波矢量喷管流动特性方法相同,湍流模型仍选取带压缩效应的 SST $K-\omega$ 两方程湍流模型。研究对象的基本喷管尺寸与 3.2.2 节相同,不同点是二次流喷射位置由扩张段前移至喷管喉部附近,并且上下对称喷射,其几何模型如图 6-3 所示。

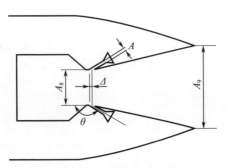

图 6-3 气动控制喷管喉部面积的几何模型

基于高压二次流喷射实现喷管喉部面积控制的基本流动特征是,亚声/声速二次流射入具有顺压力梯度的高亚声速(或跨声速)主流,流动区域存在明显的主/次流交互作用。二次流射入主流形成阻塞,使得二次流喷口前产生楔形流动分离,二次流喷口后出现扁长的泡形闭式分离,如图 6-4 所示。喷口后扁长分离区附近主、次流的流动变化影响整个喷管的流态,并在喷管内形成明显的速度分层,如图 6-5 所示。

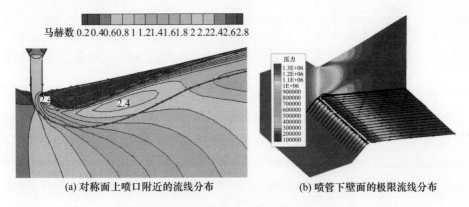

(a) 对称面上喷口附近的流线分布　　(b) 喷管下壁面的极限流线分布

图 6-4 气动控制喷管喉部面积的分离流特点

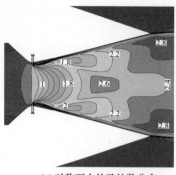
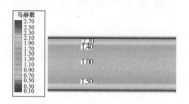

(a) 对称面上的马赫数分布　　　(b) 流向方向X=0.005位置上的马赫数分布

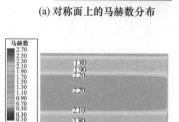
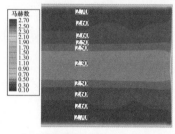

(c) 流向方向X=0.025位置上马赫数分布　　(d) 流向方向X=0.05817位置上的马赫数分布

图6-5　不同截面上的 Ma 数分布

二次流射入主流后,流动方向逐渐发生偏转,并在分离前缘形成局部的高速区域。当二次流绕过分离区时,气流继续膨胀加速,在较短的距离内可加速至 $Ma=2.4$,这比主流核心流区加速更明显,如图6-5(b)所示。在主流作用下,二次流向壁面偏转,并在分离区的尾部形成弱收尾激波,而后开始减速。喷管主流从几何喉部后一直加速,直到主流近壁流体经过分离区后的弱收尾激波。上、下对称的弱收尾激波相交,在下游处影响主流核心区,近壁面流及核心流略有减速,其后与二次流共同加速流出喷管。从图6-5(d)可以看出,喷管出口的高速区主要在喷管近壁区域,这是气动控制喷管喉部面积的流动特点。

相比于无二次流喷射的常规喷管,高压二次流射入主流使喷管不同流向截面位置上的压力分布发生明显改变。图6-6给出了喷管对称面上不同X位置的压力分布。其中,喉部位于 $X=0\mathrm{m}$ 处,其它6条压力曲线分别位于 $X=0.01\mathrm{m}、0.02\mathrm{m}、0.03\mathrm{m}、0.04\mathrm{m}、0.05\mathrm{m}、0.05817\mathrm{m}$(喷管出口位置)。图6-6中横坐标分别对应各条压力曲线的变化范围(每个微刻度为10000Pa),纵坐标表示不同截面喷管的高度。可以看到,在喉部处,由于二次流的射入,主流在喷管喉部未膨胀程度加剧,主流处于亚声速工况,这验证了6.1.2节中所得出的气动喉部后移的结论。相比于在 $X=0.4\rm m$ 就趋于均匀流动的常规喷管,带二次流喷射的喷管一直未出现均匀化的趋势,并且在弱激波相交(图6-5)后,气流静压升高扩大了这种不均匀,即近壁面处流体膨胀加速明显,而核心流区域缓慢加速,在喷管出口表现为核心流的静压与外界大气压力基本持平,而两侧气流过膨胀严重,气流压力明显低于大气压力。因此可说明两点问题:①高压二次流喷射减小了喷管喉部面积,使工作在设计点压比的喷管处于过膨胀状态,并且其过膨胀特征主要体现在近壁面的主流区域;②喷管内部沿程截面上气流速度、压力分布不均匀,这会影响喷管的推力系数。

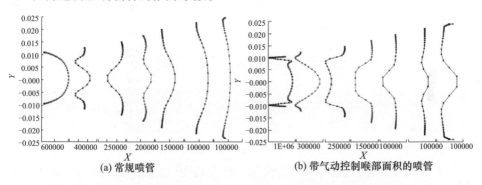

图6-6 有/无二次流喷射时,喷管不同截面上的静压分布

从喷管出口截面的马赫数分布(图6-7)可以看到,气流参数在展向方向上表现出好的二维性。带高压二次流喷射的喷管,在右侧壁面中间位置附近,出现带状低能区,这与二次流喷口后分离区的微弱收尾激波相关,相交的微弱收尾激波增大了壁面的静压(图6-8(a)),使得当地附面层厚度增加,并不断向下游发展,在出口截面上表现为带状低能区,这是喷管推力损失的另一部分。另外,该处弱激波的影响也能较清晰地从壁面剪切应力分布图看出,如图6-8(b)所示。

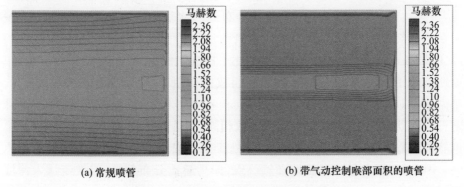

图6-7 喷管出口截面的马赫数分布

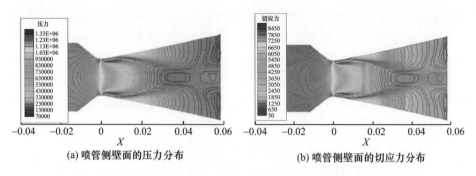

(a) 喷管侧壁面的压力分布　　　　　(b) 喷管侧壁面的切应力分布

图 6-8　喷管侧壁面的压力及切应力分布

6.2　气动参数对喉部面积控制率的影响

带气动控制喉部面积的喷管存在两类影响参数:气动参数和几何参数。其中,气动参数包括喷管落压比、二次流压比、二次流进口总温等。由于二次流来源于发动机压缩部件,因此不将其总温作为单独变量进行研究。本节主要分析喷管落压比、二次流压比等对喷管流动特征及性能(喉部面积控制率、推力系数等)的影响规律。

6.2.1　喷管落压比的影响

本小节所分析的喷管落压比 NPR 为 6,8,10,12,13.88,16。其中,喷管设计落压比为 13.88,二次流压比为 1.0,二次流喷口位置位于几何喉部,二次流喷口相对面积比 $A_s = 0.10$,二次流喷射角度 $\theta = 90°$。

从喷管对称面的马赫数和流线分布(图 6-9)可以看到,在不同的喷管落压比工况(落压比 NPR = 8,12,16)下,喷管喉部附近的流场特征无差异。将 3 种工况下的马赫数分布重叠于图 6-9(d),可以发现三者主流中的等马赫线完全重合,并且二次流流动范围(见流线分布)、二次流射入深度完全一致。这说明在其他参数保持不变的情况下,喷管落压比不会引起气动喉部控制效果的改变,即喉部面积控制率对喷管落压比不敏感。解释如下,根据相似原理,单值性条件相似,表征现象的物理量所组成的相似准则(无量纲数)数值相等,则流动相似。在本节中,所研究的几何构型完全相同,不同工况下,喷管喉部附近的流动运动相似,关键的动力参数相同,即落压比、二次流压比完全相同。虽然雷诺数不同,但是喷管内流动已处于第二自模化区域,雷诺数影响可忽略。因此,喷管内的流动特性必然一致,即马赫数分布相同,二次流深入深度相同。

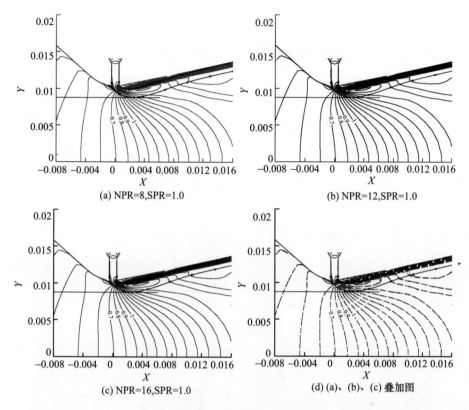

图6-9 不同落压比下,对称面上的流场特征分布(见彩页)

表6-1给出了不同工况下,带气动控制喉部面积的喷管性能参数。从表中可以看出,喉部面积控制率基本保持在20%左右,二次流折合流量比基本在9.3%附近。在低的落压比(NPR=6)工况下,因二次流喷射带来的过膨胀使得喷管实际推力下降,相应地,推力系数由0.979(对应NPR=13.88工况)下降至0.939。

表6-1 不同工况下,带气动控制喉部面积的喷管特性

NPR	RTAC/%	C_{ds}	$\omega\sqrt{\tau}$/%	P_x	C_{fg}
6	19.991	0.767	9.281	-12.324	0.939
8	19.997	0.771	9.308	-11.101	0.952
10	20.005	0.771	9.307	-6.773	0.966
12	20.011	0.773	9.309	-3.611	0.973
13.88	19.973	0.771	9.297	-1.444	0.974
16	19.950	0.770	9.292	-0.230	0.974

注:P_x为喷管出口截面压差力与主流动量产生的轴向力的比值。

6.2.2 二次流压比的影响

在气动控制喷管喉部面积涉及的众多气动/几何参数中,二次流压比是唯一的主动控制变量。本节在喷管欠膨胀、设计工况及过膨胀状态下,分析二次流压比(SPR = 0.6、0.8、1.0、1.2、1.5)对喷管流动特征、喉部面积控制率及喷管性能的影响。其中,二次流喷口位置位于几何喉部($X_j = 0$),二次流喷口相对面积比$A_s = 0.10$,二次流喷射角度$\theta = 90°$。

图6-10给出了不同二次流压比下喷管喉部附近的流动特征。从射流深度及射流轨迹看,在较低的二次流压比工况下(SPR = 0.6),二次流喷射并未形成对主流的有效的阻塞,如图6-10(a)所示,气动控制喷管喉部面积技术基本无效果。原因在于,相同喷管压比,二次流压比偏低的情况下,二次流流通能力下降(图6-11),无论是二次流流量系数,还是二次流气流速度都很小,直接导致二次流与主流动量比不足。此时,二次流仅能在主流中形成微弱的扰动,所得喉部面积控制率约为3.4%。在此二次流压比下,要实现大的喉部面积控制效果,需要增加二次流的通道面积,但是这会破坏喷管的结构完整性。

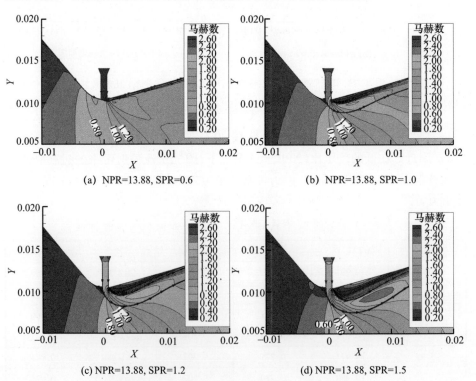

图6-10 不同二次流压比对流场特性的影响

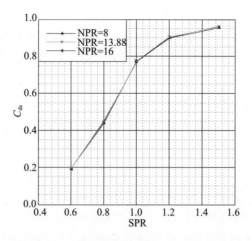

图 6-11 二次流流量系数随二次流压比的变化

随着二次流压比增加,二次流喷射对主流中的干扰逐渐增加,在喷口前、后形成分离涡,并且喷口后泡状分离涡范围逐步扩大,主流流经分离泡时,加速区域也会明显增大。值得注意的是,二次流压比增加,射流深度增大,射流轨迹最高点沿着流向后移,如图 6-10(b)、(c)、(d)所示。由于喷管的扩张构型,轨迹最高点后移不利于实现大的射流深度及喉部面积控制效果。

从气动控制喷管喉部面积的效果及喷管性能的变化可以看出,尽管在不同二次流压比工况下,喷管内部流场细节不同,但无量纲参数 RTAC 和 $\omega\sqrt{\tau}$ 表现出非常好的线性关系(图 6-12)。对 SPR>0.6 的各工况无量纲参数进行拟合,可以得到如下近似关系:

$$\text{RTAC} = 2.616 + 1.844\omega\sqrt{\tau} \tag{6-24}$$

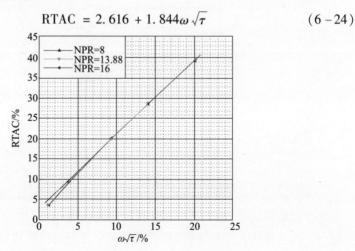

图 6-12 RTAC 随折合流量比的变化

可以看出,相比于直接用主次流流量比来表达喉部面积控制率,二次流折合流量比更具直观性。另外,从二次流折合流量的定义出发不难发现,该参数正是主次流动量之比,即

$$\omega\sqrt{\tau} = \frac{m_{\text{sec}}\sqrt{T^*_{\text{sec}}}}{m_{\text{noz}}\sqrt{T^*_{\text{noz}}}} = \frac{A_{\text{sec}}P^*_{\text{sec}}q(\lambda)_{\text{sec}}}{A_{\text{noz}}P^*_{\text{noz}}q(\lambda)_{\text{noz}}} \quad (6-25)$$

该线性关系的实质是亚声速二次流射入亚声速或声速主流时,射流深度与主次流动量比近似线性关系的延伸。

从仿真结果可以看到,每增加1%的二次流折合流量,可以提升约1.8%喉部面积控制率。但从发动机总体的角度看,该结果仍不太理想。因为航空发动机往往需要50%的喉部面积控制率,这意味着必须射入约28%的二次流折合流量,如此多的二次流流量,无论是从风扇或者压气机引气均具有较大难度。因此,提高气动喉部面积控制率的技术仍是目前众多研究人员关注的对象。

图6-13给出了推力系数随二次流压比的变化。可以看到,对于设计及欠膨胀工况(NPR = 13.88、16)推力系数在二次流压比 SPR < 1.0 时基本保持不变,随后随着二次流压比的增加,两者的推力系数分别约有 0.0061 和 0.0043 的下降,这与喷管横向的压差力、速度的不均匀性及总压损失的增加等相关。图6-14给出了不同二次流压比下、不同流向位置上的马赫数分布,可以看到扩张段近侧壁面的各截面中间位置处,因二次流喷口后分离区尾部的弱激波而形成低能区,并且低能区范围随着二次流压比增加而变大。

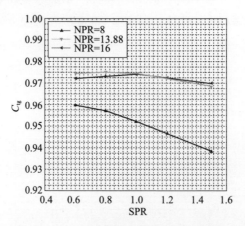

图6-13 推力系数随二次流压比的变化

对于过膨胀状态(NPR = 8),随着二次流压比增加,推力系数下降明显,特别是当二次流压比大于0.8时,推力系数几乎呈直线下降趋势,即从0.959下降至0.938。造成推力损失的主要原因是,大的二次流压比下,二次流喷射加剧了

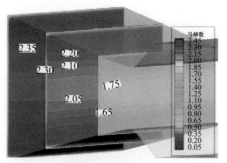
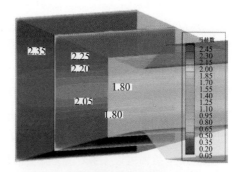

(a) NPR=13.88, SPR=0.6　　　　　　(b) NPR=13.88, SPR=0.8

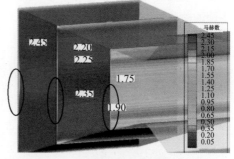

(c) NPR=13.88, SPR=1.2　　　　　　(d) NPR=13.88, SPR=1.5

图 6-14　气动控制喉部面积喷管扩张段的不同截面上的马赫数分布

气流在喷管中的过膨胀,压差力与轴向力的比值由 -0.0946 变化至 -0.1296。

从气动参数对喉部面积控制率的研究结果可以发现,喷管落压比不是敏感参数。当二次流压比 SPR > 0.6 时,气动喉部面积控制率与二次流折合流量比呈线性关系。

6.3　几何参数对喉部面积控制率的影响

气动控制喷管喉部面积技术涉及的关键几何参数主要包括二次流喷口面积、二次流喷口位置及二次流喷射角度。这三个参数均能够反映出几何参数对二次流/主流动量比、喷射深度等的影响。

6.3.1　二次流喷口面积的影响

在喷管落压比 NPR = 13.88,二次流压比 SPR = 0.8、1.0、1.5,二次流喷口相对位置 $X_j = 0$,二次流喷射角度 $\theta = 90°$ 的条件下,研究了二次流喷口相对面积(二次流喷口面积与喷管喉部面积的比值)对喷管内流动特征、喉部面积控制率及喷管性能等的影响。其中,二次流喷口相对面积比的取值为 0.08、0.10、

0.12、0.14、0.16。

二次流压比不同,二次流喷口面积对喷管内部流动特征及喷管性能的影响不同。当二次流压比 SPR=0.8 时,二次流通道内气流处于亚声速状态,增加二次流喷口面积,二次流喷口前缘靠近喷管收敛段,二次流感受的背压增大,造成二次流通道中心位置至喷口前缘区间内,低速区域比例增大。二次流喷口后缘的低背压造成喷口后分离区附近的局部气流加速,但对二次流通道内的流动干扰很小,如图 6-15(a)、(b)所示。因此,二次流喷口面积增加,导致二次流流通能力下降。从数值模拟结果可以看到,二次流喷口相对面积比从 0.08 增加到 0.16 时,二次流流量系数从 0.479 下降至 0.392。因此,尽管加大二次流喷管面积能提高二次流与主流的动量之比、增加喉部面积控制率,但是这个增长效率小于1,增益效果不明显。

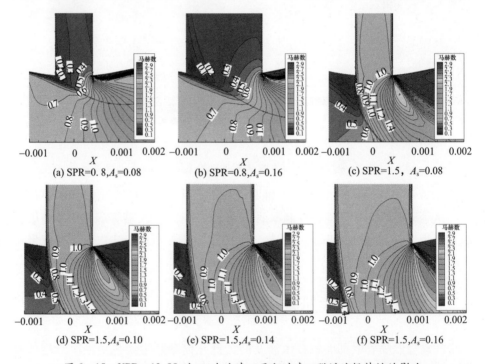

图 6-15 NPR=13.88 时,二次流喷口面积对喷口附近流场特性的影响

当二次流压比 SPR=1.5 时,不同二次流喷口面积下的流场特征如图 6-15(c)~(f)所示。可以看到,二次流喷口前缘的分离区从通道内被推出,高速气流充满二次流通道,二次流出口马赫数基本上为 0.9~1.0,从而使得二次流流量系数能保持在较高的数值,此时喷管喉部面积控制率的增长基本上与二次流喷口相对面积比的增长成线性关系,如图 6-16 所示。当二次流喷口相对面积比从 0.08 增加至 0.16 时,喉部面积控制率由 32.0% 变化至 66.2%。

图 6-17 给出了推力系数随二次流喷口相对面积比的变化。当落压比 NPR=13.88,二次流压比 SPR=0.8、1.0 时,喷管处于轻微过膨胀状态,过膨胀损失小,推力系数基本保持在 0.974 附近。但在高的二次流压比(SPR=1.5)时,喉部面积控制率随二次流喷口面积的变化显著,可在 $A_s=0.16$ 工况下, RTAC=66%。此时因过膨胀及分离区后收尾激波强度变化带来的压力损失略有增长,使得推力系数呈现小幅下降。

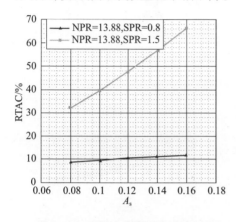

图 6-16 RTAC 率随二次流喷口相对面积比的变化

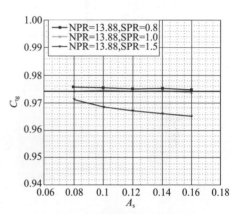

图 6-17 推力系数随二次流喷口相对面积比的变化

通过分析可以看到,增加二次流喷口面积可以提升喉部面积控制率,但在低二次流压比工况下,此方法的增益效果不好。

6.3.2 二次流喷口位置的影响

本研究中喷管几何喉部位于 X 轴原点,二次流喷口位置参照喷管几何喉部位置选取,并以喷管喉部高度作无量纲处理,记作 X_j。本节分别分析二次流喷口相对位置 $X_j = -0.1、-0.05、0、0.05、0.1$ 等对喷管流动特征、喉部面积控制率及喷管性能等的影响。其余参数取值如下,落压比 NPR=13.88,二次流压比 SPR=0.8、1.0、1.5,二次流喷口相对面积 $A_s=0.10$,二次流喷射角度 $\theta=90°$。

二次流喷口位置改变对喷口前后流动特征及二次流射入深度有明显影响。从图 6-18 可以看到,当二次流喷口位于喷管几何喉部上游时,喷口前分离区减小,喷口后分离泡高度减小;二次流喷口位置后移,结论相反,这与喷管几何喉部构型及喷口附近主流流动参数密切相关。二次流喷口位于几何喉部之前时,喷管主流与二次流流动方向夹角减小(为锐角),二次流对主流近壁面处的阻碍作用减弱,主流以较小的偏折角越过二次流喷射区域而不发生或仅有非常小的分离,此时喷管主流的可变动的"气动"壁面主要由二次流射流前缘组成。当二次

149

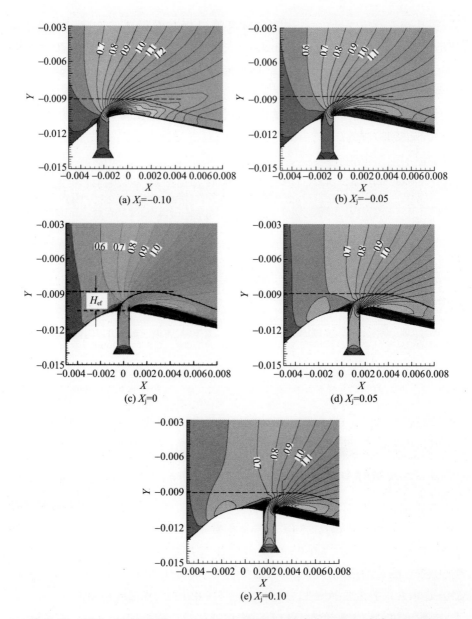

图 6-18　NPR=13.88、SPR=1.0 工况下,不同二次流喷口位置时,喷管的流动特性

流喷口位于喷管几何喉部下游时,二次流与主流流向夹角变为钝角,该角度的增加,导致喷口前缘分离区增大。

对于二次流喷口后缘分离区,从图 6-18(a)可以看出,当二次流喷口位于 $X_j=-0.10$ 时,喷口后分离基本消失,二次流沿着喷管喉部附近壁面迅速膨胀,此时的分离损失将由壁面摩擦损失代替,见图 6-19 中喷口下游壁面的切应力分布。在该喷口位置时,二次流对主流的有效阻碍高度 H_{ef} 仅仅是二次流的宽度,相比于二次流喷口在喷管几何喉部位置时,此时的喉部面积控制率明显要小一些。当二次流喷口位于喷管几何喉部下游的扩张段时,尽管二次流背压减小,二次流与主流的动量比上升、射入深度增加,但一方面由于喷射位置低于几何喉部最高点,另一方面由于扩张角的存在,射流最高点后移,两者均会减弱射流深度对喉部面积控制的影响,进而导致二次流对主流的有效阻碍高度 H_{ef} 减小,喷管喉部面积控制率相应减小。

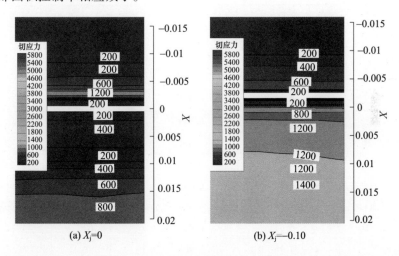

图 6-19 NPR=13.88、SPR=1.0 工况下,不同二次流喷口位置时,下壁面切应力分布

当二次流喷口位于喷管几何喉部及略靠前的位置($X_j=-0.05$)时,得到了最大的喉部面积控制率。对比图 6-18(c)、(b)可以发现,二次流喷口位于喷管几何喉部时,二次流背压比二次流喷口位于 $X_j=-0.05$ 时低。这意味着在相同的进口总压比条件下,二次流喷口位于喷管几何喉部时,有更大的流量及动量,能得到更大的射入深度,但是喷射最高点位置比二次流喷口位于 $X_j=-0.05$ 的相应靠后,这部分抵消了射流对喉部面积控制的有利影响。综合二方面的影响,可以发现,在这两处二次流喷口位置工况下,得到基本相同的喉部面积控制率。

表 6-2 所列为各工况下气动控制喉部面积的喷管性能参数。其中,二次流流量系数(C_{ds})随着二次流喷口位置从前向后移动而增加,这是由于二次流出口背压逐渐降低、二次流流量增加所致。随着二次流喷口位置的改变,喉部面积控制率与二次流/主流动量比变化并非成线性关系,而是受到几何构型的影响,只有二次流在喷管几何喉部及略靠前位置喷射时,才能实现最大喉部面积控制率。对比二次流喷口相对位置 $X_j=0$ 及 $X_j=-0.05$ 两种工况的结果,可以发现,在低的二次流压比下,二者的二次流折合流量比差别可达34%。因此,从减小二

次流流量的角度考虑,二次流喷口位置位于喷管几何喉部之前是有利的,对于本几何构型,二次流喷口相对位置的推荐值为 $X_j = -0.05$。

表 6-2 各工况下气动控制喉部面积的喷管性能参数

SPR, X_j	RTAC/%	C_{ds}	$\omega\sqrt{\tau}$/%	C_{fg}
0.8, -0.10	7.494	0.265	2.291	0.974
0.8, -0.05	9.426	0.331	2.912	0.975
0.8, -0.00	9.628	0.444	3.920	0.975
0.8, 0.05	8.885	0.606	5.308	0.975
0.8, 0.10	7.529	0.709	6.122	0.974
1.0, -0.10	16.881	0.635	7.462	0.973
1.0, -0.05	19.827	0.698	8.411	0.974
1.0, -0.00	19.973	0.771	9.298	0.974
1.0, 0.05	17.833	0.844	9.999	0.974
1.0, 0.10	15.005	0.881	10.185	0.973
1.5, -0.10	33.290	0.903	18.106	0.967
1.5, -0.05	40.188	0.946	19.949	0.968
1.5, -0.00	39.471	0.958	20.092	0.968
1.5, 0.05	35.711	0.965	19.707	0.969
1.5, 0.10	31.767	0.966	19.119	0.971

6.3.3 二次流喷射角度的影响

调整二次流喷射角度的目的是产生一个与主流冲击相抵消的向前的动量,从而增强二次流在垂直于主流方向的扰动。在二次流喷口相对面积比 $A_s = 0.10$,二次流喷口相对位置 $X_j = 0$,喷管落压比 NPR = 13.88,二次流压比 SPR = 0.8、1.0、1.5 的工况下,分析二次流喷射角度(θ)对喷管流动特征、喉部面积控制率及喷管性能等的影响。其中,二次流喷射角度取值为 90°、110°、130°、150°,二次流喷射角度分布如图 6-20 所示。

从二次流喷口几何形状可以看出,随着二次流喷射角度增加,二次流喷口在喷管壁面的开口尺寸增大,使得二次流感受的背压范围变大,这对二次流压比较小的工况影响尤为明显。从表 6-3 可以看出,对于二次流压比 SPR = 0.8,1.0 的工况,随着二次流喷射角度增加,二次流流量系数先减小后增大,二次流流量系数的最大相对变化约为 31.5%。可以发现最小的二次流流量系数均出现在二次流喷射角度 $\theta = 110°$ 的工况,相比于二次流喷射角度 $\theta = 90°$ 的工况,尽管此工况二次流流量系数降低了,但喉部面积控制率却明显增加了,这表明二次流逆

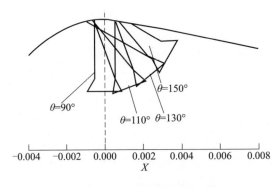

图 6-20 二次流喷射角度分布

向喷射对喉部面积的控制效果起到了加强作用。即一部分二次流动量抵消主流流向的冲击,保证了另一部分二次流动量在垂直于主流方向的作用强度。虽然二次流喷射角度继续增大,喉部面积控制率仍在增加,但是二次流流量增长更快,比较二次压比 SPR = 0.8,二次流喷射角度 $\theta = 130°$ 及 $\theta = 150°$ 工况,二次流流量系数增长 21.3%,而喉部面积增长仅有 4.9%。可见二次流喷射角度过大时,喷管喉部面积的控制效果减弱明显,对于二次流压比 SPR = 1.0 工况,结论是类似的。

表 6-3 不同二次流喷射角度时,带气动控制喉部面积的喷管特性

SPR,θ	RTAC/%	C_{ds}	$\omega\sqrt{\tau}$/%	C_{fg}
0.8,90°	9.631	0.444	3.920	0.975
0.8,110°	10.153	0.439	3.896	0.974
0.8,130°	11.133	0.484	4.325	0.974
0.8,150°	11.683	0.578	5.194	0.972
1.0,90°	19.971	0.771	9.298	0.974
1.0,110°	21.541	0.750	9.161	0.974
1.0,130°	23.061	0.758	9.442	0.974
1.0,150°	23.132	0.783	9.691	0.972
1.5,90°	39.472	0.958	20.092	0.968
1.5,110°	48.16	0.964	21.479	0.965
1.5,130°	56.32	0.967	22.725	0.965
1.5,150°	56.62	0.969	22.804	0.960

当二次流压比(SPR = 1.5)高时,二次流喷口几何形状对二次流流量系数的影响微弱。从表 6-3 中可以发现,该二次流压比及不同喷射角度工况下,二次流流量系数基本保持在 0.95 以上。此时二次流喷口附近的流场结构如图 6-21 所示。可以看到,主流对二次流的影响逐步进入到二次流喷口前缘内,

即二次流喷口前分离区部分转移至二次流通道内(图6-21(d)),二次流喷口后的分离区,则由长泡状逐渐变为饱满泡状。随着二次流喷射角度的增加,二次流喷射的射入深度逐渐增大,喷射最高点也逐步前移,这使得二次流对主流的有效阻碍效果增强,喷管喉部面积控制率也由 RTAC = 39.4% 增加至 RTAC = 56.6%,增长比例为43.6%。可以发现二次流喷射角度是提高气动喉部面积控制效果的关键参数。在大的二次流喷射角度 θ = 130°、150°工况下,喉部面积控制率基本相同。考虑二次流喷口在喷管壁面开口越大越不利结构完整性的特点,结合低二次流压比时气动控制喉部面积的特征,可以初步得出,对于气动控制喷管喉部面积技术,最有利二次流喷射角度为 θ = 130°。

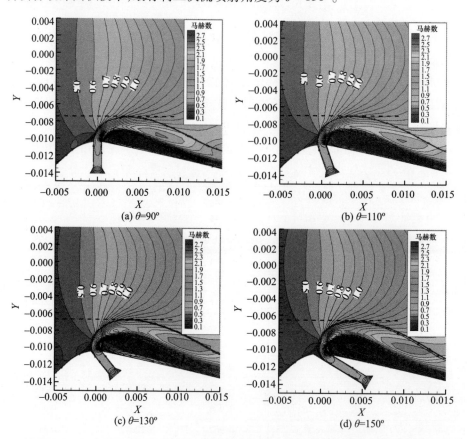

图6-21 NPR=13.88、SPR=1.5时,不同二次流喷射角度下,喷管的流动特性

6.4 气动控制喷管喉部面积的动态响应特性

开展气动控制喷管喉部面积的动态响应分析,不仅能够确定喷管气动喉部

控制建立及恢复过程的时间量级,而且能够清晰描述二次流喷射扰动的传播过程,二次流喷射对喷管进/出口截面参数的影响,以及气动控制喷管喉部面积及喷管性能参数的响应特征。本节基于对气动控制喷管喉部面积的动态响应的非定常数值模拟结果,分别研究了气动控制喷管喉部面积的建立及恢复过程。其中,喷管几何、气动参数如下,二次流喷口相对面积比 $A_s = 0.10$,二次流喷口相对位置 $X_j = 0$,二次流喷射角度 $\theta = 130°$;喷管落压比 NPR = 13.88,二次流压比 SPR = 1.5。非定常计算中,时间步长 Δt 由最小网格特征尺度 L 及特征速度 U 的比值决定,这里统一取 $\Delta t = 5 \times 10^{-7}$s。

6.4.1 二次流喷射开启过程

从气动控制喷管喉部面积开始启动到实现稳定的气动喉部面积,过程主要包括二次流横向喷射建立、压力波动前传、具有速度分层的扩张段流场形成以及喷管进口截面静压及流量调整等。

图 6-22 给出了喷管对称截面上二次流与喷管主流相互作用及流动特征形成的过程。可以看出,自二次流从喷口喷出($t = 0$ms)到与主流开始相互作用,仅需很短的时间。二次流射入主流并形成阻碍,使得喷口前气流压力骤升,速度下降,这将作为对喷管主流的最初扰动,不断向上游喷管进口传递(见 $t = 0.10$ms ~ 1.2ms)。喷口后则因二次流的射入产生瞬时的真空区,引起二次流及喷口附近主流急剧加速,如 $t = 0.30$ms、0.40ms 流场图所示。此后,主流在二次流喷口后逐渐形成分离区,并在分离区尾部形成弱的收尾激波。随着分离区的逐渐发展,激波位置后移,当 $t = 1.10$ms 时,分离区及激波基本稳定,但仍存在气动参数的脉动。此时喷管扩张段内形成具有速度分层的流动结构,近壁面处主流受收尾激波干扰而减速,随后又迅速膨胀加速。核心区主流经过分离区后加速明显,但又受到收尾激波的干扰而减速。此时二次流横向喷射形成的雏形,一方面造成的扰动将向上下游传递,另一方面受影响的主流又会对横向喷射的稳定产生干扰。

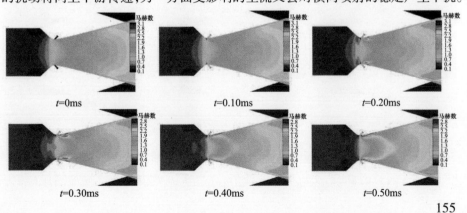

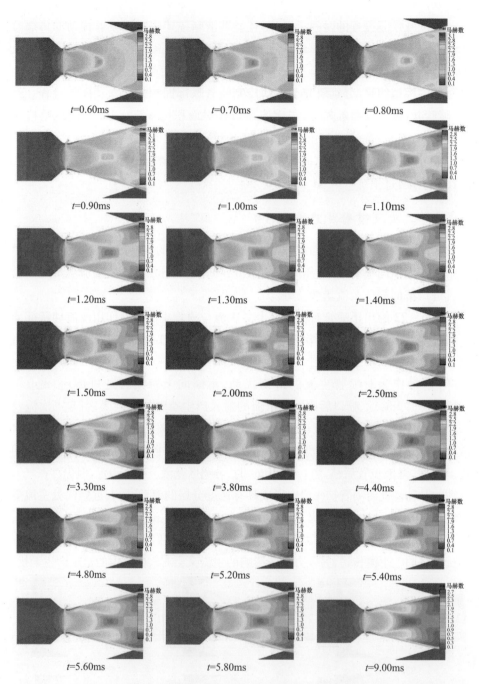

图 6-22 喷管内马赫数分布随时间的变化特性

二次流对喷管进口参数的影响主要通过二次流喷射扰动的向前传递体现。从图 6-23 可以看到,二次流射入主流后,在二次流喷口前形成局部高压(约为

$1.7 \times 10^6 \mathrm{Pa}$),上下对称的局部高压区作为影响喷管进口流动特性的主要扰动源,不断扩展并向前传播。自 0.10ms 起,二次流喷口前的局部高压区范围逐步扩大,当 $t=0.30\mathrm{ms}$ 时,上下高压区开始交汇,经过约 0.40ms 的压力融合与均衡形成具有弧状的压力前缘分布(见 0.80ms),高压区约在 $t=1.0\mathrm{ms}$ 时到达喷管进口截面,对喷管进口截面压力有阶跃突升的影响,约在 1.4ms 时,喷管进口压力达到峰值,对应的喷管进口流量此时达到最低值,如图 6-24 所示。但是向前

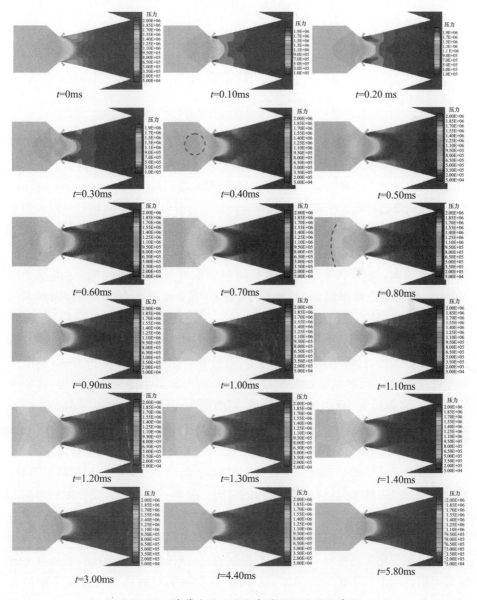

图 6-23 喷管内的压力分布随时间的变化特性

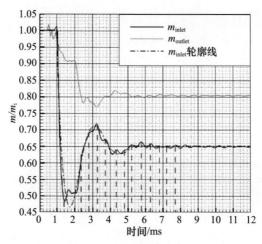

图 6-24 喷管进出口流量随时间的变化(见彩页)

传播的压力会受到喷管进口高压的反射,压力扰动区随后将向后移动。此时,喷管收敛段有明显的压力堆积,在喷管流量上表现为约 0.40ms 的平台区。该处蓄积的压力向出口方向释放,使得喷管进口流量快速恢复。当 $t=3.0$ ms 时,喷管进口流量达到峰值。此后在喷射扰动、喷管进口压力反射等作用下,喷管进口流量还将经历 $t=4.4$ ms 时的谷值及 $t=5.8$ ms 时的峰值,继而进入微小振幅波动区。

观察图 6-24 可以发现喷管进口流量存在两种规律的波动,一种频率较低、振动幅度偏大,如图中喷管进口流量随时间变化的黑色实线所示,周期 $T\approx 2.6$ ms。另一种是频率略高、振幅较小,在 $t=5.0$ ms 之后较为明显,周期 $T\approx 0.5$ ms。造成这种特性的原因有如下两点:二次流喷射的不稳定(高频)和喷管进口压力对压力扰动传播的反射(低频)。取二次流喷口、喷流前及分离区中多点进行压力监控,选取不同的初始时刻(T_0 分别为 2.0ms、4.0ms、6.0ms)做快速傅里叶变换(FFT),其结果如图 6-25 所示。压力频谱中得到两类主频,低频约为 400Hz,高频约为 2000Hz,并且随着 T_0 的增大,低频影响逐渐下降,在 $T_0=6.0$ ms 时,此时高频起作用,压力扰动反射的影响基本消失,而此时监控到的脉动主要为横向二次流的不稳定性,但这不稳定性也将随着时间的推移逐步减弱。

喷管出口流量的动态变化也存在类似的规律,只不过其相位相对略有滞后,滞后时间为气流从喷管进口流至出口的时间。图 6-26 给出了喷管无量纲推力(实际推力与理想推力之比)随时间的变化特性,这与图 6-24 中喷管出口流量的变化相一致,约在 $t=6.0$ ms 时趋于相对稳定。可以依据喷管进、出口流量及喷管推力的变化来判断气动喉部面积控制的完成时间。本节中模拟的具有大的喉部面积控制率(RTAC = 56.3%)的工况,其实现的时间尺度可以代表该类喷管实现气动控制喉部面积的最大时间,其响应时间量级为 10ms 量级。

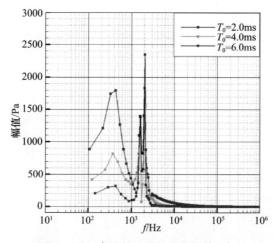

图 6-25 喷流附近观测点的频谱分析

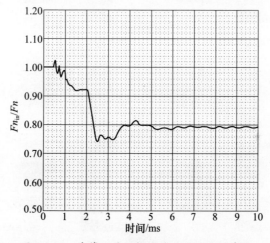

图 6-26 喷管无量纲推力随时间的变化特性

喷管喉部面积控制率最终稳定后,保持在 RTAC = 56.3%,这与稳态计算结果一致。从本节的研究结果可以看出,喷管气动控制喉部面积达到稳定的响应时间为 10ms 量级,与机械式喉部面积控制秒量级的作动响应相比,这几乎是瞬时完成的。

6.4.2 二次流喷射关闭过程

二次流喷射关闭后,二次流通道内残余的二次流将以类似脉冲喷射的方式射入主流,与主流相互作用。其主要明显特征是,喷管喉部附近的射流深度随着二次流喷射的结束而逐渐减小,二次流喷口前分离区逐步消失,在喷管的喉部出现较均匀的流动。喷口后的分离区开始逐渐缩小,并随主流向后移动,如图 6-27 中红色实线圈所注,约在 $t = 0.35$ ms 时该分离区基本消失,表现为鼓包状低能区,此低能区需要 0.50ms 时间排出喷管。同时,随着二次流喷口后分离区的演变,其尾部的弱激波逐步消失($t=0.50$ms),弱激波造成的流动的不均匀也不断消除,但是喷管扩张段内的过膨胀的高速气流却需要更长的时间才能得以趋于平缓。

关闭二次流喷射,其对主流的阻碍作用消失,即突然放开喉部节流,喉部处

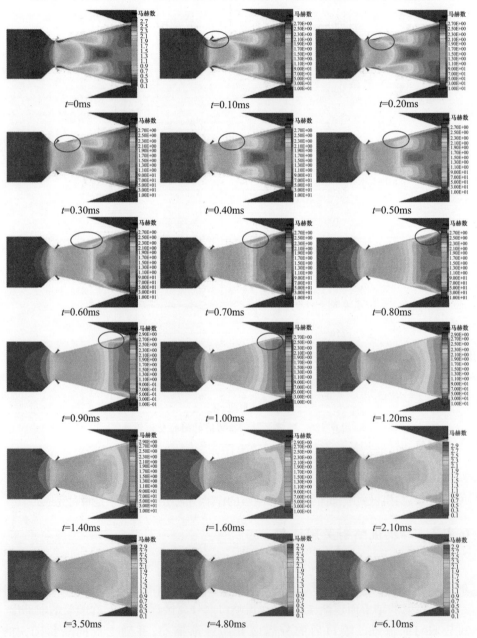

图 6-27 喷管内马赫数分布随时间的变化特性

静压骤减,这将作为影响喷管内流动的压力扰动源不断向前传播,约在 $t=0.90\text{ms}$ 时,扰动传递至喷管进口,使得喷管进口压力减小,喷管进口流量突升,如图 6-28 所示。约在 1.6ms 时,喷管进口流量达到峰值,该数值超过喷管理想流量约 15%,如此大的流量无法通过喷管喉部,因此会有短暂的质量堆积(约 0.40ms),堆积导致喷管进口的流量相应减小,在 3.50ms 时到达谷值(约为理想流量的 94%),继而又历经 $t=4.80\text{ms}$ 及 $t=6.10\text{ms}$ 时交替的峰值与谷值后,趋于稳定。从图 6-28 可以发现喷管出口流量的波动也呈现出规律性,其波动幅值逐渐衰减,但波动频率基本保持不变 $f\approx385\text{Hz}(T\approx2.6\text{ms})$。这与二次流喷射开启过程中的低频频率基本相当。但是其产生原因略有差别,前者表现为高压扰动受喷管进口压力的反射,而后者主要是喷管几何喉部对主流流量的限制。通过图 6-28 中喷管进出口流量及图 6-29 中无量纲推力的变化,可以得出,从二次流喷射关闭到实现喷管内稳定流动,整个过程用时约 7ms,这比二次流喷射开启实现气动喉部面积控制的时间略短,其主要原因在于此过程没有因二次流而产生高频的不稳定。

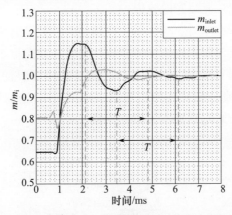

图 6-28 喷管进出口流量随时间的变化(见彩页)

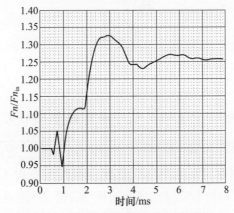

图 6-29 喷管无量纲推力随时间的变化

从本节的研究结果可以发现,尽管气动控制喷管喉部面积开启及关闭过程存在复杂的流场变化,喷管流量、推力等参数也表现出不同频率的振荡,但是整个过程用时都比较短,基本上是在10ms内完成,充分体现了气动控制技术的快速响应特征。

6.5 提高喷管喉部面积控制率的方法

Catt 等在20世纪90年代率先提出了采用辅助喷射提高气动控制喷管喉部面积效果的方法。其基本思路是在二次流喷射的基础上,增加由喷管收敛段至喉部的辅助喷流,借助辅助喷流进一步限制主流在喷管中的流通性,提升喷管气动喉部面积控制率。该方法被认为是一种可大幅提高喉部面积控制率的措施,国内外研究人员对此方法进行了相关的跟踪研究。目前,研究对象主要集中于低设计落压比的轴对称喷管,本节着重分析评估该方法对未来高推重比航空发动机用高设计落压比二元喷管的效果。

本节主要分析辅助喷射对喉部面积控制率的影响机制及主要几何构型对喷管内部流动特征及喉部面积控制率的影响。喷管几何模型如图 6-30 所示。其中,二次流喷口相对面积比 $A_s = 0.10$,二次流喷口相对位置 $X_j = 0$,二次流喷射角度 $\theta = 130°$,辅助喷口相对几何位置 $X_{jad} = -0.10$,选取辅助喷口相对面积 $A_{s,ad}$ 比及辅助喷射角度 θ_{ad} 作为本节研究变量。

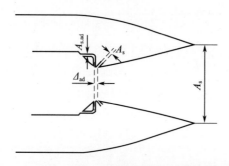

图 6-30 辅助喷射式气动控制喷管喉部面积的几何模型

6.5.1 辅助喷射对喷管流场及喉部面积控制率的影响

在喷管设计落压比 NPR = 13.88、二次流压比 SPR = 1.0,辅助喷口相对面积 $A_{s,ad} = 0.12$,辅助喷射角度 $\theta_{ad} = 90°$,二次流喷口相对面积 $A_s = 0.10$ 等工况下,分析带辅助喷射的气动控制喷管喉部面的流动特征。图 6-31 给出了辅助喷口及二次流喷口附近的马赫数云图及流线分布。可以看到,辅助喷流、二次流及喷管壁流相互作用,在辅助喷口及二次流喷口附近形成涡系。辅助喷口前形成小的分离涡,辅助喷口及二次流喷口之间形成一对对转涡,二次流喷口后形成大的分离区,并在近喷口处诱导出更小的分离涡。相比于仅有二次流喷射控制喷管喉部面积的构型,此构型下喷管内部的涡结构更复杂。带辅助喷射与无辅助喷射的气动控制喷管喉部面积构型的壁面压力分布如图6-32所示,可以看到辅助喷口与二次流喷口之间压力低于无辅助喷射构型。另外,辅助喷射构型下,二次流喷口后壁面压力的回升更靠后,因为该处的分离泡更大。

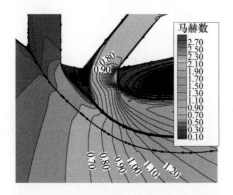 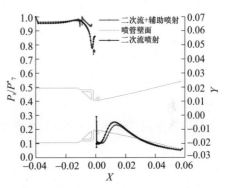

图6-31 带辅助喷射的气动控制喷管 　　图6-32 带辅助喷射的气动控制喷管
　　　　 喉部面积的局部流动特征 　　　　　　　　 喉部面积的壁面压力分布

辅助喷口位于二次流喷口之前。辅助喷口后的低压区为二次流提供更小的背压,因此相比于气动控制喷管喉部面积构型,此时二次流喷口处的速度、流量以及动量都会增加,从图6-31和图6-33可以看到,受到辅助喷射流的干扰,二次流喷口处的马赫数约从0.6增加至为0.9,二次流流量系数从而0.758上升至0.915,此时二次流折合流量比则由9.44%变为12.31%。相应的二次流的动量与主流动量比也大幅度增加,造成二次流射入深度增大,进而对喷管喉部面积的控制效果增强。在辅助喷流与二次流喷流联合作用下,可以得到喉部面积控

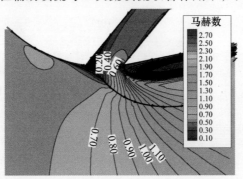

图6-33 气动控制喷管喉部面积的局部流动特征(NPR=13.88,SPR=1.0)

制率 RTAC = 34.1%。大幅增加的喉部面积控制率,一方面得益于辅助喷流,另一方面则是因为二次流流量、动量的增加。

6.5.2 辅助喷口面积的影响

保持其他几何参数如 6.5.1 节,分析不同辅助喷口相对面积($A_{s.ad}=0.08$, 0.10, 0.12, 0.14)对喷管流动特性及喉部面积控制率的影响。结果表明,辅助喷口面积增加,辅助喷流相对流量、动量增加,一方面辅助喷流的影响区域增大,对主流的扰动程度增强。另一方面,由于辅助喷口后压力随辅助喷口面积增加而降低,如图 6-34(a)、(b)所示,使得二次流的背压逐步减小,二次流流量系数与动量增加。当辅助喷口相对面积比从 0.08 增加到 0.14 时,二次流流量系数从 0.910 变为 0.921,相应的二次流折合流量比有约 0.3% 的增加。但从图 6-35 可以看到,辅助喷口面积的变化除了使辅助喷口及二次流喷口附近的对转涡形态略有变动,其他流动特征基本无变化。

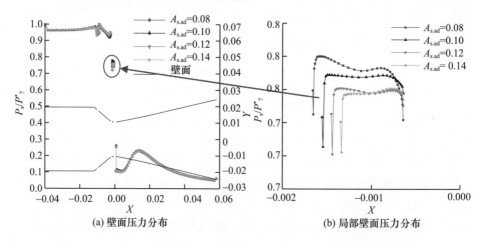

图 6-34 不同辅助喷口相对面积时,喷管壁面的压力分布(见彩页)

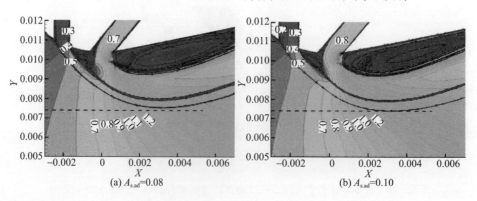

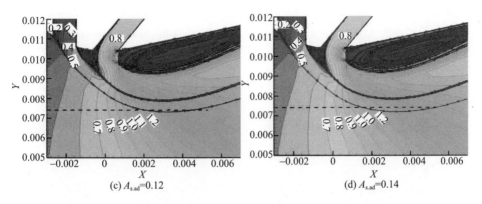

图 6-35 不同辅助喷口相对面积时,二次流喷口附近的流场特征

辅助喷口面积增加,使得喉部面积控制率从 31.9% 增加至 34.4%。从辅助喷流及二次流相对流量对喉部面积控制率的影响分析,增加了 3% 的辅助喷流相对流量及 0.3% 的二次流折合流量,实现了 1.5% 的喉部面积控制率增益,与此同时辅助喷流通道的面积增加却接近一倍,可见这类辅助喷射构型喉部面积控制率的提升与辅助喷口面积关系较小。

6.5.3 辅助喷射角度的影响

保持其他几何参数如 6.5.1 节,分析不同辅助喷射角度(90°、110°、130°)对喷管流动特征及喉部面积控制率的影响。从图 6-36(a)、(b)、(c)可以看出,辅助喷射角度增加,辅助喷射的背压增加,辅助喷口处气流速度降低,辅助喷射相对流量及动量也减小。其中,相对流量由 6.51% 下降至 6.05%。但是,由于辅助喷流轴向动量分量部分抵消了主流对射流的冲击,因此辅助喷流的射流深度有所提高,这降低了二次流背压,使二次流相对流量系数从 0.918 上升至 0.944,折合流量由 12.59% 增加至 12.94%。二次流喷射的相对动量提高,加强了二次流对主流节流的控制。从图 6-36 的流场云图中可以看出,随着辅助喷射角度的增加,二次流喷口后分离区后缘附近主流马赫数逐渐增大,表明二次流射流深度增加。

此三种工况下,喷管喉部面积控制率 RTAC 分别为 34.10%、36.05% 和 37.33%。此时喉部面积控制率的增益主要来源于两方面:辅助喷射角度的影响和二次流折合流量的增加。其中,辅助喷射角度的影响起主导作用。

带辅助喷射的气动控制喉部面积的喷管在约 13% 的二次流折合流量下,实现了约 37.5% 的喉部面积控制率。在此辅助喷射基础上,通过调整二次流压比(SPR = 1.5)、二次流喷口面积($A_s = 0.08$)、二次流喷射角度($\theta = 130°$)及二次流

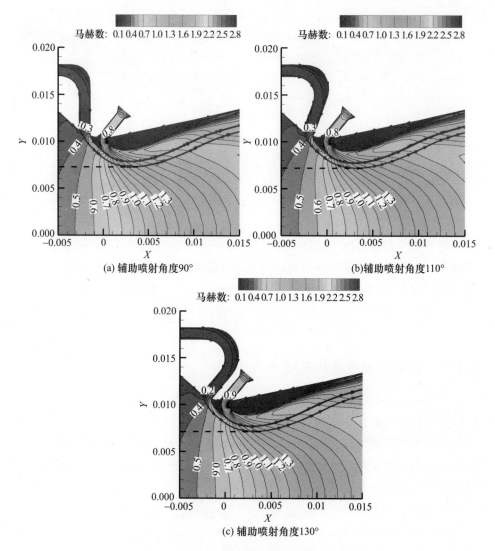

图6-36 不同辅助喷射角度时,喷口附近的流场特征

位置($X_j = -0.05$),在15%的二次流折合流量比限制下,可达到近50%的喉部面积控制率,与NASA得到的结果基本一致。

第 7 章 固定几何气动矢量喷管的红外辐射特性

红外辐射特性是目前航空发动机排气系统关注的主要特性之一。固定几何气动矢量喷管作为未来新型排气系统的可选方案,其红外辐射特性既具有常规二元喷管的特征,又因高压二次流的射入而有所不同。本章首先介绍所开发的红外辐射数值模拟程序(JPRL-IR),然后分析激波矢量喷管红外辐射特性,讨论二次流喷射及不同二次流喷口位置等对激波矢量喷管红外辐射特性的影响。

7.1 红外辐射数值模拟程序 JPRL-IR

7.1.1 红外辐射特性数值计算流程

本书基于离散传递法(DTM),采用 C++语言开发的航空发动机排气系统红外辐射特性数值模拟软件——JPRL-IR,具有较强通用性,可计算非加力工况下各类航空发动机排气系统的红外辐射特性。计算流程如图 7-1 所示,主要包括四部分:流场数据计算,红外计算网格生成及红外计算所需数据的插值计算,壁面有效辐射亮度计算和探测点辐射强度计算。

1. 流场数据计算

流场数据由数值模拟结果提供,包含计算区域内各边界及内部节点上的温度、压力、关键组分浓度(如 H_2O、CO_2、CO)等参数。

2. 红外计算网格生成及红外计算所需数据的插值计算

为了减小红外辐射计算耗时,在涵盖辐射源的前提下,尽量缩小计算区域,并对计算网格进行稀化。将流场内壁面的节点信息及内部流场节点信息插值到红外计算网格上。一般而言,可采用不同插值方式实现,也可以采用一些商用软件中提供的插值功能完成。

3. 壁面有效辐射亮度计算

壁面微元面有效辐射计算考虑了壁面微元自身辐射和对入射辐射的反射,主要包括以下几个部分计算:

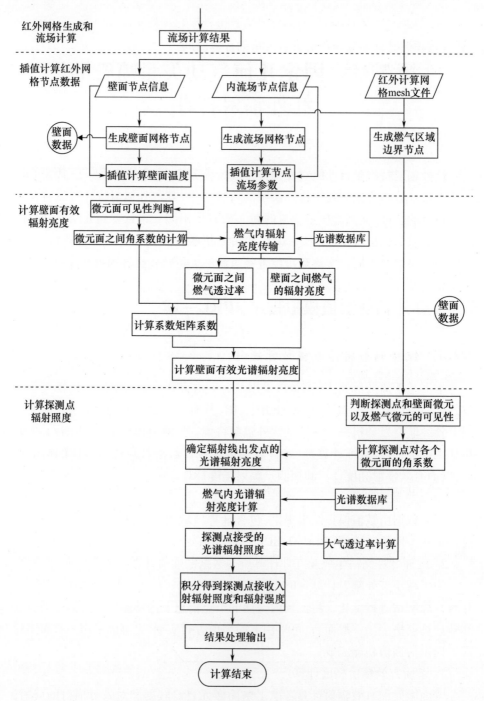

图 7-1 JPRL-IR 红外辐射的计算流程

① 判断壁面各微元面之间的可见性,计算相互可见的壁面微元之间的角系数。在判断遮挡关系的同时,记录了壁面微元之间辐射线通过的节点,以便在计算有效辐射亮度系数矩阵时节省大量的计算时间。

② 计算燃气内光谱辐射亮度的传输,主要计算两个壁面微元之间燃气的透过率和燃气入射到壁面微元的光谱辐射亮度。计算中使用的 H_2O、CO_2、CO 等光谱辐射特性参数,可采用 Malkmus 统计窄谱带模型在高温燃气数据库(HITEMP)基础上计算获得。

③ 计算壁面有效光谱辐射亮度。计算时间随着壁面微元的个数以指数形式增加,因此,在计算有效辐射亮度系数矩阵时只计算下三角矩阵,其他矩阵元素通过一定的规律变换获得。

4. 探测点辐射强度计算

探测点辐射强度计算主要包括:①判断探测点与壁面微元以及燃气微元的可见性,同时也间接地离散了探测点的立体角;②计算燃气对红外辐射强度的衰减以及燃气本身发射的红外辐射强度;③计算入射辐射照度,并将入射辐射照度转换为排气系统在探测点所在方向的红外辐射强度。

上述 JPRL-IR 红外辐射特性计算流程反映出了如下几类关键技术:壁面有效辐射亮度计算、燃气辐射及传输过程计算和探测点红外辐射强度计算。下面对各计算过程及处理方法进行介绍。

7.1.2 壁面有效辐射亮度计算方法

1. 壁面可见性判断方法

射线和微元面相交是微元壁面之间可见性判断的基础,它主要包括计算射线和微元面所在平面的交点和判断交点是否在微元面上。

射线 OP 与微元面相交的关系如图 7-2 所示,图中射线 s 的出发点为 $O(x_0,y_0,z_0)$,射线的方向矢量为 $s = (dx,dy,dz)$。微元面上两点 $A(x_m,y_m,z_m)$、$B(x,y,z)$ 连线与所在平面的法向量 $\boldsymbol{n} = (a,b,c)$ 垂直,即 $\boldsymbol{n} \cdot \overrightarrow{AB} = 0$,则可得平

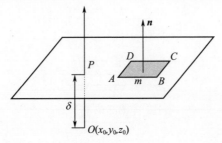

图 7-2 射线和微元面平面的相交示意图

面的点法式方程为
$$ax + by + cz + d = 0 \tag{7-1}$$
式中：$d = -ax_m - by_m - cz_m$。

引入变量 η，有
$$\eta = a \cdot dx + b \cdot dy + c \cdot dz \tag{7-2}$$

当 $\eta = 0$ 时，射线与微元面所在的平面平行或者重合，不必讨论二者的交点。

当 $\eta \neq 0$ 时，根据射线及平面方程，得
$$t = -(d + (a \cdot x_0 + b \cdot y_0 + c \cdot z_0))/\eta \tag{7-3}$$

如果 $t \leq 0$，则起始点 O 在微元面 m 所在的平面上或上方，无交点。

如果 $t > 0$，联立射线和平面方程可得到交点 P。点 P 与微元面的关系可分为两种，如图 7-3 所示。微元面的法向量为 $\mathbf{n} = AB \times BC$，当 $\mathbf{n} \cdot (PA \times PB)$、$\vec{n} \cdot (PB \times PC)$、$\mathbf{n} \cdot (PC \times PD)$ 和 $\mathbf{n} \cdot (PD \times PA)$ 全都大于 0 时，P 点在微元面内，否则 P 点在微元面外。如果 $ABCD$ 四点不共面时，将其拆分为两个三角形，分别判断。

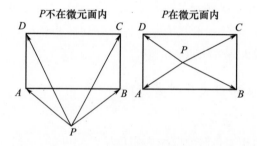

图 7-3　P 与微元面的位置关系

根据射线与微元面之间的相交关系，判断微元面之间的可见性。任意微元面 p 与 q 可见的必要条件为，两微元面中心点的连线和各自法线的夹角都小于 $90°$，且微元面 p 与微元面 q 中心点的连线不与固体壁面有交点。设微元面 p 和 q 的法线向量分别为 (a,b,c) 和 (i,j,k)，则它们连线的长度 l 为
$$l = \sqrt{(x_p - x_q)^2 + (y_p - y_q)^2 + (z_p - z_q)^2} \tag{7-4}$$

通过两个微元面中心点的单位矢量分量为
$$\begin{cases} dx = (x_p - x_q)/l \\ dy = (y_p - y_q)/l \\ dz = (z_p - z_q)/l \end{cases} \tag{7-5}$$

设 α_p 和 α_q 分别是微元面 p 和微元面 q 的法线与中心点连线的夹角，其余弦为

$$\cos\alpha_p = -\mathrm{d}x\mathrm{d}x_p - \mathrm{d}y\mathrm{d}y_p - \mathrm{d}z\mathrm{d}z_p \qquad (7-6)$$

$$\cos\alpha_q = \mathrm{d}x\mathrm{d}x_q + \mathrm{d}y\mathrm{d}y_q + \mathrm{d}z\mathrm{d}z_q \qquad (7-7)$$

当 $\cos\alpha_p$ 或 $\cos\alpha_q$ 小于等于 0 时,微元面不可见。否则,继续判断是否有壁面遮挡,通过两个微元面中心点射线在网格中不断前进,记录经过的面变化号,并判断此面是否为除了目标微元面以外的固体壁面微元面。如果是,则两个微元面不可见,如果不是,则继续前进。若能够到达目标壁面,则两个微元面可见。

2. 相互可见壁面角系数的计算方法

角系数的物理意义为从一个微元面发出的照到另一个微元面的辐射功率与微元面发射的总辐射功率的比值。设有两个朗伯微元面 1 和 2,面积分别为 $\mathrm{d}A_1$ 和 $\mathrm{d}A_2$,中心点距离为 l,辐射亮度分别为 L_1 和 L_2,两个面法线与中心点连线之间的夹角分别为 θ_1 和 θ_2,如图 7 - 4 所示。则由面元 1 向面元 2 发射的辐射功率为

$$\mathrm{d}P_{1-2} = L_1\cos\theta_1\mathrm{d}A_1\mathrm{d}\Omega_{12} \qquad (7-8)$$

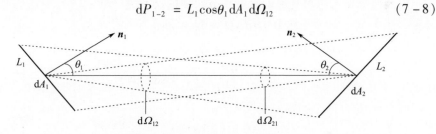

图 7 - 4 两个微元面之见的几何关系

面元 2 对面元 1 所张的立体角为

$$\mathrm{d}\Omega_{12} = \frac{\mathrm{d}A_2\cos\theta_2}{l^2} \qquad (7-9)$$

将式(7 - 9)代入式(7 - 8),得

$$\mathrm{d}P_{1-2} = L_1\cos\theta_1\mathrm{d}A_1\frac{\mathrm{d}A_2\cos\theta_2}{l^2} = \frac{E_1}{\pi}\frac{\mathrm{d}A_1\cos\theta_1\mathrm{d}A_2\cos\theta_2}{l^2} \qquad (7-10)$$

式中:E_1 为面元 1 的辐出度。

同理,可以得到面元 2 向面元 1 发射的辐射功率为

$$\mathrm{d}P_{2-1} = L_2\cos\theta_2\mathrm{d}A_2\frac{\mathrm{d}A_1\cos\theta_1}{l^2} = \frac{E_2}{\pi}\frac{\mathrm{d}A_2\cos\theta_2\mathrm{d}A_1\cos\theta_1}{l^2} \qquad (7-11)$$

为了简化计算,引入角系数的概念。根据式(7 - 10)和式(7 - 11),得

$$F_{1-2} = \frac{\mathrm{d}P_{1-2}}{E_1\mathrm{d}A_1} = \frac{\cos\theta_1\cos\theta_2}{\pi l^2}\mathrm{d}A_2 \qquad (7-12)$$

$$F_{2-1} = \frac{\mathrm{d}P_{2-1}}{E_2\mathrm{d}A_2} = \frac{\cos\theta_1\cos\theta_2}{\pi l^2}\mathrm{d}A_1 \qquad (7-13)$$

F_{1-2} 为微元面 1 对微元面 2 的角系数，F_{2-1} 为微元面 2 对微元面 1 的角系数。

3. 辐射照度计算方法

设两个朗伯微元面，面源辐射亮度为 L_1、面积为 ΔA_1，被照面的面积为 ΔA_2，两个面元的距离为 l，θ_1 和 θ_2 分别为两个面元与连线的夹角，如图 7-5 所示。

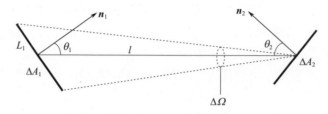

图 7-5 辐射照度的推导示意图

由几何关系可以得到面源投射到被照面的功率为

$$\mathrm{d}P = I\Delta\Omega = I\Delta A_2 \cos\theta_2 / l^2 \tag{7-14}$$

因此，在被照面产生的辐射照度 H 为

$$H = \frac{\mathrm{d}P}{\mathrm{d}A_2} = I\cos\theta_2 / l^2 \tag{7-15}$$

面源在 θ_1 方向上的辐射强度 I 为

$$I = L\Delta A_1 \cos\theta_1 \tag{7-16}$$

将式(7-16)代入式(7-15)中，得

$$H = L\frac{\cos\theta_1 \cos\theta_2 \Delta A_1}{l^2} \tag{7-17}$$

由于面源对被照面所张的立体角 $\Delta\Omega = \cos\theta_1 \Delta A_1 / l^2$，则

$$H = L\Delta\Omega\cos\theta_2 \tag{7-18}$$

即面源在被照面上产生的辐射照度等于面源的辐射亮度与面源对被照面所张的立体角以及被照面与连线夹角的余弦三者的乘积。

4. 介质辐射传输方程离散方法

考虑传输介质吸收、散射及发射的含有微分、积分项的介质热辐射传输方程为

$$\frac{\partial I_\lambda(s,\boldsymbol{s})}{\partial s} = \kappa_\lambda I_{b\lambda}(s) - \kappa_\lambda(s) I_\lambda(s,\boldsymbol{s}) - \sigma_{s\lambda}(s) I_\lambda(s,\boldsymbol{s}_i) +$$

$$\int_{\Omega=4\pi} \frac{\sigma_{s\lambda}(s)}{4\pi} I_\lambda(s,\boldsymbol{s}_i) \Phi_\lambda(s,\boldsymbol{s}_i) \mathrm{d}\Omega_i \tag{7-19}$$

为了方便计算，介质内辐射传输使用辐射亮度作为变量。虽然上式单位与辐射亮度不相同，但是传输机理是相同的，将单位转换并消除矢量后可得介质内

辐射亮度的传输方程为

$$\frac{dL_\lambda}{ds} = \kappa_\lambda L_{b\lambda}(s) - \kappa_\lambda L_\lambda(s) - \sigma_{s\lambda} L_\lambda(s) + \int_{\Omega=4\pi} \frac{\sigma_{s\lambda}}{4\pi} L_\lambda(s,s_i) \Phi_\lambda(s,s_i) d\Omega_i$$

(7-20)

本书中固定几何气动矢量喷管主要在非加力工况下工作，假设燃油完全燃烧，燃气中没有固体碳颗粒及液态颗粒，即忽略传输过程中散射项的影响，$\sigma_{s\lambda}=0$，对上式可以简化，得

$$L_\lambda(\delta_\lambda) = L_\lambda(0)\exp(-\delta_\lambda) + \int_0^{\delta_\lambda} L_{b\lambda}(\delta'_\lambda)\exp[-(\delta_\lambda-\delta'_\lambda)]d\delta'_\lambda \quad (7-21)$$

式中：$\delta_\lambda(s)$ 是厚度为 s 的一维燃气的光学厚度，δ'_λ 为积分虚变量。

上式的物理意义如图7-6所示，表明抵达 δ_λ 的辐射亮度由两部分组成，一是 $\delta_\lambda=0$ 处的光谱辐射亮度 $L_\lambda(0)$ 经过光学厚度 δ_λ 的衰减，到达 δ_λ 剩下的辐射亮度，二是 $\delta_\lambda=\delta'_\lambda$ 处自发发射的辐射亮度 $L_{b\lambda}(\delta'_\lambda)$，经过光学厚度 $\delta_\lambda-\delta'_\lambda$ 的衰减后到达 δ_λ 剩下的辐射亮度。

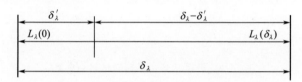

图7-6 辐射传输方程积分形式的物理意义

根据布格尔定律以及光学厚度的定义，可得燃气透过率：

$$\tau_\lambda(\delta_\lambda) = \exp(-\delta_\lambda) \quad (7-22)$$

将式(7-22)代入式(7-21)，得

$$L_\lambda(\delta_\lambda) = L_\lambda(0)\tau_\lambda(\delta_\lambda) + \int_0^{\delta_\lambda} L_{b\lambda}(\delta'_\lambda) d\tau_\lambda(\delta_\lambda-\delta'_\lambda) \quad (7-23)$$

将式(7-24)按照图7-7进行辐射传输路线的离散，得

$$L_\lambda(s) = L_\lambda(0)\prod_{i=1}^n \tau_\lambda(i) + \sum_{i=1}^n L_{b\lambda}(i)[1-\tau(i)]\prod_{j=i+1}^n \tau(j) \quad (7-24)$$

图7-7 辐射亮度传输的离散

式中：当辐射线从壁面发出时，$L_\lambda(0)$ 表示壁面有效辐射亮度；否则，$L_\lambda(0)=0$。

5. 喷管壁面有效光谱辐射亮度求解

喷管壁面微元面的有效辐射亮度既受其他微元面辐射的影响，还受高温燃

气流的影响,因此它们对喷管壁面微元面的入射辐射照度必须计算。如图 7-8 所示,假设把喷管壁面划分为 M 个微元面,燃气喷流划分为 N 个微元面,则对于微元面 i,假设其他微元面对于 i 都是可见的,微元面 i 对排气系统所张的 2π 的立体角被划分为 $(M-1+N)$ 份。

根据图 7-8 以及公式(7-18)可以得到微元面 i 的入射照度 $H_{\lambda,i}$:

$$H_{\lambda,i} = \sum_{m=1}^{M+N-1} L(i,\omega_m)\cos\theta_i \Delta\Omega_m \tag{7-25}$$

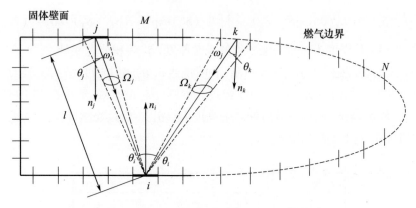

图 7-8 计算区域边界的网格划分简图

微元面 m 代表除了微元面 i 之外的喷管壁面微元面和燃气喷流微元面。式中,ω_m 表示第 m 个微元面立体角的中心线方向,$L(i,\omega_m)$ 表示从微元面 m 在 ω_m 方向上入射到微元面 i 的中心点的光谱辐射亮度,θ_m 表示微元面 m 的法向量与微元面 m 和微元面 i 中心点连线之间的夹角,$\Delta\Omega_m$ 表示微元面 m 对微元面 i 所张的立体角。

根据式(7-12)可得面元 i 对面元 m 的角系数:

$$F_{i-m} = \frac{\cos\theta_i \cos\theta_m}{\pi l^2} A_m \tag{7-26}$$

其立体角 $\Delta\Omega_m$ 为

$$\Delta\Omega_m = \cos\theta_m A_m / l^2 \tag{7-27}$$

联立式(7-26)和式(7-27),得

$$\pi F_{i-m} = \cos\theta_i \Delta\Omega_m \tag{7-28}$$

将式(7-28)代入式(7-25),得

$$H_{\lambda,i} = \sum_{m=1}^{M+N-1} L(i,\omega_m)\pi F_{i-m} \tag{7-29}$$

将上式按照辐射线进一步离散(式(7-24)),得

$$H_{\lambda,i} = \sum_{m=1}^{M+N-1} \pi F_{i-m} \left[L_{\lambda,m}(0) \prod_{j=1}^{n} \tau_\lambda(j) + \sum_{j=1}^{n} L_{b\lambda}(j) [1-\tau(j)] \prod_{k=j+1}^{n} \tau(k) \right]$$
(7-30)

式中:当微元面 m 为喷管壁面微元时,$L_{\lambda,m}(0)$ 为微元面的有效辐射亮度;当微元面为燃气喷流微元时,$L_{\lambda,m}(0) = 0$。

书中所有的固体壁面都视为不透明灰体,其有效辐射亮度由两部分组成:① 壁面微元本身的辐射亮度;② 壁面微元对其他壁面微元和燃气微元入射辐射的反射形成的辐射亮度。由此可得,壁面辐射的边界条件为

$$L_{\lambda,i} = \varepsilon_i L_{\lambda b}(T_i) + \frac{1-\varepsilon}{\pi} H_{\lambda,i}$$
(7-31)

式中:第一项为本身的有效辐射亮度;第二项为壁面对入射辐射的反射形成的辐射亮度。

将式(7-31)代入式(7-30),可得喷管固体壁面微元面 i 辐射边界条件方程的离散形式:

$$L_{\lambda,i} = \varepsilon_i L_{\lambda b}(T_i) + \frac{1-\varepsilon}{\pi} \sum_{m=1}^{M+N-1} \pi F_{i-m} \left[L_{\lambda,m}(0) \prod_{j=1}^{n} \tau_\lambda(j) + \sum_{j=1}^{n} L_{b\lambda}(j) [1-\tau(j)] \prod_{k=j+1}^{n} \tau(k) \right]$$
(7-32)

上式可看出,固体壁面辐射边界条件方程的离散形式为隐式格式,不仅各个喷管壁面微元面的光谱辐射亮度相互影响,而且喷管壁面微元面的光谱辐射亮度还受到燃气流辐射的影响。因此,要获得喷管壁面微元面的有效光谱辐射亮度需要联立所有壁面辐射亮度计算式,并求解大型线性方程组。下面讨论这个大型线性方程组的求解方式。

将式(7-32)中壁面微元影响项和燃气微元影响项分开,得

$$L_{\lambda,i} = \varepsilon_i L_{\lambda b}(T_i) + \frac{1-\varepsilon}{\pi} \sum_{m=1}^{M-1} \pi F_{i-m} \left[L_{\lambda,m}(0) \prod_{j=1}^{n} \tau_\lambda(j) + \sum_{j=1}^{n} L_{b\lambda}(j) [1-\tau(j)] \prod_{k=j+1}^{n} \tau(k) \right] + \frac{1-\varepsilon}{\pi} \sum_{j=1}^{N} \pi F_{i-m} L_{b\lambda}(j) [1-\tau(j)] \prod_{k=j+1}^{n} \tau(k)$$
(7-33)

设 $S_{\lambda,i}$ 为微元面 i 自身发射的光谱辐射亮度与燃气对它发射的光谱亮度值之和,如下式所示:

$$S_{\lambda,i} = \varepsilon_i L_{\lambda b}(T_i) + \frac{1-\varepsilon}{\pi} \sum_{m=1}^{M+N-1} \pi F_{i-m} \left[\sum_{j=1}^{n} L_{b\lambda}(j) [1-\tau(j)] \prod_{k=j+1}^{n} \tau(k) \right]$$
(7-34)

设 $J_{\lambda,i-m} = F_{i-m}\left[\prod\limits_{j=1}^{n}\tau(j)\right]$，则式(7-33)可以变形为

$$L_{\lambda,i} = S_{\lambda,i} + \frac{1-\varepsilon_i}{\pi}\sum_{m=1}^{M}L_{\lambda,m}(0)J_{\lambda,i-m} \qquad (7-35)$$

可整理为

$$L_{\lambda,i} + \frac{\varepsilon_i - 1}{\pi}\sum_{m=1}^{M}L_{\lambda,m}(0)J_{\lambda,i-m} = S_{\lambda,i} \qquad (7-36)$$

将上式展开，可得线性方程组：

$$\begin{cases} L_{\lambda,1}(0) + (\varepsilon_1 - 1)J_{\lambda,1-2}L_{\lambda,2}(0) + \cdots + (\varepsilon_1 - 1)J_{\lambda,1-M}L_{\lambda,M}(0) = S_{\lambda,1} \\ (\varepsilon_2 - 1)J_{\lambda,2-1}L_{\lambda,2}(0) + L_{\lambda,2}(0) + \cdots + (\varepsilon_2 - 1)J_{\lambda,2-M}L_{\lambda,M}(0) = S_{\lambda,2} \\ \qquad\qquad\qquad\qquad\qquad \vdots \\ (\varepsilon_M - 1)J_{\lambda,M-1}L_{\lambda,2}(0) + (\varepsilon_M - 1)J_{\lambda,M-2}L_{\lambda,2}(0) + \cdots + L_{\lambda,M}(0) = S_{\lambda,M} \end{cases}$$

$$(7-37)$$

写成矩阵形式为

$$AL_{\lambda}(0) = S \qquad (7-38)$$

式中

$$A = \begin{bmatrix} 1 & (\varepsilon_1 - 1)J_{\lambda,1-2} & \cdots & (\varepsilon_1 - 1)J_{\lambda,1-M} \\ (\varepsilon_2 - 1)J_{\lambda,2-1} & 1 & \cdots & (\varepsilon_2 - 1)J_{\lambda,2-M} \\ \cdots & \cdots & \cdots & \cdots \\ (\varepsilon_M - 1)J_{\lambda,M-1} & (\varepsilon_M - 1)J_{\lambda,M-2} & \cdots & 1 \end{bmatrix}_{M\times M} \qquad (7-39)$$

$$S = \begin{bmatrix} S_{\lambda,1} & S_{\lambda,2} & \cdots & S_{\lambda,M} \end{bmatrix}_M^T \qquad (7-40)$$

对于矩阵 A 中的一行来说，$J_{\lambda,i-m} = F_{i-m}\left[\prod\limits_{j=1}^{n}\tau(j)\right]$，而 $\sum\limits_{i=0}^{M}F_{i-m} \leqslant 1$ 并且 $\prod\limits_{j=1}^{n}\tau(j) < 1$，则矩阵 A 是严格对角占优的，可以用雅可比方法进行求解线性方程组，从而得到各个壁面微元的红外辐射亮度。

该计算过程中涉及燃气的辐射、燃气吸收率及发射率的计算，其计算与验证放在下一节中讨论。

7.1.3 喷流辐射特性计算方法

气体辐射在航空发动机排气系统红外辐射中有两个方面的影响。一是在计算喷管壁面有效辐射亮度时，如上节内容所示，它贡献一定的辐射能量。二是在计算探测点照度时，如下节内容所述，它起到能量发射、吸收的作用。一般而言，谱带模型是工程中常用的、能将气体在较宽光谱范围内辐射特性准确

描述的方法。其操作方法是将需要计算的光谱区划分为多个谱带,在每个谱带区间内,利用谱带平均透过率计算谱带辐射亮度,进而求解总辐射强度。该方法计算公式简单,不需要逐条计算每条光谱的贡献,适于航空发动机排气系统的红外辐射特性计算。本书采用 Malkmus 统计窄谱带模型,以高温燃气分子谱线数据库 HITEMP 2010 为基础,构建可用于计算气体在 3~5μm 波段的计算模型。

Malkmus 统计窄谱带模型计算某一摩尔分数为 x,吸收组分在行程长度为 l,总压力为 p,中心波数为 η 的谱带平均透过率 τ_η 公式为

$$\bar{\tau}_\eta = \exp\left[-\frac{2\bar{\gamma}}{\bar{\delta}}\left(\sqrt{1 + \frac{xpl\bar{k}\bar{\delta}}{\bar{\gamma}}} - 1\right)\right] \quad (7-41)$$

式中: $\bar{k}$,$\bar{\gamma}$ 和 $\bar{\delta}$ 为窄谱带模型参数。$\bar{k}$ 为计算谱带区间的平均压力吸收系数; $\bar{\gamma}$ 为计算谱带区间谱线平均半宽;$\bar{\delta}$ 为谱带区间内谱线平均间距。

由于航空发动机排气系统燃气中主要红外活性成分为 H_2O、CO_2、CO,计算中仅关注对此三类组分的气体辐射特性。各谱带区间谱线平均半宽采用如下经验公式计算:

$$\bar{\gamma}_{H_2O} = \frac{p}{p_s}\left\{0.462\frac{T_s}{T}x_{H_2O} + \left(\frac{T_s}{T}\right)^{0.5} \times [0.0792(1 - x_{CO_2} - x_{CO}) + \right.$$
$$\left. 0.106x_{CO_2} + 0.036x_{O_2}]\right\} \quad (7-42)$$

$$\bar{\gamma}_{CO_2} = \frac{p}{p_s}\left(\frac{T_s}{T}\right)^{0.7}[0.07x_{CO_2} + 0.058(1 - x_{CO_2} - x_{H_2O}) + 0.1x_{H_2O}] \quad (7-43)$$

$$\bar{\gamma}_{CO} = \frac{p}{p_s}\left\{0.075x_{CO_2}\left(\frac{T_s}{T}\right)^{0.6} + 0.06(1 - x_{CO_2} - x_{H_2O})\left(\frac{T_s}{T}\right)^{0.7} + 0.12x_{H_2O}\left(\frac{T_s}{T}\right)^{0.82}\right\}$$
$$(7-44)$$

谱带平均吸收系数 $\bar{k}$,谱线平均间距 $\bar{d}$ 采用谱线参数数值平均法得到

$$\bar{k} = \frac{1}{\Delta\eta}\sum_{i=1}^{N} S_i \quad (7-45)$$

$$\frac{1}{\bar{d}} = \left[\frac{1}{\Delta\eta}\sum_{i=1}^{N}\sqrt{S_i\gamma_i}\right]^2 / (\bar{k}\bar{\gamma}) \quad (7-46)$$

式中:$\Delta\eta$ 为谱带区间的波数间隔;N 为谱带区间内谱线总数;S_i 为谱带区间中第 i 条谱线积分线强,可根据 HITEMP 数据库中提供的标准状态下的线强计算得到。

为了验证窄谱带模型的可靠性,本书针对不同气体(CO_2、H_2O、CO、H_2O - CO_2 - N_2)在不同工况下的红外光谱特性进行了计算,并与试验结果进行了对比,如图 7-9~图 7-12 所示。

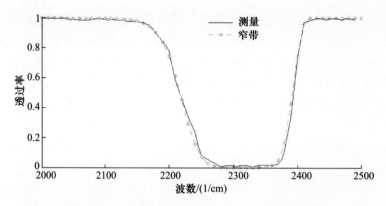

图 7-9 CO_2 在 4.3μm 吸收带的光谱透过率对比

($T=1000K, P=101325Pa, L=40cm, X_{CO_2}=0.05$)

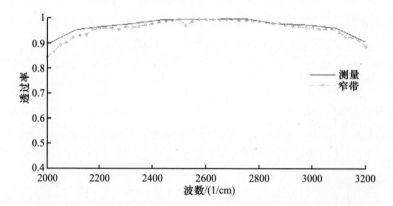

图 7-10 H_2O 在 2000~3200cm^{-1} 波数范围内的光谱透过率对比

($T=1500K, P=101325Pa, L=100cm, X_{H_2O}=0.1$)

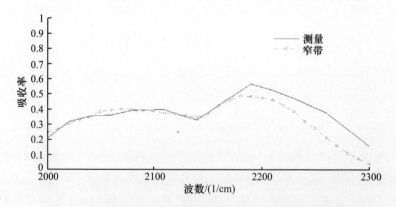

图 7-11 CO 在 2000~2300 cm^{-1} 波数范围内的光谱吸收率对比

($T=1200K, P=101325Pa, L=20cm, X_{H_2O}=1$)

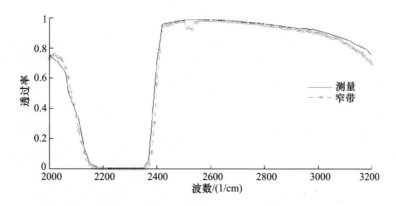

图 7-12 $H_2O - CO_2 - N_2$ 混合气体在 2000~3200 cm^{-1} 波数范围内的光谱透过率对比
($T = 2000K, P = 101325Pa, L = 100cm, X_{H_2O} = 0.2, X_{CO_2} = 0.1$)

从以上各图红外活性气体光谱特性对比可以看出,计算结果与试验结果基本吻合,在误差允许范围内,证明所采用的窄谱带模型可靠。

7.1.4 探测点红外辐射计算方法

探测点接收到的排气系统的辐射,主要来自喷管壁面和燃气。接收点的红外辐射强度经过了燃气的吸收、在大气中的衰减。计算探测点接收能量,需要确定探测点入射辐射途径,统计探测点可见的固体壁面微元面个数和燃气喷流微元面个数。假设相对于探测点可见的微元面个数为 M,则探测点的入射辐射照度表达式为

$$H_\lambda = \sum_{m=1}^{M} L(i, \omega_m) \cos\theta_m \Delta\Omega_m \quad (7-47)$$

式中:ω_m 为第 m 个微元面立体角的中心线方向;$L(i, \omega_m)$ 为从微元面 m 在 ω_m 方向上入射到探测点的中心点的光谱辐射亮度;θ_m 为微元面 m 的法向量与微元面 m 和探测点 i 连线之间的夹角;$\Delta\Omega_m$ 为微元面 m 对探测点 i 所张的立体角。

假设对探测点可见的喷管微元面个数为 l,燃气喷流微元面个数为 k,按照图 7-13 进行离散,并结合式(7-30)可得 H_λ 的进一步离散形式:

$$H_\lambda = \sum_{m=1}^{l} \cos\theta_m \Delta\Omega_m \tau_{atm} \left[L_{\lambda,m}(0) \prod_{i=1}^{n} \tau_\lambda(i) + \sum_{i=1}^{n} L_{b\lambda}(i)[1-\tau(i)] \prod_{j=i+1}^{n} \tau(j) \right] +$$
$$\sum_{m=1}^{k} \cos\theta_m \Delta\Omega_m \tau_{atm} \left[\sum_{i=1}^{n} L_{b\lambda}(i)[1-\tau(i)] \prod_{j=i+1}^{n} \tau(j) \right] \quad (7-48)$$

式中:右端第一项表示喷管壁面微元对探测点的辐射照度;$L_{\lambda,m}(0)$ 为微元面 m 发射辐射亮度,包括自身辐射亮度和对入射辐射的反射亮度两部分;右端第二项表示燃气喷流微元面对探测点的辐射照度。

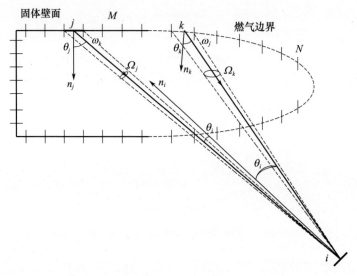

图 7-13 探测点入射辐射强度的计算简图

由于探测点距离排气系统的距离远远大于排气系统的尺寸,所以排气系统可以视为一个小面源,由式(7-15)可得,探测点处的辐射强度为

$$I_\lambda = \frac{H_\lambda R^2}{\cos\theta} \tag{7-49}$$

排气系统微元面法线与探测点连线的夹角可以视为0°,所以式(7-49)变形为

$$I_\lambda = H_\lambda R^2 \tag{7-50}$$

将公式(7-48)代入式(7-50),得

$$I_\lambda = R^2 \sum_{m=1}^{l} \cos\theta_m \Delta\Omega_m \tau_{\mathrm{atm}} \left[L_{\lambda,m}(0) \prod_{i=1}^{n} \tau_\lambda(i) + \sum_{i=1}^{n} L_{b\lambda}(i)[1-\tau(i)] \prod_{j=i+1}^{n} \tau(j) \right] +$$

$$R^2 \sum_{m=1}^{k} \cos\theta_m \Delta\Omega_m \tau_{\mathrm{atm}} \left[\sum_{i=1}^{n} L_{b\lambda}(i)[1-\tau(i)] \prod_{j=i+1}^{n} \tau(j) \right] \tag{7-51}$$

上式即为探测点所获得的某个探测角度下光谱红外辐射强度,对I_λ在某一波段积分可得辐射强度。

7.2 激波矢量喷管的红外辐射特性

7.2.1 考虑组分影响的喷管流场特性

基于JPRL-IR程序开展激波矢量喷管红外辐射特性研究的前提是获得喷管的流场特征,并提取红外辐射特性计算域内的静压、静温、燃气浓度等参数。在流场特征数值模拟时,考虑到激波矢量喷管用于小涵道比涡扇发动机,因此将计算模型在第3章激波矢量喷管模型的基础上,增加了圆转方转接段以及内、外涵道气流进口,如图7-14(a)所示。

数值求解方法、计算域网格划分方法等如第2章所述。模型网格数量约300万,壁面y^+范围:1~3,边界类型如图7-14(b)所示,喷管内、外涵气流进口边界条件由涡扇发动机总体计算程序提供,燃气组分根据化学平衡获得,具体参数如表7-1所列。

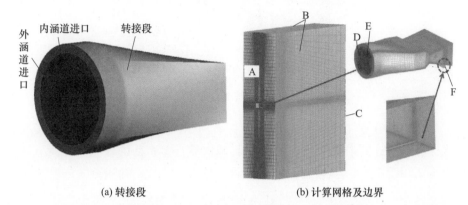

(a) 转接段　　　　　　　　　(b) 计算网格及边界

A—远场进口；B—远场边界；C—出口边界；D—外涵进口；E—内涵进口；F—二次流进口。

图7-14　激波矢量喷管的模型及计算网格

表7-1　激波矢量喷管数值模拟的边界条件

边界名称	边界设置
远场边界	$Ma = 1.5, P_0 = 22.65\text{kPa}, T_0 = 216\text{K}$
远场进口	$P_0^* = 83.2\text{kPa}, T_0^* = 314.2\text{K}$
外涵进口	$P_1^* = 248\text{kPa}, T_1^* = 459\text{K}$ 组分摩尔浓度:$CO_2 = 0$;$CO = 0$;$H_2O = 0$;$O_2 = 0.205$,发射率0.30
内涵进口	$P_2^* = 208\text{kPa}, T_2^* = 797\text{K}$ 组分摩尔浓度:$CO_2 = 0.045$;$CO = 5 \times 10^{-7}$;$H_2O = 0.0433$;$O_2 = 0.138$,发射率0.35
二次流进口	$P_3^* = 260\text{kPa}, T_3^* = 428\text{K}$ 组分摩尔浓度:$CO_2 = 0$;$CO = 0$;$H_2O = 0$;$O_2 = 0.205$
喷管内壁面	对流、导热、辐射耦合换热,辐射率0.65

流场中温度及组分浓度的分布决定了红外辐射强度在空间不同位置的分布。图7-15给出了激波矢量喷管内壁面温度分布特征。可以看到,喷管内壁面温度主要受到外涵道冷气流影响,其温度基本保持在450K左右。但是靠近喷管进口的上、下壁面,因受到内涵高温气体辐射的影响,温度略有升高。在下壁面的二次流喷口前的位置,因附面层分离而存在局部高温区。二次流喷口后,

外围大气进入分离区域,形成喷管下游壁面的低温区。喷管侧壁温度因受到二次流喷口前后分离区温度的影响而存在局部分布不均匀。

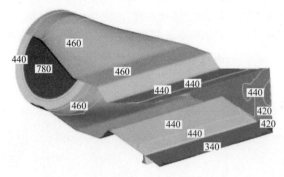

图 7 – 15　激波矢量喷管内壁面的温度分布

激波矢量喷管气流温度分布如图 7 – 16 所示。在喷管内部,内、外涵气流及二次流进入喷管扩张段后迅速膨胀降温,其中靠近上壁面的外涵气流甚至最低可降至 220K。因二次流喷射而形成的诱导激波,使得内、外涵道气流温度均有不同程度的提升,特别是靠近内涵核心区域,局部区域(图 7 – 16(b)中所圈)温度约有 100~200K 的提升。二次流喷口前分离区域内温度基本保持在 440K,与外涵气流总温基本相同,二次流喷口后分离区内的气流,也因低速流动而具有相对较高的静温。另外,诱导激波下游,存在因外涵低温气流继续膨胀而生成的低温带,其中下侧因二次流的膨胀、主流的偏转等因素而造成低温区范围较大。内、外涵气流及二次流之间的掺混过程如图 7 – 16(c)~(i)所示。在 $X = 1.0$m 处,三者基本融合,随后对周围大气的卷吸表现更为明显。主流中因涡量存在,而逐步形成对转的涡,呈肾状结构,约在 $X = 18.8$m 处,主流温度接近周围大气温度。

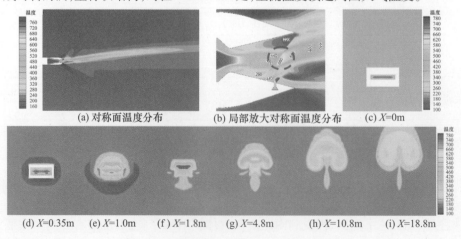

图 7 – 16　激波矢量喷管的气流温度分布

气体组分（CO_2、H_2O等）的摩尔浓度分布如图7-17和图7-18所示。可以看到，气体组分分布与温度分布基本一致，高浓度区域对应高温区，并且随着尾流向后发展，组分浓度随主流对外界大气的卷吸而逐渐减小。通过对两类组分核心区进行测量，可以发现，尾流中组分核心区长度约为喷管出口高度的4.0~4.5倍，大约经过35倍喷管出口高度距离时，尾流中气体组分基本与大气中含量一致。

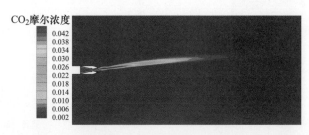

图7-17 激波矢量喷管对称面上的CO_2浓度分布

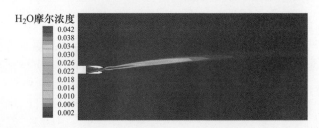

图7-18 激波矢量喷管对称面上的H_2O浓度分布

7.2.2 激波矢量喷管的红外辐射特性规律

本节主要分析激波矢量喷管光谱辐射、壁面及燃气辐射强度在探测空间的分布。其中，探测点分布如下，规定喷管中心线方向为探测角度 $\alpha = 0°$ 方向，对于二元激波矢量喷管，将探测点分布在窄边及宽边对称面上，以喷管出口中点为圆心、观察距离为半径的半圆弧内，观测点角度分布为 $0°$、$\pm 5°$、$\pm 10°$、$\pm 15°$、$\pm 20°$、$\pm 30°$、$\pm 40°$、$\pm 60°$、$\pm 75°$、$\pm 90°$等，如图7-19所示。其中，各探测角度取逆时针为正。红外辐射特性计算波段为 $3 \sim 5 \mu m$。在 $3.0 \sim 4.1 \mu m$ 及 $4.7 \sim 5.0 \mu m$ 波段内以 $0.05 \mu m$ 为计算步长。在 $4.1 \sim 4.6 \mu m$ 加密了计算步长，取 $0.025 \mu m$ 为计算步长。

1. 光谱辐射强度

大气透过率是影响光谱辐射特性的重要因素。图7-20给出了计算工况下、在测量距离内的大气光谱透过率。从图中可以看到，$3.0 \sim 3.5 \mu m$ 和 $4.7 \sim 5.0 \mu m$ 波段内，大气透过率存在明显的波动及下降，这主要由大气中水蒸气对红外辐射的吸收造成。在 4.15～4.45μm 波段内大气透过率剧烈减小,这是因大气中 CO_2 对红外辐射的吸收造成。

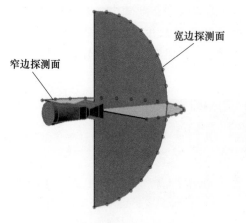

图 7-19　激波矢量窄、宽边探测点的分布　　　图 7-20　大气光谱透过率

在不同探测平面内(窄边及宽边)、不同探测角度下,激波矢量喷管的光谱辐射强度如图 7-21 所示。图中横坐标是波长,单位为 μm,纵坐标是光谱辐射强度,单位是 W/(sr·μm)。可以看到,在各个探测方向上,光谱的红外辐射都具有明显的波动特性,其具体情况可总结如下:

(1) 在 3.0～3.5μm 波段内,在小的探测角度($|\alpha|<10°$)内,光谱辐射强度出现一定的波动及降低,表现为 H_2O 对喷管高温固体壁面红外辐射的吸收。

(2) 在 3.5～4.12μm 波段内,光谱辐射强度近似不变,这是因为该波段内大气的吸收微弱,燃气中仅有 H_2O 参与辐射换热,且介质在该波段内的吸收系数很低。

(3) 在 4.12～4.6μm 波段内,不同探测角度上光谱辐射均呈现出两个明显波峰和一个波谷的特性,并且波谷中心位于 4.26μm 附近,而两个波峰位置随着探测角度的增加分别从 4.15μm、4.75μm 处靠近波谷。出现该现象主要与该波段内燃气中 CO_2 强烈的吸收-发射作用和大气中 4.26μm 附近的光谱透过率非常低有关。并且,随着探测角度增加,喷管内部高温壁面辐射所占份额减小,光谱辐射峰值下降,同时红外辐射射线穿过燃气行程短,燃气中 CO_2 的发射作用逐步体现,波谷附近的光谱辐射强度数值略有回升。

(4) 在 4.7～5.0μm 波段内,光谱辐射主要受到燃气中 H_2O 和 CO 的红外辐射的吸收和发射,在低探测角度时,靠近 5.0μm 处光谱的红外辐射强度略有增加。

(5) 从窄边、宽边光谱辐射强度的分布还可以看出,在 90°探测角度处,

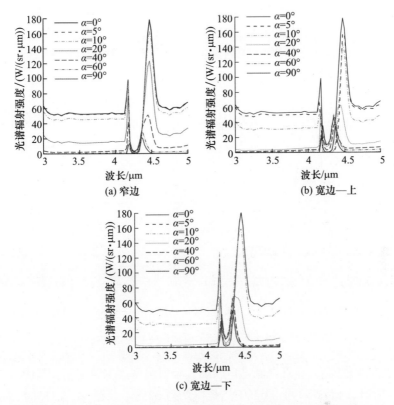

图7-21 激波矢量喷管不同观察角度下的光谱辐射强度(见彩页)

4.15~4.5μm波段内光谱辐射强度起主要作用,此时喷管内部的高温壁面不可见,这说明燃气的光谱辐射主要分布在该波段附近。

(6) 尽管激波矢量喷管宽边、窄边探测平面内,光谱辐射强度大小会有区别,但是光谱分布趋势基本一致。

2. 激波矢量喷管的壁面及燃气红外辐射特性

激波矢量喷管对观测点辐射强度有影响的部分为喷管上下及侧壁面、内/外涵进口(计算红外辐射时,内/外涵进口按照壁面处理)、二次流壁面及燃气。其中,燃气及壁面红外辐射亮度的计算如公式(7-52)所示,据此可以分离出燃气及壁面的辐射强度。

$$L_\lambda(s) = L_\lambda(0) \prod_{i=1}^{n} \tau_\lambda(i) + \sum_{i=1}^{n} L_{b\lambda}(i)[1-\tau(i)] \prod_{j=i+1}^{n} \tau(j) \quad (7-52)$$

式中:等号右边第一项为壁面辐射,仅考虑在辐射传输路径上燃气和大气对壁面辐射的衰减作用,而不计入燃气对辐射的贡献;等号右边第二项为燃气辐射,仅考虑辐射传输路径上燃气的辐射和吸收,以及大气对燃气辐射的衰减。

图 7-22 给出了窄边和宽边探测面上,激波矢量喷管各部分的红外辐射强度分布(用最大红外辐射强度无量纲化)。可以看到,在窄边探测面上,观测点的红外辐射强度对称分布;宽边探测面上,因二次流喷射的影响,探测点的红外辐射强度呈现不对称分布。

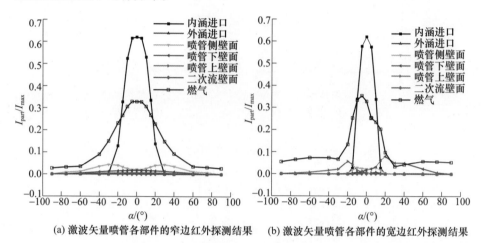

(a) 激波矢量喷管各部件的窄边红外探测结果　(b) 激波矢量喷管各部件的宽边红外探测结果

图 7-22　激波矢量喷管不同部件的红外辐射强度

在小探测角度内,喷管内涵进口及燃气辐射强度占主导作用。其中,在探测角度 $\alpha = 0°$ 时,内涵进口约占 62.0%,燃气约占 32.8%。在 $|\alpha| = 15°$ 时,内涵进口辐射强度与燃气相当。随着 $|\alpha|$ 继续增加,内涵进口不再可见,燃气的辐射起主要作用(宽边 $\alpha = 20° \sim 40°$,喷管下壁面与燃气辐射强度接近)。

对比窄、宽边探测面上内涵红外辐射强度分布,可以看到,相同探测角度下,窄边探测点上的红外辐射强度相对较大,并在 $|\alpha| = 20°$ 时,内涵进口的辐射强度降为零,而宽边探测面上,在 $|\alpha| = 15°$ 时,内涵进口的辐射强度降为零,这因为对矩形截面二元喷管,小的探测角度下,窄边探测点能观测到更大的内涵进口面积,并且宽高比越大,窄边探测面上内涵进口可见面积大小衰减越慢。

激波矢量喷管燃气可分为喷管内部高温燃气和尾流燃气。随着探测角度 $|\alpha|$ 增加,喷管内部高温燃气逐渐不可见,不过尾流燃气一直可见。从图 7-22 能够分辨出,在窄边探测面上 $|\alpha| \leqslant 40°$ 时,喷管内部燃气的贡献依然明显,而宽边探测面上,当 $|\alpha| > 30°$ 时,喷管内部燃气的影响已较小,这是造成相同探测角度上($15° \leqslant |\alpha| \leqslant 40°$),窄边探测面上燃气的红外辐射强度略大的原因。在 $-15° \leqslant \alpha \leqslant 0°$ 角度内,宽边探测面上燃气红外辐射强度大于窄边,主要因为激波矢量喷管主流朝上偏转,宽边探测到高温燃气可见面积更大,如图 7-23(a)、(b)和图 7-24(a)、(b)给出的气体温度大于 400K 的区域分布所示。另外,受

此影响,在窄边探测面上,燃气的红外辐射在 $\alpha = 0°$ 时达到最大值,而宽边探测面上,$\alpha = -5°$ 时红外辐射达到最大值。在宽边探测面上,当 $0°\leq\alpha\leq15°$ 时,由于朝上偏转的激波矢量喷管主流燃气可探测面积减小,辐射射线在燃气中的行程偏大,红外辐射被燃气吸收明显,燃气红外辐射强度下降明显。

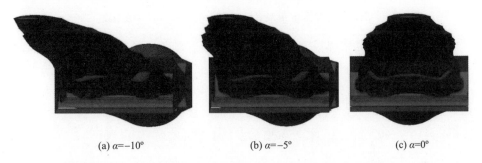

(a) $\alpha=-10°$ (b) $\alpha=-5°$ (c) $\alpha=0°$

图 7-23 激波矢量喷管窄边观察的高温气体区域($T=400K$)

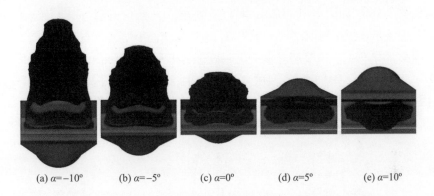

(a) $\alpha=-10°$ (b) $\alpha=-5°$ (c) $\alpha=0°$ (d) $\alpha=5°$ (e) $\alpha=10°$

图 7-24 激波矢量喷管宽边观察的高温气体区域($T=400K$)

随着探测角度 $|\alpha|$ 增大($|\alpha|>40°$),激波矢量尾流燃气的红外辐射起主导作用,宽边探测面上燃气的红外辐射强度大于窄边探测面,这仍跟燃气可探测面积及辐射射线在燃气中的行程长短有关。如图 7-25 和图 7-26 所示,在 $\alpha = -90°$ 时,宽边探测的燃气红外辐射强度比窄边高约 100%。在宽边探测面内,$-40°\sim-90°$ 各探测点上燃气红外辐射强度大于 $40°\sim90°$ 各探测点,其相对增长比为 100%、72%、27%、16%、4%,这主要是气流偏转所造成的探测面积不同所致。

图 7-25 激波矢量喷管窄边观察的高温气体区域($T=400K,\alpha = -90°$)

图 7-26 激波矢量喷管宽边观察的高温气体区域($T=400K, \alpha=-90°$)

激波矢量喷管的壁面温度对探测点红外辐射强度的影响较小,在窄边探测平面内,喷管上、下壁面的红外辐射强度影响微弱,侧壁面红外辐射强度与可见面积一致,随探测角度先增加后减小,当$|\alpha|=40°$时达到最大值,约占最大红外辐射强度的4.3%。在宽边探测面内,下壁面二次流喷口前局部高温区的存在,使得$\alpha=15°\sim40°$探测点的红外辐射强度比上壁面略有升高,当$\alpha=20°$时,约占最大红外辐射强度的8.0%。

结合激波矢量喷管各部分的红外辐射强度,得到窄边、宽边探测面上总的红外辐射强度分布,如图7-27所示。可以看到,当$|\alpha|\leq50°$时窄边探测面上的红外辐射强度大于宽边探测面;当$|\alpha|>50°$时,宽边探测面上的红外辐射强度较大。在宽边探测面内,因二次流喷射造成$\alpha[0°\sim40°]$、$[60°\sim90°]$区域内红外辐射强度小于$-40°\sim0°$、$-60°\sim-90°$区域。其中,在$\alpha=20°$时,约有14%的下降量,而在$40°\sim60°$时,因二次流喷口前温度的影响,使红外辐射强度约有4%~6%的增加。

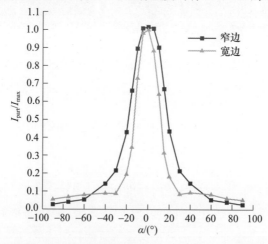

图 7-27 激波矢量喷管窄边、宽边的红外辐射强度

7.2.3 二次流喷射对红外辐射特性的影响

根据上节分析可知,相同初始、边界条件下,高温燃气是影响激波矢量喷管红外辐射特性的关键因素。本节通过对比有/无二次流喷射时激波矢量喷管的

燃气红外辐射强度,确定二次流喷射对燃气红外辐射强度的影响。

无二次流喷射时,激波矢量喷管的燃气温度分布如图7-28所示。从图中可以看出,在喷管内部和外部,燃气流均表现出非常好的上/下及左/右对称性。高温燃气经过喷管膨胀加速后,温度迅速下降,外涵气流温度约为200K,内涵气流约450K。流出喷管的燃气受到矩形喷管4个角区的影响,而产生角涡,如图7-28(d)~(f)所示。随着燃气流在下游的发展,角涡加速了高温燃气与周围冷气流的掺混,使得核心高温区减小、温度下降。另外可以看到,角涡还将矩形状的核心区由扁平变形为上下两个核心(图7-28(g)),并最终使得高温燃气与外流融为一体。值得一提的是,角涡的掺混作用是造成二元喷管的尾喷流长度、温度小于轴对称喷管的主要影响因素。

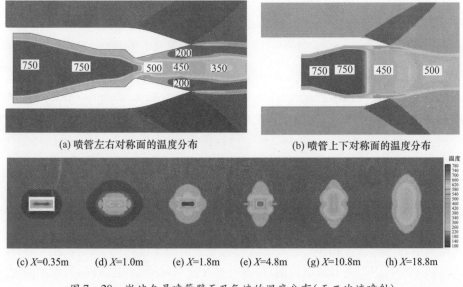

图7-28 激波矢量喷管壁面及气流的温度分布(无二次流喷射)

与二次流喷射时激波矢量喷管的燃气流温度分布对比(图7-16),可以发现,后者燃气尾流核心区域减小更快,并且燃气尾流成肾状结构。主要原因如下,矩形出口4个角的涡流不再起主要作用,而是图7-28指出的侧壁与下壁交汇处的流向涡起主导作用,其涡量更大,使得主流迅速卷入更多低温周围大气,并迅速冷却,与此同时燃气组分的浓度衰减更快,从图7-17、图7-18和图7-29、图7-30对比可见。

两类工况下燃气红外辐射强度分布如图7-31所示。从图7-31(a)可以发现,在窄边探测面上、小的探测角度($0° \leqslant |\alpha| \leqslant 15°$)内,有二次流喷射的燃气红外辐射强度高于无二次流喷射。特别是在$\alpha=0°$探测角度下,燃气红外辐射强度高出36%。这一方面与无二次流喷射工况下喷管燃气红外辐射特性分布

图 7-29 激波矢量喷管对称面上的 CO_2 浓度分布

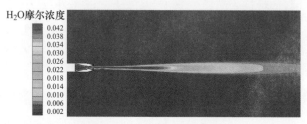

图 7-30 激波矢量喷管对称面上的 H_2O 浓度分布

相关,即无二次流喷射时激波矢量喷管的燃气不发生偏转,且燃气核心流高温、高浓度区域较长,造成辐射能量在燃气中的传输行程偏大,燃气中 CO_2 等吸收作用明显大于发射作用。在 $\alpha < 15°$ 内,随探测角度增加,传输行程减小,燃气可见面积、红外辐射强度增大,在 $\alpha = 15°$ 时达到最大值;另一方面,带二次流喷射的喷管燃气具有一定偏转角度,燃气可见面积增大,这两方面因素最终使得当 $0° \leqslant |\alpha| \leqslant 15°$ 时,带二次流喷射的燃气红外辐射强度偏大。

在宽边探测面内,如图 7-31(b)所示,二次流喷射使得燃气红外辐射强度不再对称(原因见 6.2.1 节)。当 $0° \leqslant \alpha \leqslant 15°$ 时,燃气的红外辐射强度小于无二次流喷射的工况,$\alpha = 10°$ 时,燃气的红外辐射强度减小量约为 25%。在 $-15° \leqslant \alpha \leqslant 0°$ 角度内,因与上节类似原因,使得带二次流喷射的燃气红外辐射强度偏大。

在探测角度 $15° \leqslant |\alpha| \leqslant 40°$ 范围内,两类燃气的红外辐射强度在不同探测面上,都因喷管内部高温、高浓度燃气的不可见而迅速下降,此时带二次流喷射的燃气降低红外辐射的作用逐渐明显。因二次流喷射使喷管尾流高温区、组分高浓度分布区明显小于无二次流喷射的,造成在大的探测角度下,燃气红外辐射强度大幅减小。窄边探测面上($|\alpha| > 40°$),可以获得 16%~58% 的降低量。宽边探测面上,当 $30° \leqslant \alpha \leqslant 90°$ 时,燃气红外辐射下降约 33%。当 $-90° \leqslant \alpha \leqslant -60°$ 时,燃气红外辐射下降量约为 6%~35%。一般红外探测系统工作在大的探测角度下,因此带二次流喷射的燃气红外辐射的减小,能够有效降低排气系统红外辐射的可探测性,这也是气动矢量喷管能够降低红外辐射特性的本质所在。另外,从图 7-32 给出的后半球空间上的燃气红外辐射强度,也能清楚地看到在大探测角度区域,因二次流喷射导致燃气红外辐射强度的降低。

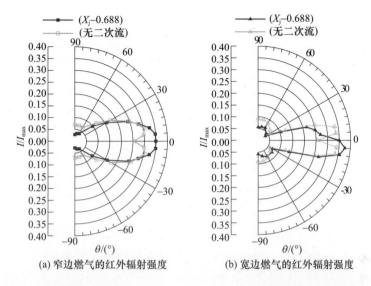

(a) 窄边燃气的红外辐射强度　　(b) 宽边燃气的红外辐射强度

图 7-31　激波矢量喷管的燃气红外辐射强度对比(有/无二次流喷射)

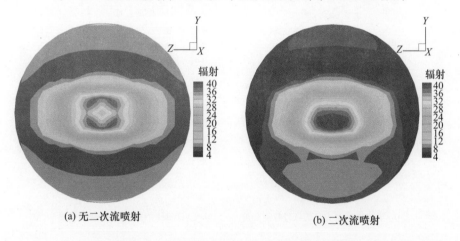

(a) 无二次流喷射　　　　　　　(b) 二次流喷射

图 7-32　激波矢量喷管燃气在后半球空间上的红外辐射强度分布(单位:W/sr)

7.2.4　二次流喷口位置对红外辐射特性的影响

保持其他气动、几何参数不变,对比了不同二次流喷口相对位置下,激波矢量喷管的红外辐射特性。其中,二次流喷口相对位置分别为 0.516 和 0.688。流场及红外数值模拟方法及边界条件见 6.2.1 节,在相同空间观察系统下,得到了二者在窄、宽边探测面上,燃气及总红外辐射强度的分布特性,如图 7-33 所示。

从图中可以看到,在窄边探测面上,当探测角度 $|\alpha| < 20°$ 时,二次流喷口相对位置 $X_j = 0.688$ 构型的喷管的燃气红外辐射强度略大于二次流喷口相对位置

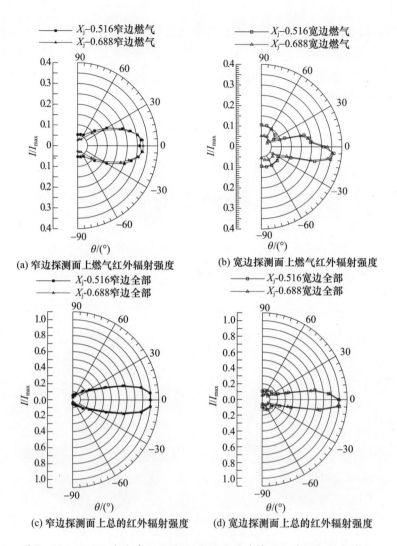

图7-33 不同二次流喷口位置时,激波矢量喷管的红外辐射强度特性

$X_j=0.516$ 构型。其中,在 $\alpha=0°$ 时,燃气红外辐射强度高出约 5.6%。随着 $|\alpha|$ 增加,二次流喷口相对位置 $X_j=0.516$ 构型的喷管的燃气红外辐射强度超过二次流喷口相对位置 $X_j=0.688$ 构型,并且 $|\alpha|$ 越大,差别越明显。当 $\alpha=90°$ 时,相对差值约为 100%。而在宽边探测面上,当 $|\alpha|<30°$ 时,两类构型的喷管的燃气红外辐射强度相近,但是在探测角度 $|\alpha|[30°,90°]$ 区间内,二次流喷口相对位置 $X_j=0.516$ 构型的喷管的燃气红外辐射强度明显大于二次流喷口相对位置 $X_j=0.688$ 构型,增幅约在 42%~72%。这与燃气温度及组分分布紧密相关,二次流喷口位置靠前($X_j=0.516$),诱导激波位置相对靠前,甚至与喷管上壁面相交,此时经过诱导激波的喷管主流增多,且主流静压、静温升高更明显,造成尾流

在下游区域需要更长的距离才能降低温度,稀释燃气组分。如图7-34所示,可以看到,二次流喷口相对位置 $X_j = 0.516$ 构型的喷管的静温高于350K的燃气区域变大,窄边、宽边探测面上大角度各探测点可见的尾流燃气面积增大,相应的燃气红外辐射强度增大。

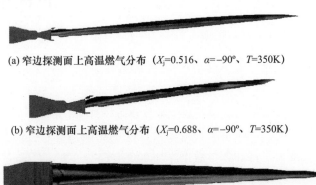

(a) 窄边探测面上高温燃气分布 ($X_j=0.516$、$\alpha=-90°$、$T=350K$)

(b) 窄边探测面上高温燃气分布 ($X_j=0.688$、$\alpha=-90°$、$T=350K$)

(c) 宽边探测面上高温燃气分布 ($X_j=0.516$、$\alpha=-90°$、$T=350K$)

(d) 宽边探测面上高温燃气分布 ($X_j=0.688$、$\alpha=-90°$、$T=350K$)

图7-34 不同二次流喷口构型激波矢量喷管的高温尾流分布

由上节可知,喷管壁面的红外辐射贡献微弱,内涵进口及高温燃气是影响空间红外辐射强度分布的主要因素。由于两类构型喷管空间的观测点相同,各探测点上,内涵进口辐射强度基本一致,因此随二次流喷口相对位置改变,总的红外辐射强度主要受到燃气辐射的影响,如图7-33(c)、(d)所示。并且该影响集中在大探测角度处,探测角度 $|\alpha| [40°, 90°]$ 区间内,二次流喷口相对位置 $X_j = 0.516$ 构型的激波矢量喷管,窄边探测面上的红外辐射强度增幅为18%~100%,宽边探测面上的增幅为40%~107%,而在小探测角位置,二次流喷口相对位置的改变带来的影响不太明显,约在10%以内。

第 8 章　固定几何气动矢量喷管的性能试验

基于航空发动机排气系统试验平台,开展激波矢量喷管、双喉道矢量喷管地面模型试验。采用六分量天平、压力传感器、油流显示、纹影显示等,试验研究固定几何气动矢量喷管的推力矢量特性、流场分布特性等,分析不同工况下,气动几何参数对固定几何气动矢量喷管流场及性能的影响规律,为固定几何气动矢量喷管设计提供技术支持和参考数据库。

8.1　激波矢量喷管的性能试验

8.1.1　试验模型、设备及试验步骤

激波矢量喷管试验模型如图 8-1 所示,具有典型二元收敛-扩张特征。喷管收敛半角 42.0°,扩张半角 13.52°,面积扩张比 $A_9/A_8 = 2.33$,设计落压比 $NPR_D = 13.88$。高压二次流从扩张段喷射入主流,二次流喷口相对位置 $X_j = 0.688$,二次流喷射角度 θ 分别为 60°、90°、120°。在喷管上、下壁面中心线上各布置一排静压探孔,压力测量点 X 轴方向(流动方向)坐标见表 8-1(以喉部位置为 X 轴坐标原点,$X_t = 0$)。

图 8-1　激波矢量喷管的试验模型

表 8-1 喷管上、下壁面压力测量点的坐标编号及分布

上壁面静压孔坐标						下壁面静压孔坐标					
编号	x/mm	编号	x/mm	编号	x/mm	编号	x/mm	编号	x/mm	编号	x/mm
1	-48	10	4	19	44	1	-48	10	4	19	42
2	-34	11	8	20	48	2	-34	11	8	20	46
3	-30	12	13	21	52	3	-30	12	13	21	50
4	-28	13	18	22	56	4	-28	13	18	22	56
5	-24	14	23	23	60	5	-24	14	22	23	60
6	-18	15	28	24	64	6	-18	15	26	24	64
7	-12	16	32	25	68	7	-12	16	30	25	68
8	-6	17	36	26	72	8	-6	17	34	26	71
9	0	18	40	27	76	9	0	18	38	27	75

激波矢量喷管模型试验在双流路综合排气系统试验平台上完成,如图 8-2 所示。该平台由设备主体、主次流管路系统、数据采集系统、六分量天平测力系统、电气系统及控制系统等部分构成,能支持开展各类排气系统推力矢量特性、流场特性试验研究。试验平台配备了纹影系统及油流系统,可以实现喷管激波系、流动分离拓扑等的观测。

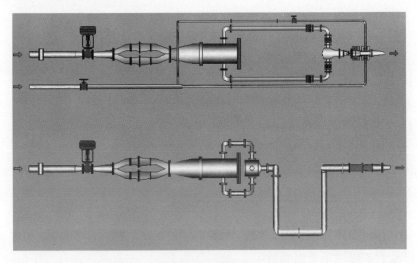

图 8-2 激波矢量喷管双流路试验平台

六分量天平测力系统是该试验平台的核心部件,它是具有 12 通道信号(4 个高精度三维传感器构成)的盒式天平,如图 8-3 所示。天平测力系统包括天平本体、固定基座、支撑梁、静校加载装置及进气管路(包括集气室、稳定段、波纹管等)。经过精密加工、装配后,天平测力系统具有足够大的刚度和高的灵敏

度。为了消除主流气流冲量所带来的附加力和力矩,天平系统设计了两侧对称进气的管路系统,并且通过弹性波纹管柔性连接的方式与集气室相接。六分量天平测力系统的静校加载杠杆比为1∶5,杠杆的刚度较大,且方便拆卸。

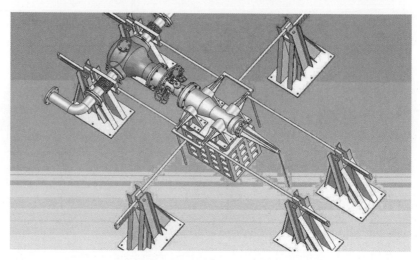

图8-3 六分量天平测力系统的示意图

六分量天平测力系统的总体技术指标如下:
主流最大压力:1.5MPa;主流最大流量:2kg/s;
二次流最大压力:1MPa;二次流最大流量:1kg/s;
主流最高温度:1000K;二次流温度:常温;
推　力 F_x:9kN;　　滚转力矩 M_x:1kN·m;
升　力 F_y:5kN;　　偏航力矩 M_y:2kN·m;
侧向力 F_z:3kN;　　俯仰力矩 M_z:3kN·m;
天平静校精度:≯0.3% F.S.;动校精度≯1% F.S.。

针对激波矢量喷管安排了如下试验工况,喷管落压比:4.5、5、6、7.2、8、9、10;二次流压比:0、0.4、0.6、0.8、1.0;二次流喷射角度:60°、90°、120°。为了便于试验件的安装与调换,设计了带二次流喷射角度的射流安装单元,如图8-4所示,射流安装单元与喷管主体之间采用两排螺栓连接,在安装过程需要保证喷管扩张段下壁面光滑。

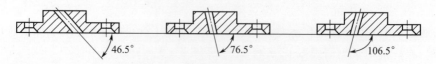

图8-4 二次流射流安装单元的剖面图

在试验过程中,需要完成各类参数测量,包括喷管推力、流量、壁面压力及喷管内部油流分布等。具体测量参数名称、位置、数量及方法如表 8-2 所列。

表 8-2 激波矢量喷管模型试验的测量参数表

参数名称	测量位置	受感部×支数×点数	参数名
大气压力		无汞气压计×1×1	P_{amb}
主流喷嘴前静压	主流喷嘴	静压孔×1×1	P_p
主流喷嘴前后压差		压差传感器×1×1×1	ΔP_p
主流温度	主流管路	铂电阻×1×1	T_{pt}
主流总温	喷管进口	总温总压复合探针×1×5	T_{p7ti}
主流总压			P_{p7ti}
环境压力	喷管出口外壁	压力探针×1×1	P_{Hi}
喷管壁面静压	喷管内壁面	静压孔×1×18	P_{p7si}
次流喷嘴前静压	次流喷嘴	静压孔×1×1	P_s
次流喷嘴前后压差		压差传感器×1×1	ΔP_s
次流总温	次流管路	总温总压复合探针×1×2	T_{st}
次流总压			P_{st}
轴向推力输出值	六分量测力天平	拉压传感器×4×3	F_X
侧向推力输出值		拉压传感器×4×3	F_Z

开展激波矢量喷管试验前,首先对关键的测量设备进行标定和校核,其过程如下:

(1) 标定六分量天平的数采系统,验证整个系统的测量精度满足既定要求。

(2) 采用标准喷管对主流和二次流管路的流量计进行标定,标定精度为 0.8%。

(3) 对六分量天平的测力系统进行静态、动态的标定(采用标准的砝码和标准喷管),其静态精度优于 0.3%,而动态精度优于 1%。

在经过校核后的双流路综合排气系统试验平台上开展激波矢量喷管试验,步骤如下:

(1) 进行带不同二次流射流安装单元的激波矢量喷管无二次流喷射工况试验,通过调节主流气膜阀,使喷管处于不同落压比工况,在每个工况下保持一段时间,并分别记录测量参数,重复 1~2 次试验。

(2) 在固定的二次流喷射角度下,调节主流气膜阀,使落压比分别为 4.5、5、6、7.2、8、9、10,在每个落压比工况下,调节二次流电动阀,使二次流压比分别为 0.4,0.6,0.8,1.0,记录测量参数,重复 1~2 次试验。

(3) 更换二次流射流安装单元,重复步骤(2)。

(4) 将由二氧化钛、油酸、机油按适当比例调制的油流显影剂涂抹在喷管扩张段内壁面上,进行流场显示试验。对每个落压比、二次流压比工况进行 1~2 次试验,并拍摄流场显示照片。每个工况完成后,将显影剂擦拭干净,重新涂抹,然后进行下一个工况的流场显示试验。

8.1.2 试验结果

图 8-5 给出了无二次流喷射工况下,不同二次流喷射角度 $\theta = 60°$、$90°$、$120°$ 时,激波矢量喷管推力 F、推力系数 C_{fg} 和推力矢量角 δ_p 等随落压比的变化。可以看到,随着落压比增加,此三类性能参数均单调增加。可以判断,二次流喷射构型对喷管性能存在影响,特别是对推力系数和推力矢量角影响较明显。可以看到,无二次流喷射的工况下,仍测得一定推力矢量角,并且随着落压比增加,推力矢量角增大,在大落压比工况下,测得约 1.3°的矢量角,如图 8-6 所示。

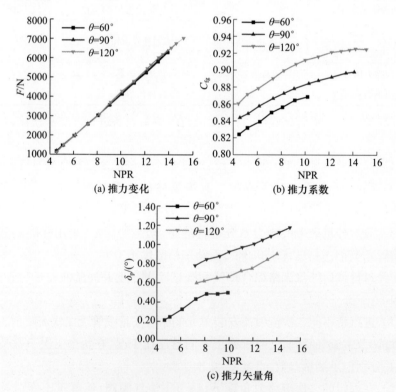

图 8-5 无二次流射工况下,激波矢量喷管的性能随落压比的变化

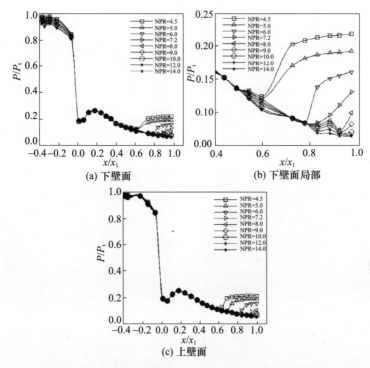

图 8-6 喷管上、下壁面中心线上的压力分布($\theta=60°$)

开启二次流喷射,不同工况下激波矢量喷管内的流场特性如图 8-7 所示。在二次流喷射角度 $\theta=90°$、落压比 NPR = 7.2 及二次流压比 SPR = 0.4~1.0 工况下,由激波矢量喷管侧壁面油流分布可以看到,因二次流射入喷管扩张段超声速主流中而产生的诱导激波对侧壁面上油层产生影响,使得油层向斜上移动,呈现出明显的间断特性,该油层的汇聚显示了诱导激波的位置和影响范围。随着二次流压比增加,油流汇聚间断前移,且汇聚线的倾斜角度增加,反映了诱导激波角增加。喷管上壁面油流分布较为均匀,但下壁面油层受到分离激波的影响,在二次流喷口前也形成流线的汇聚,并且该汇聚线的位置随着二次流压比增加而前移,它表征了激波位置的前移。

(a) 左壁面,SPR=0.4

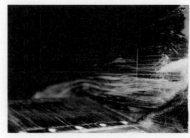

(b) 右壁面,SPR=0.4

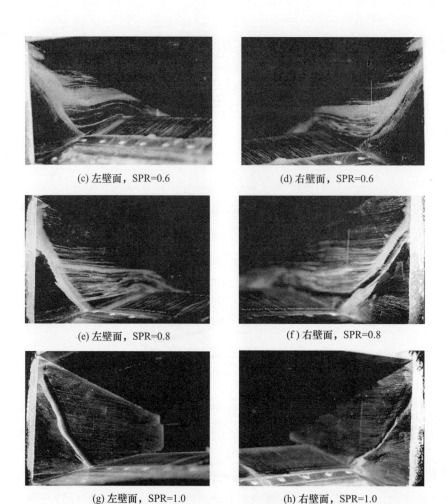

(c) 左壁面，SPR=0.6　　(d) 右壁面，SPR=0.6

(e) 左壁面，SPR=0.8　　(f) 右壁面，SPR=0.8

(g) 左壁面，SPR=1.0　　(h) 右壁面，SPR=1.0

图 8-7　喷管壁面的油流图（NPR = 7.2，θ = 90°）

激波矢量喷管壁面压力的分布决定了喷管主流偏转力的变化特性。图 8-8、图 8-9 给出了不同落压比工况下，喷管上、下壁面中心线的无量纲压力分布（采用喷管进口总压无量纲化）。可以看到，随着落压比增大，下壁面压力骤升的位置（附面层分离点）后移，表明诱导激波位置后移，二次流喷口前的主分离区（高压区）范围减小，并且随落压比增大，高压区内无量纲压力升高幅度减小。在二次流喷口后，下壁面后无量纲压力随落压比增大而明显下降。综合来看，随着落压比增加，上、下壁面压力分布不对称性减小，使得推力矢量角随落压比增大而减小，如图 8-10 所示。同时还注意到，在严重的过膨胀工况下，喷管上壁面出现过膨胀分离，产生分离激波，局部增大了喷管上壁面的静压，如图 8-8(c)和图 8-9(c)所示，说明并不是落压比越小，推力矢量性能越高，而是存在极值工况。

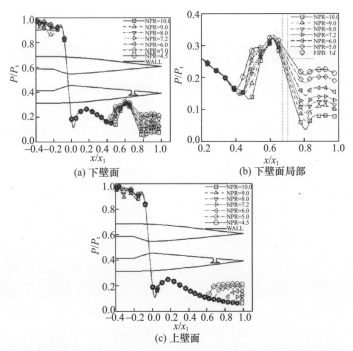

图 8-8 不同落压比下,喷管上、下壁面中心线上的压力分布(SPR=0.6, θ=90°)

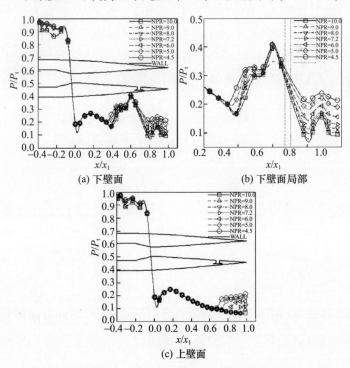

图 8-9 不同落压比下,喷管上、下壁面中心线上的压力分布(SPR=1.0, θ=90°)

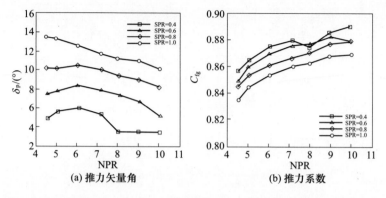

图 8-10 不同落压比下,激波矢量喷管的推力矢量性能($SPR=1.0,\theta=90°$)

二次流压比对激波矢量喷管上、下壁面无量纲压力分布的影响如图 8-11 和图 8-12 所示。随着二次流压比增加,二次流流量增加、动量增加,使得二次流射流深度增加,从而造成诱导激波位置前移,二次流喷口前的主分离区(高压区)范围扩大。从图中可以看出,随着二次流压比增加,下壁面附面层分离点,即压力骤升点的位置前移,并且无量纲压力峰值增加。与此同时,二次流喷口后无量纲压力分布变化不明显。综合结果表明,二次流压比增加,喷管上、下壁面压力分布不均匀性增强。在二次流压比 NPR=5.0 工况,气流在喷管上壁面末端处,因过膨胀而产生分离及分离激波,使壁面局部静压上升,如图 8-11(c)所示,在二次流压比 SPR=1.0 时的分离点位置比二次流压比 SPR≤1.0 时的靠后,这是因为分离激波提升气流静压,使得分离延后。

激波矢量喷管推力矢量角随二次流压比的增加而增大,如图 8-13(a)所示。由于二次流压比增加使激波强度增大,激波损失增加,因而导致推力系数减小,如图 8-13(b)所示,所得结论与数值模拟结果 3.3.2 节具有很好的一致性。

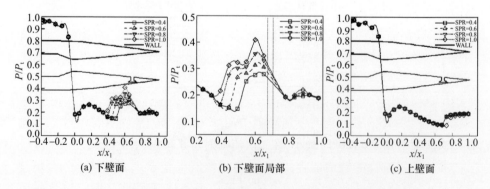

图 8-11 不同二次流压比下,喷管上、下壁面中心线上的压力分布($NPR=5.0,\theta=90°$)

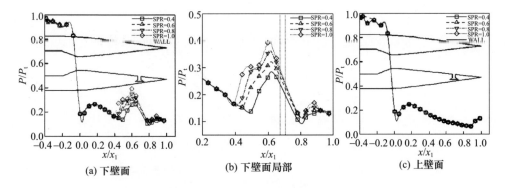

图 8-12 不同二次流压比下,喷管上、下壁面中心线上的压力分布(NPR=7.2,$\theta=90°$)

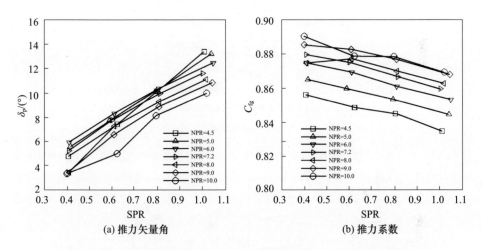

图 8-13 不同二次流压比下,激波矢量喷管的推力矢量性能($\theta=90°$)

二次流喷射角变化对激波矢量喷管主/次流间的相互干扰有显著影响。在二次流逆主流流向方向喷射时,二次流进入主喷管扩张段后,除了继续膨胀外,还向喷管上游方向移动,在射入喷管主流一定深度后,与主流掺混并随主流向下游转折,因此推动分离激波向前移动,分离区域面积增大。如图 8-14 和图 8-15 给出的喷管上、下壁面中心线压力分布所示,随着二次流喷射角增加,下壁面静压升高点位置前移,主分离区内无量纲压力幅值增加,结合二次流喷口后的下壁面静压分布,可以得出激波矢量喷管推力矢量性能随二次流喷射角的变化,如图 8-16 所示。随二次流喷射角的增加,推力矢量角增加,而推力系数在二次流喷射角 $\theta=120°$ 时最小,在二次流喷射角 $\theta=90°$ 时最大。

激波矢量喷管的模型试验,验证了基于激波矢量技术实现推力矢量控制的可行性,获得的试验结果及参数影响规律证实了数值模拟所得结论的可信度。

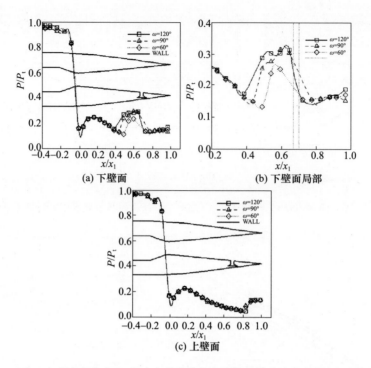

图 8-14　不同二次流喷射角度下,激波矢量喷管推力的推力矢量性能(NPR = 6.0, SPR = 0.6)

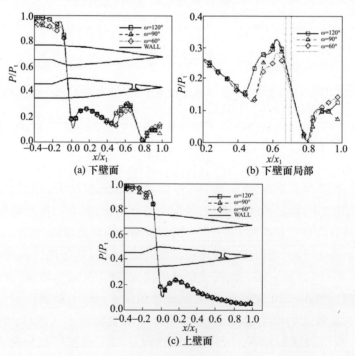

图 8-15　不同二次流喷射角度下,激波矢量喷管的推力矢量性能(NPR = 10.0, SPR = 0.6)

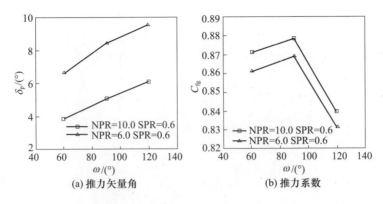

图 8-16 不同二次流喷射角度下,激波矢量喷管的推力矢量性能

8.2 双喉道矢量喷管的性能试验

8.2.1 试验模型、设备及试验步骤

试验模型设计前先要确定模型缩比尺寸,本试验中模型尺寸主要受到以下条件限制:

(1) 气源条件:受气源供气条件和引射器引射能力的限制,试验模型喉道面积不能过大。对于双喉道矢量喷管,最小流通截面面积不超过 1000 mm^2。

(2) 纹影设备:为使试验现象观察段置于视窗内以便纹影记录,模型尺寸不能过长。

(3) 压力测量:模型上下壁面需布置合适数量的测压管以便测量沿程压力变化,模型不能过小,否则测压管数量过少使试验结果可信度下降。

(4) 管路匹配:试验段进口尺寸由试验台管路限制,模型缩比需与管路条件匹配。

图 8-17 给出了双喉道矢量喷管试验模型图,蓝色区域表示光学玻璃。图 8-18 给出了模型中心截面处沿程静压及动压测量点,在模型上一共设置了 17 个静压测量点和 4 个动压测量点。矢量控制器如图 8-18 红色标识所示,动态压力传感器 1 用于实时监测矢量控制器控制的二次流流量情况。采用动态压力传感器 1 捕获矢量控制的开度变化情况,试验获得的动态迟滞时间误差低于 0.1ms。试验获得的矢量的动态调节时间误差也低于 0.1ms。

本书在落压比 NPR=3 工况下开展双喉道矢量喷管模型试验。其中,静态试验用于校核数值仿真的计算结果,动态试验用于捕捉过渡态中存在的三个重要的动态响应参数。一个是当矢量控制机构作动后,流场需要多少时间才开始

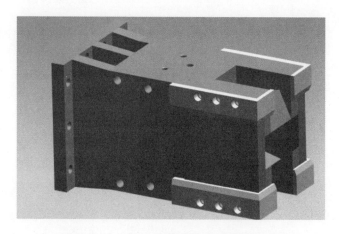

图 8-17 双喉道矢量喷管试验模型 UG 图

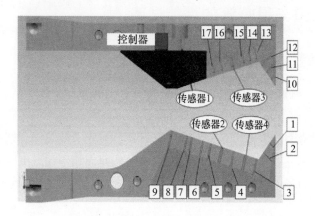

图 8-18 沿程静压及动压测量点在模型上的布置

出现矢量变化,即流场的动态迟滞时间。另两个是喷管在矢量调节时,从最大矢量状态至无矢量状态,或从无矢量状态至最大矢量状态所需要的时间,即矢量的动态调节时间,以及与之相对应的动态调节速率。另外,还要分析喷管在不同矢量状态下进行矢量调节时,这些动态响应特性的变化规律。通过这一系列试验进一步加深对双喉道矢量喷管的认识和理解。

图 8-19 和图 8-20 给出了试验管路及设备图。试验中压力采集使用压力扫描阀(PSI)和 Kulite 动态压力传感器。影像记录设备采用纹影系统,配合相机,既可以记录试验中单个状态的纹影照片,也可以记录某个时间段的动态纹影录像。试验方案的最高落压比为 10,进口气流来自环境大气压,利用真空泵将试验舱中的压力抽到一定范围,随后通过不断调节主流阀的开度,将整个试验落压比控制在试验需要的范围之内。

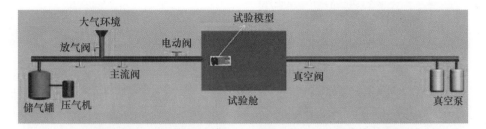

图 8-19 试验台管路示意图

图 8-20 试验平台现场图

8.2.2 试验结果

1. 落压比 NPR = 3 时的静态实验结果与分析

图 8-21 和图 8-22 分别给出了落压比 NPR = 3 时,最大矢量状态和无矢量状态的纹影图。从纹影图中的射流边界中可以清晰地发现,双喉道矢量喷管可以产生非常稳定的矢量效果。图 8-23 给出了数值模拟获得的最大矢量状态下的密度等值线图,通过对比可以发现,数值模拟的波系结构和矢量特征与试验结果非常吻合。通过对比二维及三维数值模拟及试验获得的凹腔上下壁面压力分布,如图 8-24 所示,也可以发现数值模拟结果与试验结果吻合非常好,特别是凹腔下壁面,计算误差非常小。在凹腔上壁面,计算获得的压力值稍微偏低。从二维及三维计算结果看,二维计算结果更接近试验值。图 8-25 给出了二维模型计算的马赫数云图。

在落压比 NPR = 3 时,喷管的二维数值模拟结果为:最大矢量偏转角 27.24°,流量系数 0.866,推力系数 0.959。三维的数值模拟结果为:矢量偏转角度 26.95°,流量系数 0.862,推力系数 0.950。

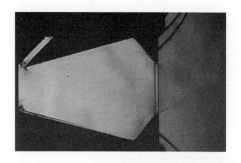
图8-21 最大矢量状态纹影图(NPR=3)

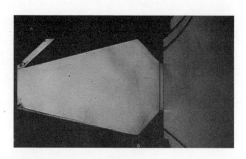
图8-22 无矢量状态纹影图(NPR=3)

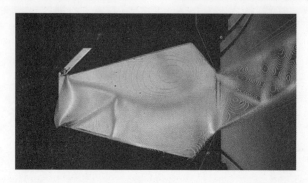
图8-23 最大矢量状态的密度等值线图与纹影对照(NPR=3)

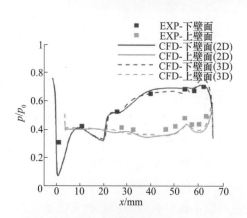

图8-24 实验与数值模拟压力对比情况
(NPR=3)(见彩页)

图8-25 最大矢量下的马赫数云图(NPR=3)

图8-26给出了时间在0~16s内,矢量控制开关从最大开度状态调节到关闭状态过程中,动态压力传感器采集到的原始数据。通过观察可以发现:1)动态压力的波形较为粗糙并带锯齿,说明采集的信号中有许多高频的噪声信号;2)4个动态压力传感器,特别是2号、3号和4号动态压力传感器采集到的压力信号波形误差带宽度较为一致,而1号动态压力传感器采集到的压力信号波形

误差带宽度较小;3)在给定的状态下,喷管动态压力幅值范围不随时间发生变化,这一点与上文数值模拟的结果相一致,即喷管在给定状态下压力是较为稳定的;4)随着喷管工作状态的变化,动态压力的幅值范围出现明显的波动,这个波动具有明显的低频特性,这反映出喷管流动结构的压力信号也处于低频段;5)在不同的喷管工作状态下,动态压力波形的误差带宽度也发生了变化,这说明在不同的喷管状态下,高频段的噪声信号也发生了变化。

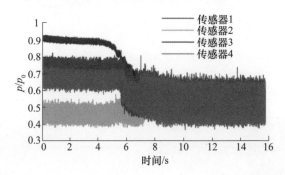

图8-26 矢量调节过程中的动态压力原始数据(NPR=3)(见彩页)

图8-27和图8-28分别给出了最大矢量状态和无矢量状态下的频谱图。可以发现,最大矢量状态下,在1Hz、1700Hz和3700Hz 3个频率处出现极大值。无矢量状态下,在1Hz、1600Hz、3300Hz和4900Hz 4个频率处出现极大值。

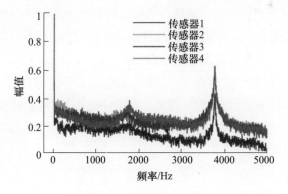

图8-27 最大矢量状态下频谱图(NPR=3)(见彩页)

利用带通滤波器对图8-26的动态数据进行处理,分别获得了频率范围为3600~3800Hz和3200~3400Hz的动态压力情况,如图8-29所示。图中显示,频率段处于3600~3800Hz的压力信号,在喷管处于最大矢量状态时信号较强,当喷管向无矢量状态转变时,该频段的信号开始迅速衰减。与此相对应,频率段处于3200~3400Hz的压力信号,在喷管处于无矢量状态时信号较弱,当喷管处于矢量状态后,该频段的信号开始快速增强。因此,喷管不同的矢量状态会诱发不同频率

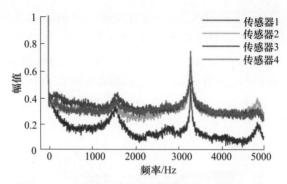

图 8-28 无矢量状态下频谱图(NPR=3)(见彩页)

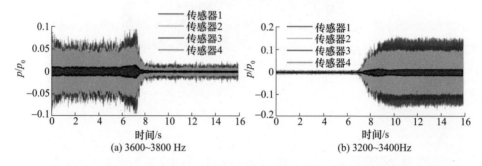

(a) 3600~3800 Hz (b) 3200~3400Hz

图 8-29 不同矢量状态下的各频率段内的动态压力情况(见彩页)

的振动信号,因此也可以通过采集喷管的振动频率特征初步判断喷管的矢量状态。

图 8-30 和图 8-31 分别给出了滤除高频噪声后 4 个动态压力传感器测得的最大矢量状态和无矢量状态下的动态压力情况。3 号和 4 号动态压力传感器处于凹腔下壁面,在无矢量状态下,这两个动态压力传感器处于凹腔回流区内,压力相差不大。在矢量状态时,主流附体凹腔下壁面,同时凹腔上壁面存在较大的回流区,因此 3 号和 4 号动态压力传感器位置处的压力不同,2 号动态压力传感器采集的压力值较低。

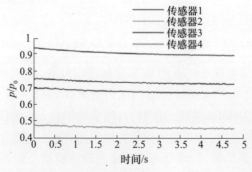

图 8-30 最大矢量状态低频段动态压力(NPR=3)(见彩页)

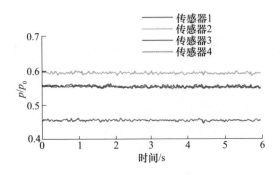

图 8-31 无矢量状态低频段动态压力(NPR=3)(见彩页)

2. 落压比 NPR=3 时的动态试验结果与分析

图 8-32 给出了矢量控制器以 0.677Hz 的频率切换矢量状态时,试验获得的动态压力变化情况。零时刻时,矢量控制开关为关闭状态。试验获得的喷管推力矢量角动态调节速率为 50(°)/s。

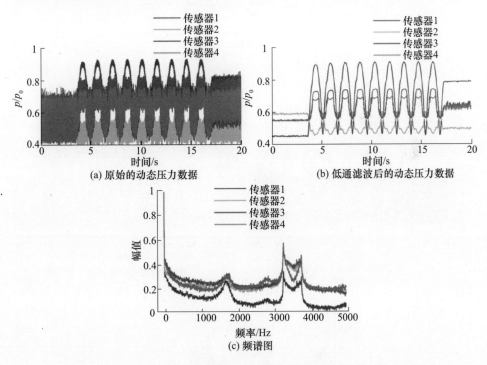

图 8-32 动态压力情况(NPR=3,矢量控制器频率 0.677Hz)(见彩页)

图 8-33 和图 8-34 分别给出了矢量控制器以 0.520Hz 和 0.363Hz 的频率切换矢量状态时,试验获得的动态压力的变化情况。零时刻时,矢量控制开关为关闭状态。试验获得的喷管推力矢量角动态调节速率分别为 38.4(°)/s 和 26.8(°)/s。

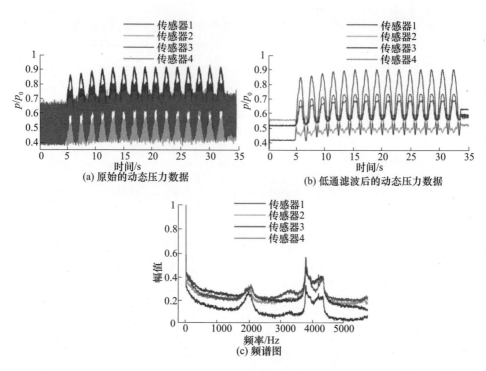

图 8-33 动态压力情况(NPR=3,矢量控制器频率0.520Hz)(见彩页)

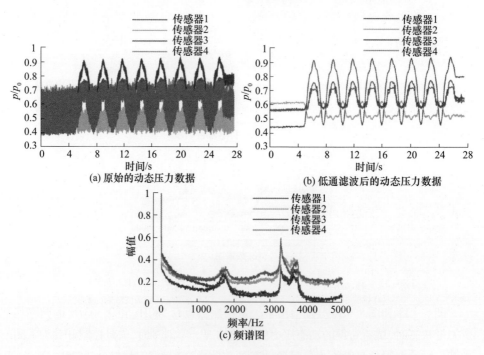

图 8-34 动态压力情况(NPR=3,矢量控制器频率0.363Hz)(见彩页)

从以上试验结果可得,在落压比 NPR=3 时,矢量控制器从矢量控制开关为关闭状态开始调节,动态压力传感器捕获的凹腔内的压力变化与控制开关开度的变化几乎一致,试验获得的流场动态迟滞时间非常短,均小于 1ms。通过分析整个矢量切换过程的频谱特性可以发现,喷管在矢量状态快速切换的过程中,在各矢量状态下喷管仍然保持其特征振动频率,在 3000~4000Hz 区间,频谱图上出现了一个类 U 形的频谱分布。由于试验时矢量控制器作用机构运动频率的限制,没有完全获得 NPR=3 时的最佳动态特性。矢量控制器开关调节的最快时间约 0.74s,相对于喷管的动态调节时间 10.5ms(计算获得的喷管矢量起动的动态调节时间)太长。因此,试验获得的喷管的动态调节时间与矢量控制器的开关周期不一致。但是尽管如此,本书的试验所获得的落压比 NPR=3 时最快的矢量动态调节速率能达到 50(°)/s,可完全满足工程上的要求。

考虑到喷管在实际工作中,存在从一个矢量状态调节到另一个矢量状态的工作过程。因此,还进行了喷管分别从矢量控制开关开度为 30%、50% 和 80% 3 种情况的动态调节的模型试验,分析了在该过程中的动态迟滞时间。

图 8-35、图 8-36 和图 8-37 给出了矢量控制器以 0.520Hz 切换矢量状态矢量,控制开关初始开度为 30%、50% 和 80% 时的动态压力原始数据和低通滤波后的数据。

从图 8-35 至图 8-37 可以发现,由于 3 号和 4 号动态压力传感器在喷管的凹腔下壁面,此处马赫数较高,分离区较小,几乎没有延迟时间。2 号动态压力传感器位于凹腔上壁面,在所有工况下,此处都存在一个很大的回流区,从试验结果来看,2 号动态压力传感器在上述 3 种工况下,测得的压力有迟滞现象。迟滞时间在矢量控制开关开度为 30%、50% 和 80% 的 3 种情况,均不大于 10ms。

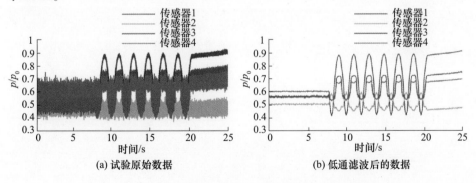

图 8-35 动态压力情况(控制开关初始开度为 30%,NPR=3,矢量控制器频率 0.520Hz)(见彩页)

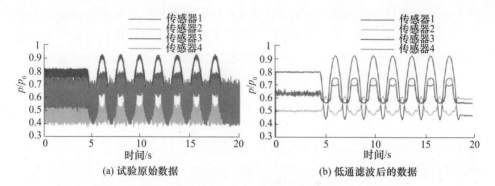

(a) 试验原始数据　　　　　　(b) 低通滤波后的数据

图 8-36　动态压力情况(控制开关初始开度为 50%，NPR=3，
矢量控制器频率 0.520Hz)(见彩页)

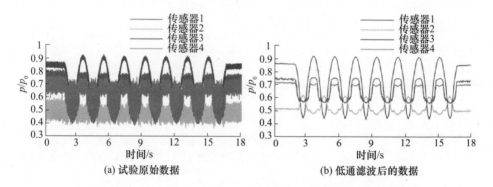

(a) 试验原始数据　　　　　　(b) 低通滤波后的数据

图 8-37　动态压力情况(控制开关开度为 80%，NPR=3，
矢量控制器频率 =0.520Hz)(见彩页)

第 9 章　固定几何气动矢量喷管与航空发动机联合工作特性

固定几何气动矢量喷管推力矢量和喉部面积的控制依赖从发动机压缩部件引气实现,这对发动机的共同工作和性能有显著的影响。如何评估该类影响是固定几何气动矢量喷管工程实用化的前提,也是目前尚待解决的问题。本章基于近似建模原理,将喷管部件的特性结果与航空发动机整机仿真程序相结合,分析激波矢量喷管推力矢量近似模型、气动控制喉部面积近似模型、带引气的航空发动机总体模型及固定几何气动矢量喷管与航空发动机整机耦合模型等的建立方法,并评估固定几何气动矢量喷管与航空发动机的联合工作特性。

9.1　固定几何气动矢量喷管与航空发动机联合工作特性计算方法

固定几何气动矢量喷管是航空发动机重要部件,目前喷管与发动机进行联合工作特性研究的方法主要有以下几种:

(1) 整机试验法。对安装固定几何气动矢量喷管的航空发动机进行地面或高空试验验证,得出最为可信的联合工作结果,可直接用于技术评估。这类方法试验复杂度及成本高。一方面,需要对航空发动机做一定的改动,如在发动机压缩部件不同位置开孔引气,增设二次流流路及控制系统等。另一方面,试验测试内容众多,包括不同发动机工况、二次流引气量、二次流引气位置、二次流喷口位置、二次流喷射角度等。因此,虽然该方法有效,但是在技术评估初步阶段并不可行。

(2) 数值模拟方法。其优点是成本较低,研究周期短,可以作为部件与发动机联合工作特性评估的主要手段。例如,目前 NPSS 软件可完成航空发动机整机三维数值模拟,能够得到接近整机试验精度的结果,不过国内尚无此类软件。就国内技术现状而言,采用发动机仿真程序结合固定几何气动矢量喷管三维数值模拟是实现整机匹配的可行方式,其基本常规思路是,发动机仿真程序提供喷管数值模拟的边界条件,进行喷管 CFD 数值模拟,再将数值模拟结果与发动机匹配。需要注意的是,固定几何气动矢量喷管与发动机存在两个方面的耦合,一是喷管主流与发动机的流量和压力平衡,即发动机气流和能通过喷管的气流之间的流量和压力的平衡匹配。二是压缩部件引气与二次流的流量和压力平衡,即从压缩部件引出的气流和能通过二次流通道的气流之间的流量和压力的平衡匹配。这两类关系必须经过发动机仿真程序与固定几何气动矢量喷管数值模拟之间的反复迭代才能确定。可采用的简化方法是,先对固定几何气动矢量喷管进行数值模拟,将所得主/次流推力系数、流量系数等参数做成特性数据库,与发动机联合工作评估时,对喷管部件数据库进行插值,即可完成喷管与发动机之间的平衡关联,但此过程涉及 6~7 个变量,每个变量具有 5 个水平时,总计算工况数约为 7^5,涉及计算量过大,难以实现。

针对此类问题,本书提出基于响应面法的部件近似模型与发动机联合工作评估方法,利用试验设计技术(Design of Experiment,DOE)产生具有代表性的试验点,对此各试验点进行数值模拟,并把所得的结果进行近似建模,将该近似模型与航空发动机整机模型通过平衡关系耦合起来,即建立联合工作模型,如图 9-1 所示,此模型能够用来评估不同工况下固定几何气动矢量喷管与航空发动机的匹配特性。

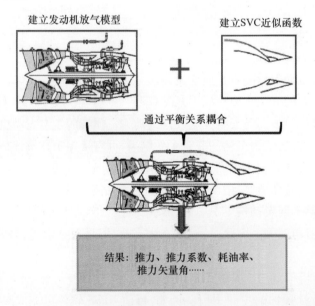

图 9-1 固定几何气动矢量喷管与发动机联合工作评估的原理示意图

基于响应面法的近似建模技术,除了能够完成固定几何气动矢量喷管与发动机进行联合工作特性评估的模型,还可以用来研究多变量之间的交互作用、评估各影响参数的显著程度,这也是本章所关注的内容。

9.2 固定几何气动矢量喷管近似建模方法

9.2.1 近似建模技术概述

近似建模技术是进行固定几何气动矢量喷管与航空发动机联合工作特性评估的基础,其本质是通过对选定的样本点进行数据分析,构造出研究对象的近似模型,并采用近似模型代替精确模型进行分析与研究。通常近似建模主要包括以下几个步骤:

(1) 获取试验点。针对系统的设计变量进行试验设计得到具有一定数量的、按照某种规律分布的试验点,该试验点在一定程度上可以代表变量空间。

(2) 调用系统精确模型获得响应。本书中主要是对所得到的试验点进行 CFD 数值模拟,获得各试验点对应的响应值,形成完整的数值样本点。

(3) 基于这些样本点,选择合适的近似模型构造方法,重构出系统的近似模型。

(4) 利用构造的近似模型代替精确模型进行系统分析,并对计算结果进行评估。

以上近似建模步骤可以归纳为试验设计、数值试验、样本点生成、近似模型建立及近似模型应用与评估这几个过程,其基本流程如图 9-2 所示。近似模型建立过程的每一步骤中都有相关的关键技术需求,如试验设计方法(DOE)、近似建模方法及近似模型评估方法等,它们是构建一个完整的近似模型不可缺少的部分,下面将分别对这三类关键技术做简要介绍。

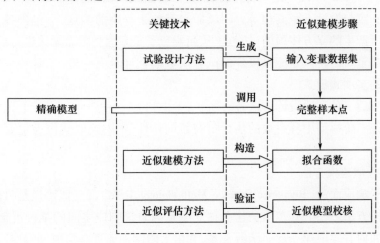

图 9-2 近似建模的流程

1. 试验设计(Design of Experiments, DOE)

试验设计是数理统计学的一个分支,是参数优化、模型评估等过程中主要的统计方法之一。其目的是产生具有一定规律的、代表性的变量空间的试验点,用于判断关键试验因子、确定最佳参数组合、构建近似模型及经验公式等。

目前常见的试验设计方法主要包括全因子试验设计、正交数组设计、中心点复合设计及 Box-Behnken 设计等。

全因子试验设计(Full Factorial Design)是最基本的试验设计方法,它是把各个水平试验因子进行完全组合,其试验点的个数是 m^n,m 表示水平数,n 表示因子数。该试验设计方法简单,精度高,但仅适应于因子很少且各因子水平也较少的情况,如 2 水平(2^n)和 3 水平(3^n)全因子试验设计最为常见。

正交数组设计(Orthogonal Arrays)具有"均衡分散性"和"整齐可比性"两类特性,是试验设计中最常用的方法之一。该类试验设计的特点是通过采用预先编制好的正交表格合理安排试验,是一种高效、快速的试验设计方法,常用的正交表格有 L_4、L_8、L_9、L_{27} 等。正交设计的优点是,各因子水平搭配均衡,数据点分布均匀,能减少试验分析的次数。

中心点复合设计(Central Composite Design, CCD)也叫二次回归旋转设计,它扩展了设计空间的高阶信息,具有设计简单、预测性好等优点。在 2^n 全因子设计基础上增加了中心点,以及对每个因子增加两个位于中心点轴线上的距中心点距离为 α 试验点,中心点复合设计试验次数为 $2^{n-k}+2n+1$ 次,其中 n 为因子数,k 为试验控制系数,当因子数目增加时,可通过增大 k 值,避免试验点急剧增长,从而有效控制试验次数。

Box-Behnken 设计是一种符合旋转性或几乎旋转性的球面设计,试验区域内任何一点与设计点距离相等。因试验点都位于等距的端点,不包含各变量上下水平所产生的立方体顶的试验点,从而避免了很多因受限而无法进行的试验。该类方法重要的特点是能以较少的试验次数区估计具有一阶、二阶及一阶交互作用项的多项式模式。

其中后三种试验设计方法各有所长,考虑到 Box-Behnken 设计的试验点选择具有使二阶模型中各系数的估计更有效的特性,本书选取其作为主要的试验设计方法。

2. 近似建模方法

基于响应面法(Response Surface Methodology, RSM)的近似建模是目前最成熟的建模方法之一。其本质是建立独立变量与系统响应之间的某种近似关系,关键是如何有效地建立近似函数关系,并最大限度地逼近真实模型响应,以便在系统分析中替代复杂的真实模型。其基本思路是通过数值计算对试验设计样本点的输入参数及响应值进行分析,建立研究对象的近似模型,并用该近似模型代替原有复杂模型进行计算分析或参数优化。

通常可采用下式来描述响应与变量之间的关系:

$$y(x) = \hat{y}(x) + \varepsilon \qquad (9-1)$$

式中: $y(x)$ 为真实模型(精确模型),一般是未知函数或复杂函数; $\hat{y}(x)$ 为响应的近似模型; ε 为近似值与实际值之间的误差,一般认为 ε 服从标准正态分布 $N(0,\sigma^2)$。

根据拟合函数构造方法,响应面法可分为多项式拟合法、Kriging 函数法、神经网络法及径向基函数法等。

多项式拟合法是采用多项式对试验点进行回归拟合,得到响应与输入变量之间的近似函数关系来建立响应面的方法,是建立响应面最常用的方法,由 Weierstrass 多项式最佳逼近定理可知,任何类型的函数都可以采用多项式逼近。由于采用多项式拟合法建立响应面,建模过程简单,且具有较高的拟合精度、非常高的计算效率,因而在实际计算中被广泛采用。多项式响应面模型的拟合函数一般可用下式表示:

$$\hat{y}(x) = \sum_{i=1}^{n} b_i f_i(x) \qquad (9-2)$$

式中: $f_i(x)$ 为多项式基函数; b_i 为多项式拟合系数; n 为拟合系数个数。

多项式的阶数并非越高越好,随着阶数增加,多项式中待定系数的个数呈指数增长,它不但影响近似模型建立过程及分析过程,而且需要更多的试验点,这增加了数值试验设计的难度及计算效率。实际使用中通常采用二次多项式进行拟合,也可根据具体问题加以选择,对于线性问题可以采用一次多项式进行拟合;对于非线性问题,则采用二次多项式拟合,一般表达形式如下:

$$\hat{y}(x) = b_0 + \sum_{i=1}^{n} b_i x_i + \sum_{i=1}^{n} b_{ii} x_i^2 + \sum_{1 \leq i < j \leq n} b_{ij} x_i x_j \qquad (9-3)$$

式中: n 为拟合系数个数; b_i 为多项式拟合系数,在多项式拟合中也称为回归系数。对于二次多项式拟合,回归系数的个数为 $(n+1)(n+2)/2$,回归系数可以采用最小二乘法获得。

Kriging 方法是由南非地质学者 D. G. Krige 提出,并用来估算矿产储量分布。近年来,Kriging 方法作为一种响应面近似建模技术在工程优化领域得到了广泛研究。该建模方法是一种半参数化的插值方法,通过已知的样本信息去估计某一点未知信息,不需要选取确定的数学模型,因此更加灵活和方便。Kriging 方法的一般表达式为

$$y(x) = f(x) + z(x) \qquad (9-4)$$

其中：$f(x)$ 为确定性函数，一般为低阶多项式函数，常用的有一次多项式或二次多项式；$z(x)$ 为均值为零，方差为 σ^2 的随机函数，是对全局近似的修正，其协方差为

$$\mathrm{cov}[z(x^i),z(x^j)] = \sigma^2 \boldsymbol{R}[R_F(x^i,x^j)] \quad (i,j=1,2,\cdots,n) \quad (9-5)$$

其中：$\boldsymbol{R}$ 为相关矩阵，是 $n \times n$ 阶的对称正定对角阵，n 表示样本点个数；R_F 为相关函数。

在确定了相关函数后，就可以建立估计点 x 处对应的响应值 $y(x)$ 与估计值 $\hat{y}(x)$ 之间的表达式。其形式如下：

$$\hat{y}(x) = \hat{f}(x) + \boldsymbol{r}^T(x) \boldsymbol{R}^{-1}(\boldsymbol{Y} - \hat{\boldsymbol{Y}}) \quad (9-6)$$

式中：$\hat{f}(x)$ 为全局近似函数的估计值；$\boldsymbol{r}^T(x)$ 为未知点和样本数据之间的相关向量，由下式确定：

$$\boldsymbol{r}^T(x) = [R_F(x,x^1), R_F(x,x^2), \cdots, R_F(x,x^n)]^T \quad (9-7)$$

$\boldsymbol{Y}$ 为 n 维列向量，表示样本响应值；$\hat{\boldsymbol{Y}}$ 为 $\boldsymbol{Y}$ 的估计值。

利用 Kriging 方法的近似模型建立可归结为求解上式所示的非线性优化问题，但是往往不能给出确定的表达式，在进行固定几何气动矢量喷管与航空发动机整机耦合时无法直接调用，神经网络法及径向基函数法也存在类似问题，因此，在满足精度要求的前提下，本书主要采用多项式拟合法进行基于响应面法的近似建模。

3. 响应面模型的评估

响应面模型的评估主要包含两类：因素显著性和近似模型拟合程度。

因素的显著性检测通常采用 F 值法，以因素 A 为例，其 F 值定义如下：

$$F_A = (S_A/f_A)/(S_e/f_e) \quad (9-8)$$

式中：S_A 为组间方差平方和；S_e 为组内方差平方和；f_A 为组间自由度；f_e 为总自由度与组间自由度之差。

根据 F 临界值表判断因素显著性，即 F 值检验，对比不同显著性水平 α 下 F_A 所处的区间即可确定其显著程度，通常有如下几类：

(1) $F_A > F_{0.01}$（高度显著）
(2) $F_{0.05} < F_A \leq F_{0.01}$（显著）
(3) $F_{0.1} < F_A \leq F_{0.05}$（有影响）
(4) $F_{0.2} < F_A \leq F_{0.1}$（有一定影响）
(5) $F_A \leq F_{0.2}$（无影响）

近似模型拟合程度的评估方法通常也有两种：相对均方根误差法和 R^2 判定系数法。

相对均方根误差法(Root Mean Squared Error,RMSE)定义如下：

$$\text{RMSE} = \frac{1}{n\bar{y}}\sqrt{\sum_{i=1}^{n}(y_i - \hat{y}_i)^2} \quad (9-9)$$

式中：n 为试验样本点数；y_i 为真实响应值；$\hat{y}_i$ 为响应面模型得到的拟合值；$\bar{y}$ 为真实响应值的均值。

RMSE 反映了响应面模型与真实值之间的差异程度,该值越小表示响应面模型拟合精度越高。

R^2 (Coefficient of Multiple Determination)判定系数法是通过建立能够表征拟合程度的变量来进行判断,定义如下：

$$R^2 = 1 - \frac{\sum_{i=1}^{n}(y_i - \hat{y})^2}{\sum_{i=1}^{n}(y_i - \bar{y})^2} \quad (0 \leq R^2 \leq 1) \quad (9-10)$$

上式中各变量含义同式(9-9)。

该方法应用更为广泛,R^2 值在 0~0.25,表明近似模型与样本响应值无相关性；R^2 值在 0.25~0.5 之间,表明两者之间相关性不强；R^2 值在 0.5~0.75 之间,则表明两者之间相关性强；R^2 值在 0.75~1,则表明两者之间相关性非常好。若所有样本点的拟合值都被近似模型所接受,即 $R^2 = 1$ 说明近似模型完全拟合了样本响应值。

9.2.2　激波矢量喷管近似建模方法

激波矢量喷管与航空发动机联合工作时需要考虑的影响参数包括喷管流量系数(C_{Dnoz})、二次流流量系数(C_{Dsec})、喷管推力系数(C_{fg})及推力矢量角(δ_p)等,因此在推力矢量喷管近似建模过程中,以上几个参数是必须关注的响应量。激波矢量喷管涉及气动、几何参数众多,如喷管进口总压、总温,二次流进口总压、总温,自由来流马赫数,二次流喷射角度、喷口位置、喷口面积等,仅选取对响应量影响明显的六个作为独立自变量,即喷管进口总压、总温,二次流进口总压、喷射角度、喷口位置、喷口面积。

根据上节所述近似建模原理,激波矢量喷管近似建模详细实施步骤如下：

(1) 确定研究问题的样本空间(各自变量及变化范围),如表 9-1 所列。

(2) 选择试验设计(DOE)方法,完成试验设计,本节选取具有旋转性的 Box-Behnken Designs (BBD)试验设计,其特点是除中心点以外,其他设计点到中心点的距离均相同,生成具有 54 个试验点的样本空间(限于篇幅此处不逐个列出样本点)。

(3) 确定关注的响应变量,通过对试验点进行数值模拟得到响应特性,基于书中激波矢量喷管推力矢量性能及与航空发动机整机耦合的关系,选取推力矢量角、喷管推力系数、喷管流量系数及二次流流量系数为响应变量。

(4) 确定响应面的阶数,构造多项式函数,书中选择具有两因子一阶交互作用的幂次多项式。

(5) 采用最小二次回归拟合多项式的系数,采用逐步回归法对各个因子参数做因素显著性分析,滤去无影响因子,重新完成多项式系数回归,完成模型的拟合度检验,检验方法为 R^2 法,其表示响应面函数逼近真实曲面的能力,在 $R^2 > 0.9$ 时,表明精度满足要求,如精度不满足则调整设计空间变量范围,重复(2)~(5)。

表 9-1 激波矢量喷管近似模型的样本空间

NPR	SPR	$T_{\text{noz.}}^*/K$	A_s	X_j	$\theta/(°)$
8.32	0.8	600	0.05	0.69	90
13.88	1.0	900	0.10	0.79	110
19.44	1.2	1200	0.15	0.89	130

表 9-2 给出了激波矢量喷管近似模型各响应的 R^2 值,可以看出所关注的 4 个响应的拟合度均在 0.90 以上,表明该模型能够用来代替精确模型,并且具有较高的精度。

表 9-2 激波矢量喷管近似模型各响应的 R^2 值

	δ_p	C_{fg}	$C_{Dnoz.}$	$C_{Dsec.}$
R^2	0.944	0.964	0.932	0.942

获得的各响应与自变量的关联关系式如下:

推力矢量角:

$$\delta_p = 89.420 - 58.212 \times A_s - 216.667 \times X_j - 0.145 \times \theta - 0.476 \times \text{NPR} + 0.023 \times T_{\text{noz.}}^* + 0.876 \times \text{SPR} + 633.878 \times A_s \times X_j - 1.297 \times A_s \times \theta + 2.443 \times A_s \times \text{NPR} - 92.495 \times A_s \times \text{SPR} + 1.016 \times X_j \times \theta + 61.286 \times X_j \times \text{SPR} - 0.188 \times \theta \times \text{SPR} - 896.860 \times A_s^2 - 1.478e \times 10^{-3} \times \theta^2 - 1.310e \times 10^{-5} \times (T_{\text{noz.}}^*)^2 - 6.995 \times \text{SPR}^2 \quad (9-11)$$

推力系数:

$$C_{fg} = 1.198 + 0.239 \times A_s - 0.331 \times X_j - 2.767 \times 10^{-3} \times \theta - 1.354 \times 10^{-3} \times \text{NPR} + 0.049 \times \text{SPR} - 0.528 \times A_s \times X_j - 0.019 \times A_s \times \text{NPR} - 0.143 \times A_s \times \text{SPR} + 4.461e \times 10^{-3} \times X_j \times \text{NPR} - 0.059 \times X_j \times \text{SPR} - 1.751 \times 10^{-3} \times \text{NPR} \times \text{SPR} + 1.478 \times A_s^2 + 0.266 \times X_j^2 + 1.193e \times 10^{-5} \times \theta^2 \quad (9-12)$$

喷管流量系数：
$$C_{Dnoz.} = 0.9669 + 2.113 \times 10^{-5} \times T_{noz.}^* \quad (9-13)$$

二次流流量系数：
$$C_{Dsec.} = 0.746 + 1.026 \times A_s + 0.378 \times X_j + 5.146 \times 10^{-4} \times NPR + 4.958 \times 10^{-3}$$
$$\times SPR - 0.772 \times A_s \times X_j - 1.797 \times A_s^2 - 0.190 \times X_j^2 \quad (9-14)$$

可以看到，推力矢量角、推力系数、二次流流量系数等项除了存在一次、二次项，还有一次交互项，它们反映了两因子直接的交互作用，是多参数相互关联特征的体现，并且交互作用在模型中也起到非常重要作用，表9-3为推力矢量角近似模型交互项的敏感度。

表9-3 推力矢量角近似模型的方差分析结果

源项	平方和	自由度	平方和均值	F 值	p 值大于 F 值的概率
模型1	773.99	17	45.53	35.62	< 0.0001
A - A_s	116.34	1	116.34	91.03	< 0.0001
B - X_j	5.58	1	5.58	4.37	0.0437
C - θ	261.22	1	261.22	204.39	< 0.0001
D - NPR	39.71	1	39.71	31.07	< 0.0001
E - T_{noz}^*	0.23	1	0.23	0.18	0.6766
F - SPR	26.47	1	26.47	20.71	< 0.0001
AB	85.25	1	85.25	66.71	< 0.0001
AC	13.46	1	13.46	10.53	0.0025
AD	7.36	1	7.36	5.76	0.0217
AF	27.38	1	27.38	21.42	< 0.0001
BC	35.05	1	35.05	27.42	< 0.0001
BF	51.00	1	51.00	39.91	< 0.0001
CF	36.23	1	36.23	28.35	< 0.0001
A^2	58.50	1	58.50	45.77	< 0.0001
C^2	3.78	1	3.78	2.95	0.0943
E^2	16.17	1	16.17	12.65	0.0011
F^2	13.36	1	13.36	10.45	0.0026
Residual	46.01	36	1.28		
Lack of Fit	46.01	31	1.48		
Pure Error	0.000	5	0.000		
Cor Total	820.00	53			

从上表可以看到,对于推力矢量角的近似模型,一、二阶项中的 A_s、θ、SPR、NPR、A_s^2、T_{noz}^{*2}、SPR^2 均有高度显著的影响,X_j、θ^2 有显著的影响,而 T_{noz}^* 无影响。一阶交互项中除 A_s - NPR 具有显著的影响,其他交互项 A_s - X_j、A_s - θ、A_s - SPR、X_j - θ、X_j - SPR 及 θ - SPR 均具有高度显著的影响。图 9 - 3 给出了不同一阶交互项的相互影响(除了交互影响的两个参数,其他参数保持为样本空间变量的中间值),可以看到,某一参数对推力矢量角的影响规律会明显地受到另一参数变化的影响,如图 9 - 3(a)所示,在低落压比工况下,取得最大推力矢量角对应的二次流压比约在 1.3 附近,随着落压比的增加,该数值增大。如图 9 - 3(c)所示,低二次流喷射角度工况下,推力矢量角随二次流压比的增大而增大,而在高二次流喷射角度工况下,推力矢量角随二次流压比先增大后减小。如图 9 - 3(e)所示,在靠前的二次流喷口相对位置工况下,推力矢量角随二次流喷射角度增大而减小,在靠后的二次流喷口相对位置工况下,推力矢量角度随二次流喷射角度增大而增大。这说明激波矢量喷管内关键参数之间存在明显的耦合作用,非设计点工况下,上述参数对激波矢量喷管性能的影响更复杂。

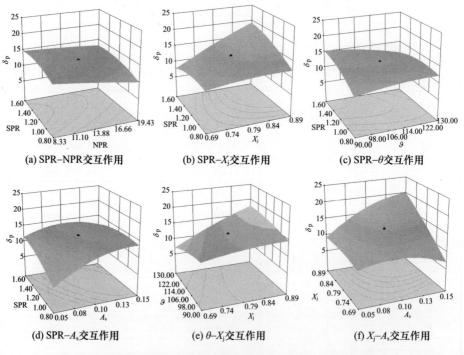

图 9 - 3 激波矢量喷管推力矢量角近似模型中的交互作用(见彩页)

另外,在样本空间内,在二次流折合流量比 $\omega\sqrt{\tau} \leqslant 0.15$ 约束条件下,对激波矢量喷管的推力矢量角优化,得到一组样本点:二次流喷口相对面积 $A_s = 0.15$、二次流喷口相对位置 $X_j = 0.89$、二次流喷射角度 $\theta = 110.03°$、落压比 NPR = 8.33、喷管进口总温 $T_{noz}^* = 840.4K$、二次流压比 SPR = 1.01。在此条件下,可获得最大推力矢量角 $\delta_{p.max} = 19.81°$、推力系数 $C_{fg} = 0.90$。在满足约束条件时,实现了 20° 的推力矢量角。该样本点经过了 CFD 数值模拟验证,获得了 $\delta_p = 20.02°$,与优化结果一致。

9.2.3 带气动控制喉部面积的喷管建模方法

带气动控制喉部面积的喷管与航空发动机联合工作时需要考虑的影响参数包括喷管喉部面积控制率(RTAC)、二次流流量系数($C_{Dsec.}$)及喷管推力系数(C_{fg})等,这三个参数是气动控制喷管喉部面积近似模型关注的响应量。与激波矢量喷管近似建模类似,气动控制喉部面积近似模型也涉及众多气动、几何参数,选取对响应量有影响的六个参数作为独立自变量,分别为喷管进口总压、总温、二次流进口总压、喷射角度、喷口位置、喷口面积等。

带气动控制喉部面积的喷管近似建模与上节相同。

(1) 确定气动控制喷管喉部面积近似模型的样本空间,如表 9-4 所列。

(2) 选取具有旋转性的 Box-Behnken Designs (BBD) 试验设计,生成具有 54 个点的样本空间(限于篇幅此处不逐个列出样本点)。

(3) 确定气动控制喷管喉部面积近似模型响应变量,通过对试验样本点进行数值模拟以获得响应特性,本节中确定喷管喉部面积控制率、二次流流量系数及喷管推力系数为响应变量。

(4) 确定响应面的阶数,构造多项式函数,书中选择具有两因子一阶交互作用的幂次多项式。

(5) 采用回归方法获得多项式的系数,用逐步回归法对各个影响参数做因素显著性分析,滤去无影响因子,重新完成多项式系数回归,基于 R^2 法进行模型拟合度的检验,如在 $R^2 > 0.9$ 时,表明精度满足要求、可用,如精度不满足则调整设计空间变量的范围,重复(2)~(5)。

表 9-4 带气动控制喉部面积的喷管近似模型的样本空间

NPR	SPR	$T_{noz.}^* (K)$	A_s	X_j	$\theta(°)$
8.32	0.8	600	0.05	-0.05	90
13.88	1.0	900	0.10	0	110
19.44	1.2	1200	0.15	0.05	130

从表 9-5 可以看到,RTAC、C_{fg} 及 $C_{Dsec.}$ 近似模型的 R^2 均大于 0.98,说明在给定样本空间内,所得近似模型有非常高的拟合精度,能够用于带气动控制喉部面积的喷管与航空发动机联合共同特性的建模。

表 9-5 带气动控制喉部面积的喷管近似模型各响应的 R^2

	RTAC	C_{fg}	$C_{Dsec.}$
R^2	0.990	0.998	0.987

所得各响应量的近似模型分别如下：

喉部面积控制率：

$$RTAC = 2.922 - 0.052 \times NPR - 0.893 \times SPR - 9.198 \times 10^{-4} \times T_{noz.}^* - 9.445 \times A_s + 2.245 \times X_j - 0.029 \times \theta + 4.424 \times SPR \times A_s - 0.862 \times SPR \times X_j + 2.902 \times 10^{-3} \times SPR \times \theta + 0.033 \times A_s \times \theta - 0.0141 \times X_j \times \theta + 2.748 \times 10^{-3} \times NPR^2 + 0.249 \times SPR^2 + 5.243 \times 10^{-7} \times (T_{noz.}^*)^2 + 15.680 \times A_s^2 + 13.643 \times X_j^2 + 1.059 \times 10^{-4} \times \theta^2 \quad (9-15)$$

推力系数：

$$C_{fg} = 0.425 + 0.034 \times NPR + 0.102 \times SPR + 1.258 \times 10^{-4} \times T_{noz.}^* - 0.029 \times A_s + 4.123 \times 10^{-3} \times \theta + 0.360 \times X_j + 1.516 \times 10^{-3} \times NPR \times SPR + 0.011 \times NPR \times X_j - 0.832 \times SPR \times A_s - 0.098 \times SPR \times X_j - 0.975 \times 10^{-3} \times SPR \times \theta + 1.464 \times 10^{-4} \times T_{noz.}^* \times A_s - 2.762 \times 10^{-3} \times A_s \times \theta - 1.466 \times 10^{-3} \times NPR^2 + 0.019 \times SPR^2 - 0.639 \times 10^{-8} \times (T_{noz.}^*)^2 + 1.001 \times X_j^2 - 0.1070 \times 10^{-5} \times \theta^2 \quad (9-16)$$

二次流流量系数：

$$C_{Dsec.} = -0.888 + 2.563 \times SPR - 1.777 \times A_s + 5.280 \times X_j - 1.543 \times 10^{-3} \times \theta + 1.555 \times SPR \times A_s - 3.432 \times SPR \times X_j + 0.015 \times A_s \times \theta - 0.907 \times SPR^2 - 6.332 \times A_s^2 \quad (9-17)$$

对于喉部面积控制率，表 9-6 给出了其近似模型中各一阶、二阶及一阶交互项的显著分析，可以看到一阶交互项中 $SPR-A_s$、$SPR-X_j$、$SPR-\theta$、$A_s-\theta$ 均具有高度显著的影响，$X_j-\theta$ 具有显著影响。

表 9-6 喉部面积控制率近似模型的方差分析结果

源项	平方和	自由度	平方和均值	F 值	p 值大于 F 值的概率
模型	1.450	17	0.0850	215.720	<0.0001
A – NPR	6.513×10^{-6}	1	6.513×10^{-6}	0.017	0.8985
B – SPR	0.830	1	0.830	2109.910	<0.0001
C – $T_{noz.}^*$	1.224×10^{-3}	1	1.224×10^{-3}	3.100	0.0867
D – A_s	0.410	1	0.410	1042.450	<0.0001
E – X_j	6.930×10^{-3}	1	6.930×10^{-3}	17.570	0.0002
F – θ	0.020	1	0.020	20.290	<0.0001

续表

源项	平方和	自由度	平方和均值	F 值	p - 值大于 F 值的概率
BD	0.063	1	0.063	158.82	<0.0001
BE	4.751×10^{-3}	1	4.751×10^{-3}	12.04	0.0014
BF	4.313×10^{-3}	1	4.313×10^{-3}	10.93	0.0021
DF	8.650×10^{-3}	1	8.650×10^{-3}	21.93	<0.0001
EF	1.590×10^{-3}	1	1.590×10^{-3}	4.03	0.0522
A^2	0.032	1	0.032	80.73	<0.0001
B^2	0.016	1	0.016	41.31	<0.0001
C^2	0.023	1	0.023	58.05	<0.0001
D^2	0.016	1	0.016	40.07	<0.0001
E^2	0.012	1	0.012	30.34	<0.0001
F^2	0.018	1	0.018	46.85	<0.0001
Residual	0.014	36	3.944×10^{-4}		
Lack of Fit	0.014	31	4.580×10^{-4}		
Pure Error	0.000	5	0.000		
Cor Total	1.460	53			

图 9-4 给出了具有明显影响的一阶交互作用，可以看到二次流压比及二次流喷射角度是易于与其他变量产生明显交互作用的参数。在二次流压比的影响

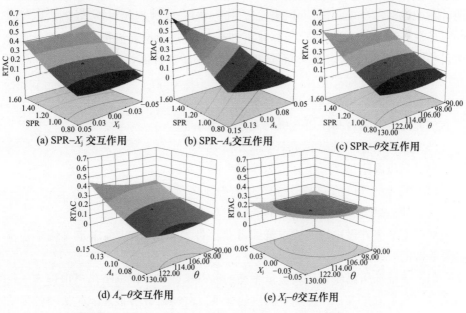

图 9-4 带气动控制喉部面积的喷管近似模型中的交互作用

下,虽然二次流喷口相对位置、二次流喷射角度等对喉部面积控制率影响趋势不变,但是最佳点的位置发生移动,如图9-4(a)、(c)所示。二次流压比与二次流喷口相对面积的共同作用使得喉部面积控制率上升,如图9-4(e)所示。二次流喷口相对位置与二次流喷射角度共同作用曲面存在极值区域,如图9-4(f)所示。

在设计空间内,在二次流折合流量比 $\omega\sqrt{\tau} \leq 0.15$ 约束条件下,对建立的喉部面积控制率近似模型寻优,可获得一组样本点:二次流喷口相对面积 A_s = 0.07、二次流喷口相对位置 X_j = -0.05、二次流喷射角度 θ = 128.75°、落压比 NPR = 5、喷管进口总温 $T^*_{noz.}$ = 1177.25K、二次流压比 SPR = 1.6。在此条件下,获得最大的喉部面积控制率 RTAC = 54.83%,即能够满足在15%折合流量下获得50%以上喉部面积控制率的要求。

9.3 带引气的航空发动机总体性能建模方法

9.3.1 航空发动机共同工作建模方法

模拟涡扇发动机的共同工作流程如图9-5所示,此处采用一维、稳态的计算方法,其基本思路是从0截面至9截面进行气动热力参数计算,对遇到的未知量假设初值,随后依据平衡条件,求解各未知量的精确值。通常发动机热力循环的计算中包括六个未知量,即风扇压比、压气机压比、风扇相对换算转速、压气机相对换算转速、高压涡轮进口换算流量、低压涡轮进口换算流量。需要与未知量数量相同的方程,才能求解未知量,根据航空发动机各部件的共同工作特征,建立以下六个平衡方程:

(1) 低压涡轮与风扇的流量平衡方程;
(2) 高压涡轮与高压压气机的流量平衡方程;
(3) 低压涡轮与风扇的功率平衡方程;
(4) 高压涡轮与高压压气机的功率平衡方程;
(5) 混合室进口前的内、外涵气流的静压平衡方程;
(6) 加力燃烧室出口与喷管的流量平衡方程。

对以上平衡方程进行迭代求解即可获得各未知量,迭代前需定义用来检验计算收敛的残差函数,六个残差函数分别如下:

(1) 表征低压涡轮与风扇流量平衡的残差函数 E_1。根据流出风扇进入压气机的空气质量流量 W_{25} 和燃烧室的供油量 W_f 等参数,计算低压涡轮进口的换算质量流量 W^*_{45cor}

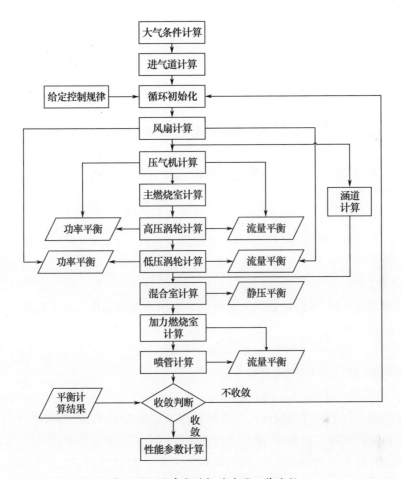

图 9-5 涡扇发动机的共同工作流程

$$W_{45\text{cor}}^* = [W_{25}(1-\beta-\delta_2) + W_f]\sqrt{T_{t44}}/P_{t44} \qquad (9-18)$$

式中：β 为满足飞机需求的引气系数；δ_2 为低压涡轮的冷却所引出的流量系数，此二者取值为其设计值。

在利用低压涡轮特性曲线计算涡轮出口参数时，假设低压涡轮换算流量的初值为 $W_{45\text{cor}}$。因此，低压涡轮与风扇的流量残差函数为

$$E_1 = (W_{45\text{cor}} - W_{45\text{cor}}^*)/W_{45\text{cor}} \qquad (9-19)$$

（2）高压涡轮与压气机的流量平衡残差函数 E_2。高压涡轮进口的燃气换算质量流量 $W_{4\text{cor}}^*$ 为

$$W_{4\text{cor}}^* = [W_{25}(1-\beta-\delta_1-\delta_2) + W_f]\sqrt{T_{t4}}/P_{t4} \qquad (9-20)$$

利用高压涡轮特性曲线计算涡轮出口参数时，假设高压涡轮换算流量的初值为 $W_{4\text{cor}}$。因此，高压涡轮与压气机的流量残差函数为

$$E_2 = (W_{4\text{cor}} - W_{4\text{cor}}^*)/W_{4\text{cor}} \tag{9-21}$$

（3）低压涡轮与风扇功率平衡的残差函数 E_3。定义如下：

$$E_3 = (N_{\text{TL}} - N_{\text{CL}})/N_{\text{CL}} \tag{9-22}$$

（4）高压涡轮与压气机功率平衡的残差函数 E_4。定义如下：

$$E_4 = (N_{\text{TH}} - N_{\text{CH}})/N_{\text{CH}} \tag{9-23}$$

（5）混合室进口，内、外涵气流静压平衡的残差函数 E_5。定义如下：

$$E_5 = (P_{55} - P_{552})/P_{55} \tag{9-24}$$

（6）加力燃烧室出口与喷管的流量的残差函数 E_6。根据喷管喉部面积 A_8，计算喷管的燃气流量 W_8：

$$W_8 = A_8 P_{t8} \sigma_e K q(\lambda_8) / \sqrt{T_{t8}} \tag{9-25}$$

式中：σ_e 为气流从喷管进口至喉部的总压恢复系数；$q(\lambda_8)$ 为喉部的流量函数，通常当喷管处于临界或超临界状态时，$q(\lambda_8) = 1.0$；K 为流量公式中的常数系数。

根据流量守恒，流经喷管的气流流量等于加力燃烧室出口的气流流量，将此气流流量记作 W_8^*：

$$W_8^* = W_2 - \beta W_3 + W_f + W_{f,\text{ab}} \tag{9-26}$$

因此，残差函数 E_6 的定义如下：

$$E_6 = (W_8 - W_8^*)/W_8 \tag{9-27}$$

如果以上六个残差函数同时为零或满足残差收敛要求，则说明所选的变量的初值是恰好正确。但通常，这几个残差函数不会同时为零。

残差函数是六个未知量的函数，如将未知量分别记为 $V_1, V_2, \cdots, V_6$，则残差函数可写为

$$\begin{cases} E_1 = f_1(V_1, V_2, \cdots, V_6) \\ E_2 = f_2(V_1, V_2, \cdots, V_6) \\ \qquad \vdots \\ E_6 = f_6(V_1, V_2, \cdots, V_6) \end{cases} \tag{9-28}$$

一般可采用 Newton – Raphson 法求解上述六个非线性方程组，其过程如下：将上述非线形方程组写为

$$E_i(V_1, V_2, \cdots, V_n) = 0 \quad (i = 1, 2, \cdots, n) \tag{9-29}$$

引入记号 $V = (V_1, V_2, \cdots, V_n)$，从选取的初始值 $V^{(0)} = (V_1^{(0)}, V_2^{(0)}, \cdots, V_n^{(0)})$ 出发，假设已迭代算到第 k 步，得到 $V^{(k)} = (V_1^{(k)}, V_2^{(k)}, \cdots, V_n^{(k)})$。

若对每个 i 都有 $E_i(V^{(k)}) \leq \varepsilon \, (\varepsilon > 0)$，则近似值 $V^{(k)}$ 就是上述非线性方程组的解。式中，ε 为要求的计算精度。

若残差未达到精度要求,则进一步按如下所述修正变量后再迭代。

非线性方程组在 $V^{(k)}$ 附近的偏微分方程组为

$$dE_i = \sum_{j=1}^{n} \frac{\partial E_i}{\partial V_j} dV_j \quad (i = 1,2,\cdots,n) \qquad (9-30)$$

用差商代替微商,则上式变为

$$\Delta E_i = \sum_{j=1}^{n} \frac{\Delta E_i}{\Delta V_j} \Delta V_j \qquad (9-31)$$

上式还可改写为

$$\Delta V = M^{-1} \Delta E \qquad (9-32)$$

式中:M 为 n 阶系数矩阵 $\left(\frac{\Delta E_i}{\Delta V_j}\right)_{n \times n}$;$\Delta V$ 为解向量。

通过以上线性方程组,求得 ΔV 后,则可以得到第 $K+1$ 次迭代值如下:

$$V_j^{(k+1)} = V_j^{(k)} + \Delta V_j \qquad (9-33)$$

如残差满足精度要求,则求得了航空发动机的共同工作点。根据发动机的热力循环参数就可以计算出航空发动机的推力、单位耗油率等参数。

9.3.2 压缩部件引气建模方法

固定几何气动矢量喷管的推力矢量或气动控制喉部面积对二次流流量、压力等需求不同,因此需要从压缩部件(风扇或压气机)的不同位置引出不同流量的气体,这改变了发动机部件间的平衡关系,造成发动机共同工作点的变化,从而引起发动机各截面气动热力参数和性能参数的改变。如何计算引气后压缩部件的流量、功率及引出气流的气动参数是压缩部件引气建模的主要任务。

定义压缩部件级间的引气流量比 ω 为引出二次流流量与部件进口流量之比,即 $\omega = W_{\text{sec}}/W_{\text{com}}$,压缩部件出口的流量应做如下变动:

从风扇引气时,风扇出口流量、压缩功分别为

$$W_{21} = W_2(1 - \beta - \delta_2 - \omega) \qquad (9-34)$$

$$N_{\text{CL}} = W_\beta(h_\beta - h_2) + W_{\delta_2}(h_{\delta_2} - h_2) + W_{\text{sec}}(h_m - h_2) + W_{21}(h_{21} - h_2)$$

$$(9-35)$$

从压气机引气时,压气机出口的流量、压缩功分别为

$$W_3 = W_{25}(1 - \delta_1 - \omega) \qquad (9-36)$$

$$N_{\text{CH}} = W_{\delta_1}(h_{\delta_1} - h_{25}) + W_{\text{sec}}(h_m - h_{25}) + W_3(h_3 - h_{25}) \qquad (9-37)$$

假设压缩部件总级数为 n,在第 m 级引出一股二次气流,并忽略级间引气对压气机工作特性的影响,则压气机前 m 级的增压比的近似计算如下:

$$\pi_m = \pi_1^{(m/n)} \qquad (9-38)$$

此时,根据压缩部件进口气流参数、效率和增压比,可得到从第 m 级引出气流的气动热力参数,包括气流总温、总压等。

将引气模型加入固定几何气动矢量喷管和航空发动机联合工作的数学模型,即实现了气动矢量喷管所需二次流对航空发动机性能影响的数学描述。

9.4 激波矢量喷管对发动机整机性能的影响

9.4.1 激波矢量喷管与发动机整机耦合方法

确定激波矢量喷管与航空发动机连接关系是进行喷管与发动机整机匹配研究的关键。与常规喷管相比,激波矢量喷管不仅在喷管进口与发动机直接连接,还存在二次流引气口与发动机的压缩部件连接。因此喷管对发动机共同工作点的影响因素增多,包含喷管喉部面积、二次流引气量等。激波矢量喷管与发动机的连接关系在物理关系上表现为,通过喷管喉部的流量与发动机流量匹配,从高压部件引气流量与喷管二次流流量平衡(满足二次流压比需求)。

激波矢量喷管与发动机整机耦合建模主要分以下两个部分:

(1) 建立激波矢量喷管流量与发动机流量平衡关系,让激波矢量喷管近似模型中得到的流量系数 C_{Dnoz}(式(9-13))参与到发动机性能计算中的流量平衡方程(式(9-27))中。

(2) 建立二次流流量与从高压部件引出气流的平衡关系。其中,在引气模型中,考虑引气位置在风扇后、压气机后等多种位置(图9-6)引气对部件特性的影响。选取引气流量比 ω 作为主动变量,经过残差方程迭代获得发动机的共同工作特性,再根据式(9-11)、式(9-12)获得推力矢量特性、发动机推力性能等。

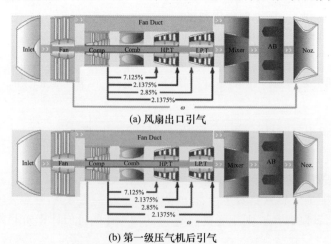

(a) 风扇出口引气

(b) 第一级压气机后引气

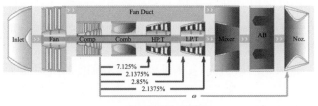

(c) 压气机出口后引气

图 9-6 激波矢量喷管与航空发动机的整机耦合模型

9.4.2 激波矢量喷管对发动机整机性能的影响规律

基于上节激波矢量喷管与航空发动机整机耦合的模型,开展带不同引气方案的激波矢量喷管对发动机整机性能影响的研究,分析其对发动机部件共同工作特性、发动机性能(推力、耗油率等)的影响规律。发动机主要的设计点参数如表 9-7 所列,飞行条件为 $Ma=1.5, H=11 \text{km}$,发动机控制规律:燃烧室出口温度保持为 1665K,二次流从风扇出口和压气机第一级后引气时,引气流量比 ω 为 $0.05 \sim 0.15$(间隔为 0.01),推力矢量模型中二次流喷口相对位置 $X_j = 0.89$,二次流喷射角度 $\theta = 130°$。

表 9-7 发动机的设计参数

参数	数值
高度/km	0.0
马赫数	0.0
设计流量/(kg/s)	112
风扇压比	3.54
风扇效率	0.834
涵道比	0.57
压气机压比	6.46
压气机效率	0.862
燃烧室出口温度/K	1665
高压涡轮效率	0.86
低压涡轮效率	0.87
喷管喉部面积/m²	0.247
推力/kgf①	8020.86
耗油率/(kg/(kgf·h))	0.745

① 1kgf = 9.8N。

图 9-7~图 9-10 给出了不同的二次流引气位置、引气流量比变化对风扇、压气机工作点的影响。可以看到,从风扇出口引出 5%~15% 的气体,风扇压比下降,风扇折合流量增加,压气机压比及折合流量均增加,这与发动机工作点变化过程相关,自风扇出口引气后,内外涵道进入喷管的气流减少,气流流通能

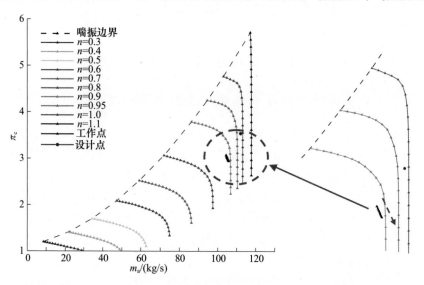

图 9-7 激波矢量喷管与发动机整机耦合工作时,对风扇工作点的影响
（从风扇出口引气）（见彩页）

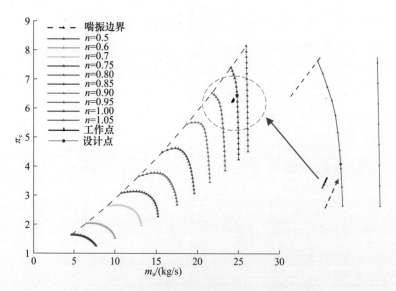

图 9-8 激波矢量喷管与发动机整机耦合工作时,对压气机工作点的影响
（从风扇出口引气）（见彩页）

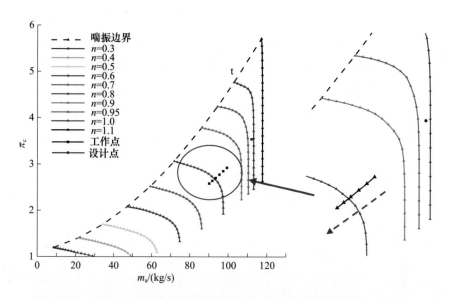

图9-9 激波矢量喷管与发动机整机耦合工作时,对风扇工作点的影响
(从一级压气机后引气)(见彩页)

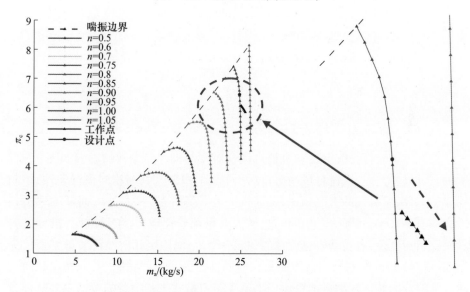

图9-10 激波矢量喷管与发动机整机耦合工作时,对压气机工作点的影响
(从一级压气机后引气)(见彩页)

力增强,相当于放大了喷管喉部面积,风扇的工作点向远离喘振边界的方向移动。对于高压轴部分,高、低压涡轮之间流量平衡保证了高压涡轮膨胀比不变。在保持涡轮前进口总温不变的控制规律下,高压涡轮功率不变,而进入高压压气机的总压下降(风扇压比),压气机的功率减小,在高压转子功率平衡约束下,必

然使得压气机转速、折合流量及压比增大。但是由于风扇出口引气导致了涵道比的下降,从图9-11可看到,风扇后引气5%~15%时,涵道比由0.564下降至0.369,进入外涵道气体流量下降,混合室外涵进口静压下降,混合室内涵进口的气流静压必须下降才能保证发动机混合室的压力平衡及正常工作,因此压气机压比的增加程度小于风扇压比的下降程度。在不同引气比 ω 下,进入发动机的空气流量不会发生过大的变化,范围约在0.5%内,风扇及压气机工作点也都在小范围内变化,这也体现了从风扇引气的优点。此时发动机推力的损失主要包括因喷管落压比下降而带来的推力降低以及激波矢量喷管中的激波损失、分离损失、剪切层损失等带来的推力降低。

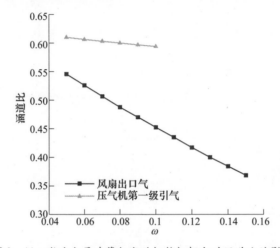

图9-11 激波矢量喷管与发动机整机耦合对涵道比的影响

激波矢量喷管与航空发动机整机耦合对发动机性能参数的影响如图9-12所示。可以看到,二次流自风扇出口后引气5%~15%时,与相同飞行条件、控制规律、无二次流引气的工况相比,发动机推力下降约为7%~19%,而耗油率增长最大约有18.7%。与功能相同的机械式矢量喷管比较,在重量方面,机械式矢量喷管结构复杂,占发动机总质量的30%~35%,而固定几何气动矢量喷管仅为发动机重量10%左右,此时,即便是在气动推力矢量工作状态下,带固定几何气动矢量喷管的航空发动机推重比仍不低于带机械式矢量喷管的发动机。从推力矢量性能方面比较,在15%的引气比工况下,气动矢量喷管推力矢量角 δ_p = 16.50°,略小于机械式最大推力矢量角。

另外,二次流从压气机第一级后引气对发动机性能及部件工作特性的影响比从风扇后引气更为明显,如图9-9、图9-10、图9-12所示。从压气机引气后,进入低压涡轮的气流流量减小,低压涡轮功下降,使得风扇转速、折合流量及风扇压比明显下降。当压气机引气比为10%时,风扇进口流量也约下降10%。

对于引气后的高压轴,压气机变轻,高压涡轮功大于压气机压缩功,使得高压轴加速,压气机折合流量增加。但由于混合室外涵进口的静压偏低,在混合室内外涵进口静压平衡的约束下,压气机压比将有所降低,如图9-10所示,对应的喷管进口总压有所下降,落压比从9.61下降至8.50,此时二次流压比约为1.35,见图9-13。风扇进口流量及二次流压比的下降比从风扇后引气的更明显,这也是造成推力急剧下降的原因,见图9-12,从压气机第一级后引气5%~10%时,推力下降约为14%~33%,耗油率增加约为5%~10%,而此时最大推力矢量角也仅为11.83°,如图9-14所示,这说明对气动矢量喷管的流动控制不适宜从发动机高压部件引气。

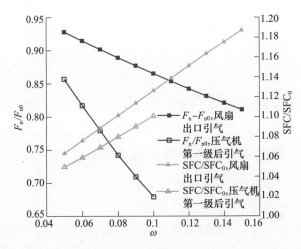

图9-12 激波矢量喷管与发动机整机耦合对发动机性能的影响

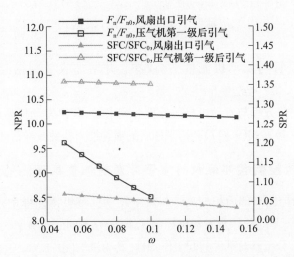

图9-13 激波矢量喷管与发动机整机耦合对落压比、二次流压比的影响

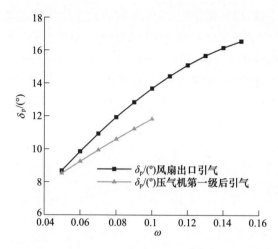

图 9-14 激波矢量喷管与发动机整机耦合对推力矢量性能的影响

9.5 带气动控制喉部面积的喷管对发动机整机性能的影响

9.5.1 带气动控制喉部面积的喷管与发动机整机耦合方法

带气动控制喉部面积的喷管及激波矢量喷管在与航空发动机整机耦合建模的处理技术上有所不同。前者与发动机的耦合关系及约束关系更为复杂。带气动控制喉部面积的喷管与发动机的性能耦合的主要特征是,喉部面积的变化与高压部件的引气二者同时影响发动机的共同工作点,其整机耦合建模如下:

(1) 选取压缩部件引气比 ω 作为控制变量,进行引气与二次流流量需求匹配,根据式(9-19)获得二次流喷口相对面积比,根据式(9-15)求得喷管喉部面积控制率。

(2) 进行喷管与发动机流量平衡匹配,并增加收敛判据:$(\mathrm{RTAC}^{(n+1)} - \mathrm{RTAC}^{(n)})/\mathrm{RTAC}^{(n+1)} < \varepsilon$。

(3) 将此残差方程与发动机参数方程并列求解,获得发动机整机耦合工作特性,并根据式(9-16)、式(9-17)获得平衡后的喷管推力特性及喉部面积控制率。

9.5.2 带气动控制喉部面积的喷管对发动机整机性能的影响规律

基于带气动控制喉部面积的喷管与航空发动机整机耦合模型,采用 9.4.2 节中的发动机模型、飞行条件及发动机控制规律,研究不同二次流引气比对发动机整机耦合性能影响,分析其对部件共同工作特性、发动机性能(推力、耗油率等)的影响规律。二次流从风扇出口引气,引气流量比 ω 为 0.04~0.18(间隔为 0.01),带气动控制喉部面积的喷管的二次流喷口相对位置 $X_j=0.0$，二次流喷射角度 $\theta=110°$。

图 9-15 和图 9-16 给出了不同引气流量比 ω 下，风扇和压气机工作点的变化，可以看到，风扇工作点先向右下方移动，后近似向左平移，这主要与喷管喉部面积及涵道比的变化有关。随着引气流量比 ω 增加，涵道比下降，混合室进口

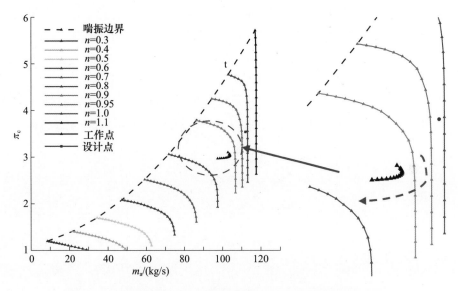

图 9-15 带气动控制喉部面积的喷管与发动机整机耦合工作时，
对风扇工作点的影响（从风扇后引气）（见彩页）

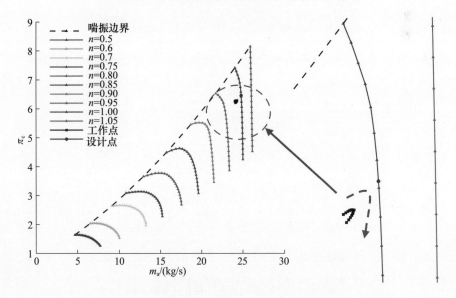

图 9-16 带气动控制喉部面积的喷管与发动机整机耦合工作时，
对压气机工作点的影响（从风扇后引气）（见彩页）

静压减小,低压涡轮膨胀比增大。随喷管喉部面积减小,其节流作用增强,除了使得通过发动机流量减小外,还造成低压涡轮膨胀比减小。在此两类相反的作用的影响下,不同涵道比时,影响程度是不同的,涵道比大于 0.5 时,涵道比起主要作用,风扇相对转速增加。涵道比小于 0.5,喷管喉部面积变化明显,流量及低压涡轮膨胀比起主导作用,低压涡轮功减小,风扇工作点左移。由于高压涡轮膨胀比不变,高压涡轮功主要受进入高压部件的气流参数的影响,压气机工作点则先向右上方移动后向左下方移动,但压比、折合流量等参数变化均在 2% 之内。

带气动控制喉部面积的喷管与发动机整机模型耦合时,对发动机性能参数的影响如图 9-17、图 9-18 所示。可以看到,随着引气比 ω 增加,发动机推力下

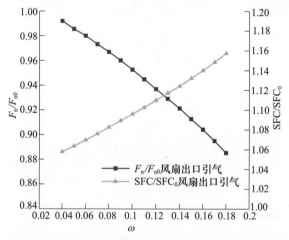

图 9-17 带气动控制喉部面积的喷管与发动机整机耦合模型对推力性能的影响

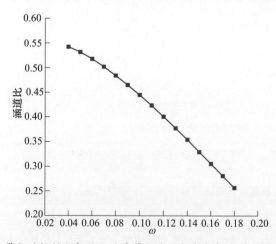

图 9-18 带气动控制喉部面积的喷管与发动机整机耦合模型对涵道比影响

降,在18%的引气流量下,导致发动机推力约有12%的降低,同时单位耗油率约有16%的增长。与之对应,固定几何气动矢量喷管进口参数、喉部面积控制率的变化如图9-19和图9-20所示,随着ω增加落压比先略有降低而后回升,二次流压比约有6%的下降,而喉部面积控制率RTAC在$\omega=18\%$时,达到34.6%。另外,在不同飞行条件下,耦合特性得出的变化规律与该工况一致,对喷管喉部面积控制的影响如图9-20所示。

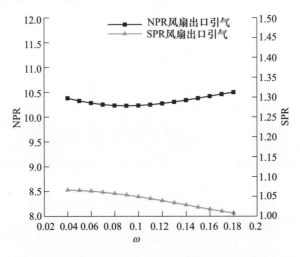

图9-19 带气动控制喉部面积的喷管与发动机整机耦合模型对落压比、二次流压比的影响

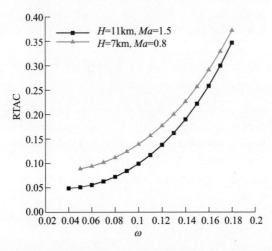

图9-20 带气动控制喉部面积的喷管与发动机整机耦合模型对喉部面积控制率的影响

参 考 文 献

[1] RICHARD K S. Characteristics of future military aircraft propulsion system[R]. AIAA 2013-446,2013.

[2] FERLAUTO M,MARSILIO R. Numerical investigation of the dynamic characteristics of a dual throat nozzle for fluidic thrust vectoring[J]. AIAA Journal,2017,55(1):86-98.

[3] GU R,XU J L. Effects of cavity on the performance of dual throat nozzle during the thrust-vectoring starting transient process[J]. ASME Engineering for Gas Turbines and Power,2014. 136:014502.

[4] MOHAMED S,VLADETA Z,LUC L. Assessment of gas thermodynamic characteristics on fluidic thrust vectoring performance:analytical,experimental and numerical study[J]. International Journal of Heat and Fluid Flow,2015,53:156-66.

[5] 刘赵淼,陈川,申峰,等. 外流马赫数对逆流推力矢量喷管性能的影响[J]. 推进技术,2014,35(4):442-448.

[6] HEO J Y,SUNG H G. Fluidic thrust-vector control of supersonic jet using coflow injection[J]. Journal of Propulsion and Power[J]. 2012,28(4):858-861.

[7] SAVVARIS A,BUONANNO A,TSOURDOS A. Design and development of the demon UAV fluidic flight control system[R]. AIAA-2013-4820,2013.

[8] 史经纬,王占学,张晓博,等. 逆流推力矢量喷管主流附体及控制方法研究[J]. 空气动力学学报,2013,31(6):726-728.

[9] 张建东,王占学. 两种气动推力矢量技术的数值模拟研究[J]. 空气动量学报,2012,30(2):206-209.

[10] 额日其太,邓双国,李家军. 扩张型双喉道喷管的流动特性和气动方法[J]. 北京航空航天大学学报,2011,37(3):320-324.

[11] 周辉华,谭慧俊,周慧晨,等. 增强型双喉道射流推力矢量喷管的流动特性实验[J]. 航空动力学报,2013,28(7):1576-1581.

[12] ASHRAF A,CARLOS G R,ANDREW J N. Combination of fluidic thrust modulation and vectoring in a 2D nozzle[R]. AIAA-2012-3780,2012.

[13] 史经纬,王占学,张晓博,等. 二次流喷口形状对激波矢量喷管推力矢量特性影响,航空动力学报,2013,28(12):2678-2684.

[14] ZHANG L W,YANG V. Flow dynamics and mixing of a sonic jet into supersonic crossflow[R]. AIAA-2012-0478,2012.

[15] CHANDRA S T,KUSHARI A,MODY B. Fluidic thrust vectoring using transverse jet injection in a converging nozzle with aft deck[J]. Experimental Thermal and Fluidic Science,2017,86:189-203.

[16] KONG F S,JIN Y Z,DONG K H. Thrust vector control of supersonic nozzle flow using moving plate[J]. Journal of Mechanical Science and Technology,2016,30(3):1209-1216.

[17] 贾东兵. 关于推力矢量控制技术的探讨[J]. 航空动力,2018,3:25-27.

[18] MICHELE T, MAURO M, ANTONIO D. A new aircraft architecture based on the ACHEON coanda effect nozzle:flight model and energy evaluation[J]. Eur. Transp. Res. Rev. 2016:8 – 11.

[19] NIDHI B, SHRIPAD P M. IR signature study of aircraft engine for variation in nozzle exit area[J]. Infrared Physics & Technology,2016,74:21 – 27.

[20] ASHOD K B, SUKANTA K D, ABHIJIT G. Entrainment of air into an infrared suppression device using circular and non – circular multiple nozzle[J]. Computers ad Fluids,2015,114:26 – 38.

[21] BENJAMIN G O. Editorial on future jet technologys, Part E:Sensitive thrust vectoring & stealth ("TVS") technology transfers to South Karea and Japan expose lack of TVS – Drone – R&D [J]. Int. J. Turbo Jet – Engine,2014,31(4):277 – 285.

[22] MANSOUR K, HAMED K, MORTEZA S. Thrust maneuver control of a small spacecraft via only gimbaled thruster scheme [J]. Advances in Space Research,2018,61:2328 – 2343.

[23] MICHELE F, ROBERTO M. Numerical investigation of the dynamic characteristics of a dual throat nozzle for fluidic thrust vectoring [J]. AIAA Journal,2017,55(1):86 – 98.

[24] RICHARD K S. Characteristics of future military aircraft propulsion systems[R]. 51st AIAA Aerospace Sciences Meeting including the New Horizons Forum and Aerospace Exposition 07 – 10 January 2013, Grapevine, Texas. AIAA 2013 – 466.

[25] SONG M J, PARK S H, LEE Y. Application of backstep coanda flap for supersonic coflowing fluidic thrust – vector control [J]. AIAA Journal,2014 52(10):2355 – 2359.

[26] VAN DER VEER M R, STRYKOWSKI P J. Counterflow thrust vector control of subsonic jets continuous and bistable regimes[J]. Journal of Propulsion and Power,1997,13(3):411 – 420.

[27] 史经纬,王占学,张晓博,等. 逆流推力矢量喷管主流附体及控制方法研究[J]. 空气动力学学报, 2013,31(6):723 – 726.

[28] FERLAUTO M, MARSILIO R. Numerical investigation of the dynamic characteristics of a dual throat nozzle for fluidic thrust vectoring[J]. AIAA Journal,2017,55(1):86 – 98.

[29] 张晓博,王占学,刘增文. 气动矢量喷管二次流对发动机性能的影响[J]. 推进技术,2013,34(1):3 – 7.

[30] KAREN A D. Summary of fluidic thrust vectoring research conducted at NASA Langley Research Center [R]. AIAA 2003 – 3800,2003.

[31] ZMIJANOVIC V, LAGO V, SELLAM M, et al. Thrust shock vector control of an axisymmetric conical supersonic nozzle via secondary transverse gas injection[J]. Shock Waves,2014,24:97 – 111.

[32] 赖川,邰冶,陈步学. 喷管内二次流喷射的激波测量与分析[J]. 推进技术,2000,21(3):26 – 29.

[33] EZ H, JOHN B, HIKARU A. Supersonic jet and crossflow interaction:computational modeling[J]. Progress in Aerospace Sciences,2013,57:1 – 24.

[34] TIAN C, LU Y J. Turbulence models of separated flow in shock vector thrust vector nozzle[J]. Engineering Applications of Computational Fluid Mechanics,2013,7(2):182 – 192.

[35] VLADETA Z, LUC L, ERIC D. Experimental – Numerical parametric investigation of a rocket nozzle secondary injection thrust vectoring[J]. Jounal of Propulsion and Power,2016,32(1):196 – 213.

[36] SHI J W, ZHOU L, WANG Z X. Investigation on flowfield characteristics and performance of shock vector control nozzle based on confined transverse injection[J]. Journal of Engineering for Gas Turbine and Power, 2016,138:1 – 11.

[37] DENG R Y, KONG F S, KIM H D. Numerical simulation of fluidic thrust vectoring in an axisymmetric su-

personic nozzle[J]. Journal of Mechanical Science and Technology,2014,28(12):4979-7987.

[38] VISHNU N V,VIGNESH S,NICHITH C. 3D numerical studies on thrust vectoring using shock induced self impinging secondary jets [R]. AIAA 2016-4769.

[39] FARZAD F,MOHAMMAD T R,ABDOLLAH A G. Numerical investigation of freestream flow effects on thrust vector control performance[J]. Ain Shams Engineering Journal,2018,9:3293-3303.

[40] MOHAMED S,VLADETA Z C,LUC L,et al. Assessment of gas thermodynamic characteristics on fluidic thrust vectoring performance: Analytical, experimental and numerical study [J]. International Journal of Heat and Fluid Flow,2015,53:156-166.

[41] SHI J W,WANG Z X,ZHANG X B. Performance estimation for fluidic thrust vectoring nozzle coupled with aero-engine[R]. AIAA 2014-3771.

[42] PAN X Y,WANG X J,WANG R X. Infrared radiation and stealth characteristics prediction for supersonic aircraft with uncertainty [J]. Infrared Physics & Technology,2015,73:238-250.

[43] 黄伟,吉洪湖. BMC 法计算航空发动机红外辐射的效率研究[J]. 红外与激光工程,2015,44(8): 2334-2338.

[44] 马千里,童中翔,张志波. 基于窄谱带模型的尾焰红外辐射计算[J]. 红外,2015,36(3):39-44.

[45] ZHOU Y,WANG Q,LI T. A new method to simulate infrared radiation from an aircraft exhaust system[J]. Chinese Journal of Aeronautics,2017,30(2),651-662.

[46] SHAN Y,ZHANG J Z,PAN C X. Numerical and experimental investigation of infrared radiation characteristics of a turbofan engine exhaust system with film cooling central body [J]. Aerospace Science and Technology,2013,28:281-288.

[47] AN C H,KANG D W,BAEK S T. Analysis of plume infrared signatures of S shaped nozzle configurations of aerial vehicle[J]. Journal of Aircraft,2016,5:1-26.

[48] CHENG W,WANG Z X,ZHOU L,et al. Influences of shield ratio on the infrared signature of serpentine nozzle[J]. Aerospace Science and Technology,2017,71:299-311.

[49] RAJKUMAR P,CHANDRA SEKAR T,KUSHARI A. Flow characterization for shallow single serpentine nozzle with aft deck[J]. Journal of Propulsion and Power,2017,33(5):1130-1139.

[50] CHENG W,ZHOU L,SHI J W. Numerical investigation on the infrared signature of shock vector control nozzle[R]. AIAA 2017-0218.

[51] HUANG W,JI H H. Effect of emissivity and reflectance on infrared radiation signature of turbofan engine [J]. Journal of Thermophysics and Heat Transfer,2017,31(1):39-47.

[52] 何哲旺,张勃,吉洪湖. 横向射流对排气系统红外辐射影响的实验研究[J]. 推进技术,2016,37(6): 1030-1036.

内 容 简 介

固定几何气动矢量喷管结构简单、质量轻、响应快,是未来战机先进排气系统的可选方案,已成为国内外备受关注的排气系统研究热点之一。西方各航空强国均已广泛开展了气动矢量喷管技术研究,并将其列入各类综合或专项计划,如 IHPTET、FLINT、ITP 等,而我国固定几何气动矢量喷管的研究仍处在初期探索阶段。结合国防现代化和装备现代化需要,本书系统、全面地论述了固定几何气动矢量喷管的工作原理、流动机理、关键参数影响规律、推力矢量效率提升方法、固定气动矢量喷管红外辐射特性以及固定几何气动矢量喷管与航空发动机联合工作特性。本书可为开展相关研究的科研人员提供较为全面的基础理论和数据支持。

本书可作为从事推力矢量技术研究及新型航空发动机排气系统设计的工程技术人员、教师和研究生参考用书。

Fixed geometry fluidic thrust vectoring nozzle, which has simpler structure, lower weight and faster response, is considered as an alternative choice for the exhaust system of future fighter. This type of nozzle is becoming a hot research aspect of exhaust system at home and abroad. The research work on fixed geometry fluidic thrust vectoring nozzle has been conducted widely by foreign countries, and some concerning research plan, e. g. IHPTET, FLINT and ITP, also involved the technology. However, the similar research work in China is not well developed. More attention should be put on it. Considering the needs of national defense modernization and equipment modernization, this book systematically investigated the working principle and flow mechanism of fixed geometry fluidic thrust vectoring nozzle, the influences of critical parameters, the improving methods for thrust vectoring efficiency, the IR characteristics and the coupling performance of fixed geometry fluidic thrust vectoring nozzle and a gas turbine. This book could provide comprehensive basic theory and data support for researchers in the related areas.

This book can be used as a reference book for engineers, researchers and graduate students who are engaged in the thrust vectoring technology and in the design of new exhaust system of a gas turbine.

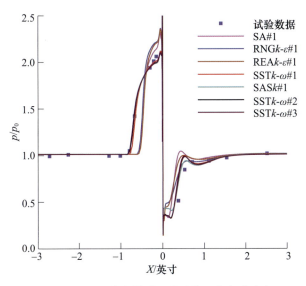

图 2-6 不同湍流模型下壁面静压分布的对比

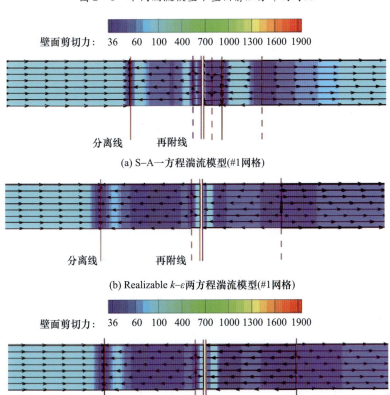

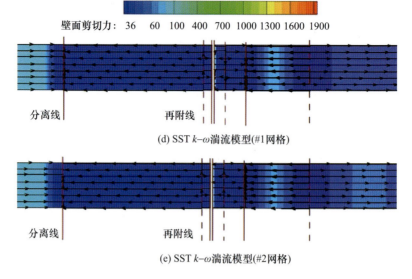

(d) SST $k-\omega$ 湍流模型(#1网格)

(e) SST $k-\omega$ 湍流模型(#2网格)

图 2-8　不同湍流模型及网格时,壁面极限流线的分布

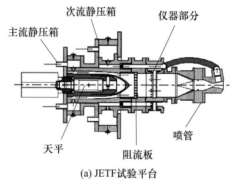

(a) JETF试验平台

(b) 试验模型

图 2-9　NASA 兰利研究中心的激波矢量技术试验平台及模型

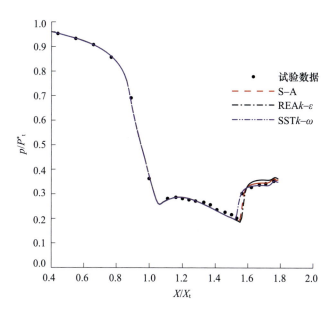

图 2-11 不同湍流模型下壁面压力分布的对比

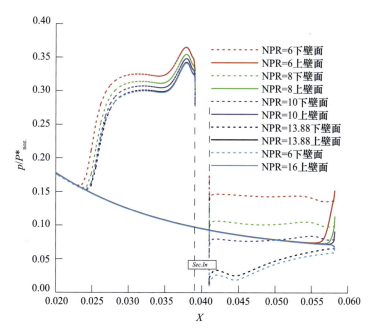

图 3-14 不同 NPR 时,壁面的局部压力分布

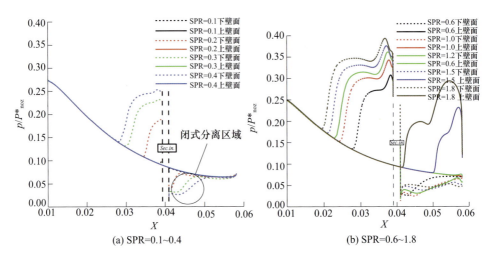

图 3-17 不同 SPR 时,壁面的局部压力分布

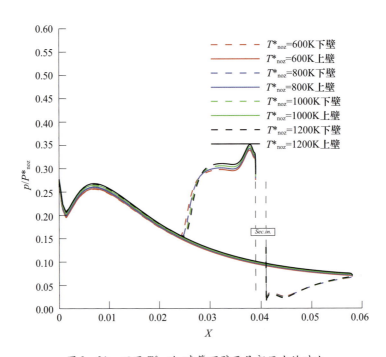

图 3-21 不同 T_{noz}^* 时,喷管下壁面局部压力的对比

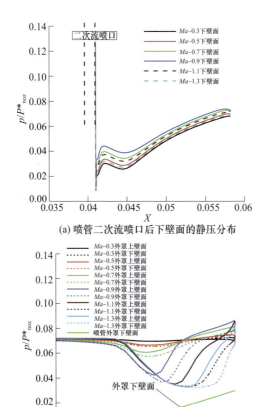

(a) 喷管二次流喷口后下壁面的静压分布

(b) 喷管外壁面的静压分布

图 3-25 不同自由来流马赫数时,激波矢量喷管壁面压力分布
(NPR = 13.88, H = 11km)

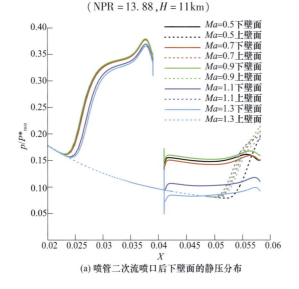

(a) 喷管二次流喷口后下壁面的静压分布

5

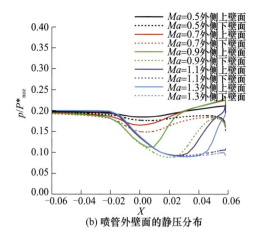

(b) 喷管外壁面的静压分布

图 3-29 不同自由来流马赫数时,激波矢量喷管壁面压力分布(NPR=5,H=11km)

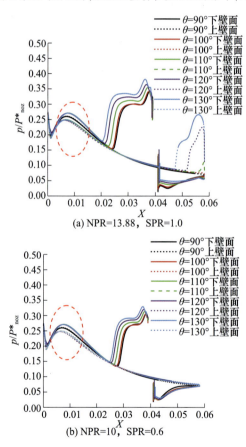

图 3-40 不同主次流工况下,二次流喷射角度对激波矢量喷管壁面静压分布的影响

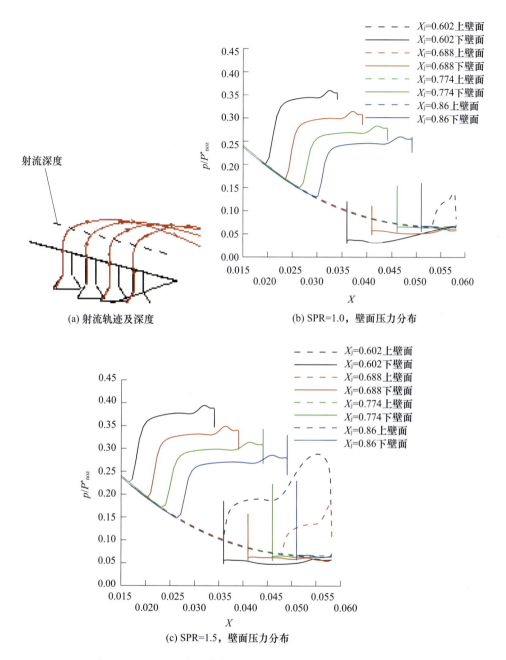

图 3-45 不同二次流喷射位置时,射流轨迹及壁面静压的分布

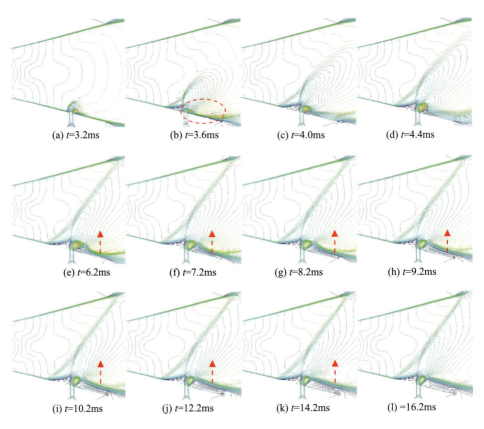

图 3-59 推力矢量建立过程,激波矢量喷管内流特性随时间的变化

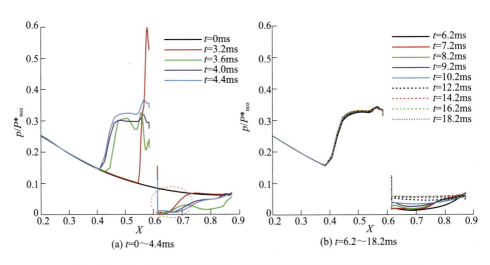

图 3-60 推力矢量建立过程,激波矢量喷管下壁面静压随时间的变化

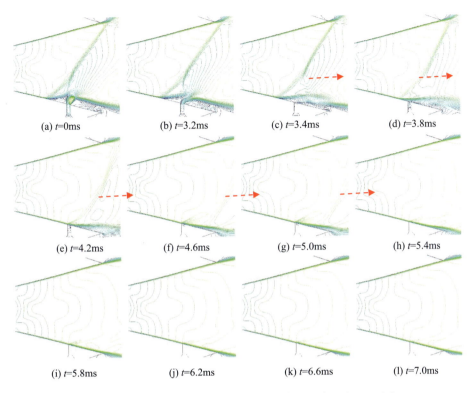

图3-62 推力矢量恢复过程,激波矢量喷管内流特性随时间的变化

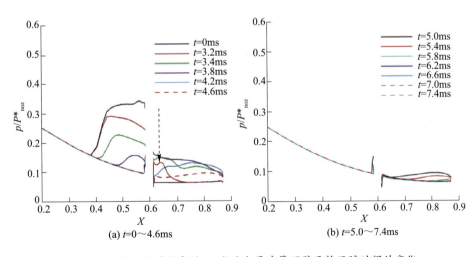

图3-63 推力矢量恢复过程,激波矢量喷管下壁面静压随时间的变化

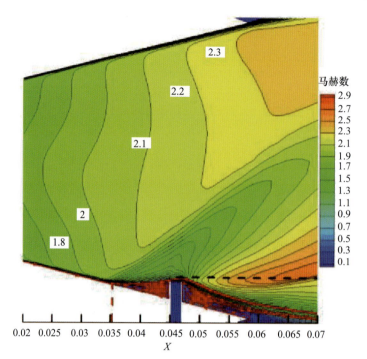

图4-3 插板对喷管流场的影响

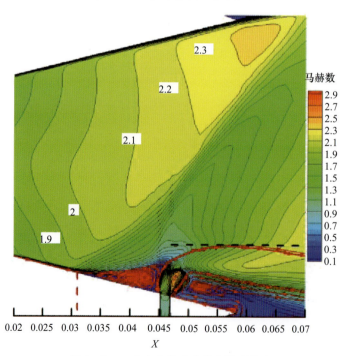

图4-4 二次流喷射对喷管流场的影响

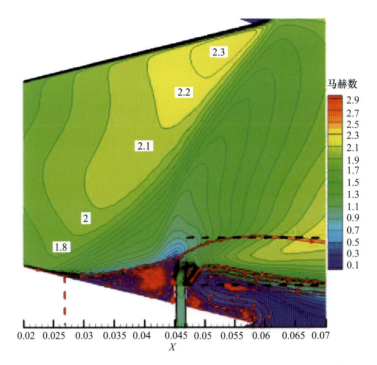

图4-5 插板+二次流喷射对喷管流场的影响

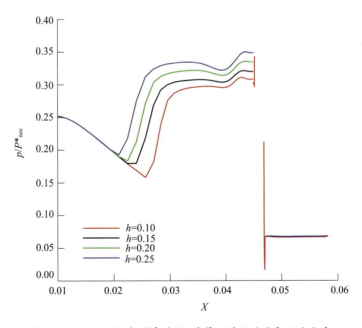

图4-8 不同插板相对高度时,喷管下壁面的局部压力分布

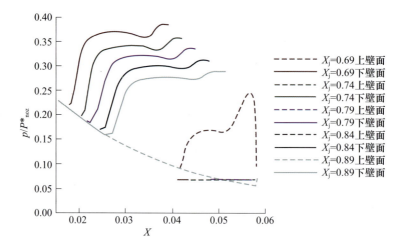

图 4-14　NPR=13.88，SPR=1.0 时，喷管上下壁面局部压力随插板相对位置的变化

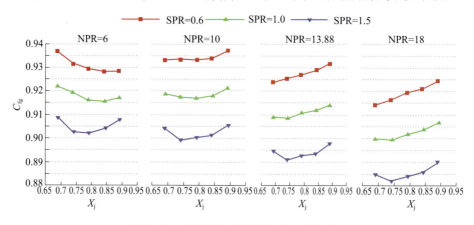

图 4-18　推力系数随插板相对位置的变化

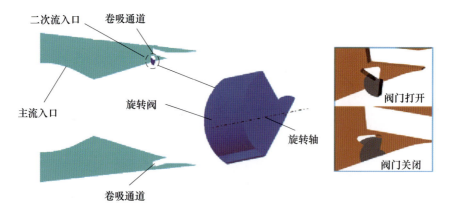

图 4-19　旋转阀式激波矢量喷管的示意图

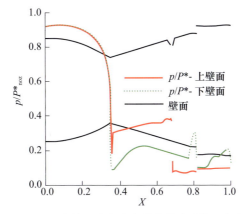

图4-22 旋转阀式激波矢量喷管壁面静压分布

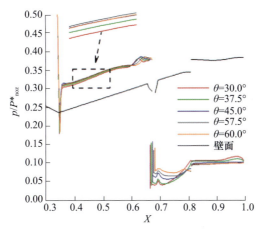

图4-24 NPR=10、SPR=1.0时,不同旋转阀角度喷管上壁面局部静压力分布

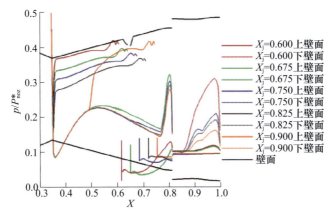

图4-31 NPR=10、SPR=1.0,不同旋转阀相对位置时喷管内壁面局部的静压分布

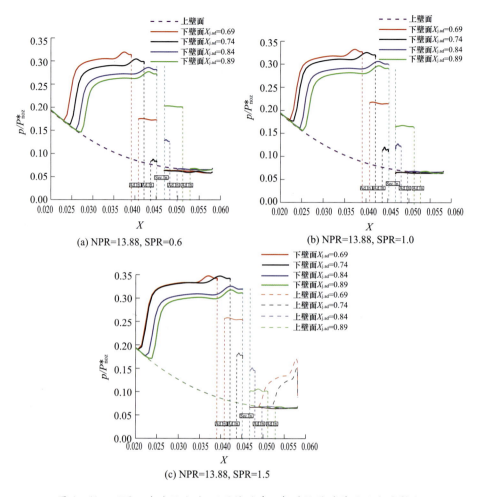

图4-41 不同二次流压比时,不同辅助喷口相对位置对壁面压力的影响

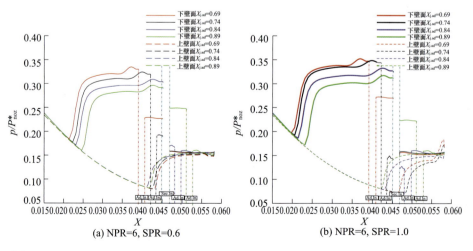

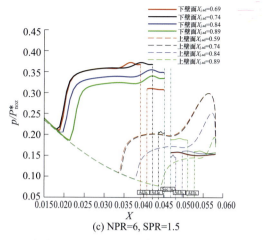

(c) NPR=6, SPR=1.5

图4-43 不同二次流压比时,不同辅助喷口相对位置对壁面压力的影响

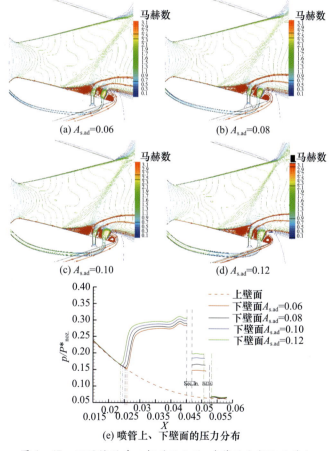

图4-47 不同辅助喷口相对面积时,喷管的内部流动特征
(NPR=13.88, SPR=1.0)

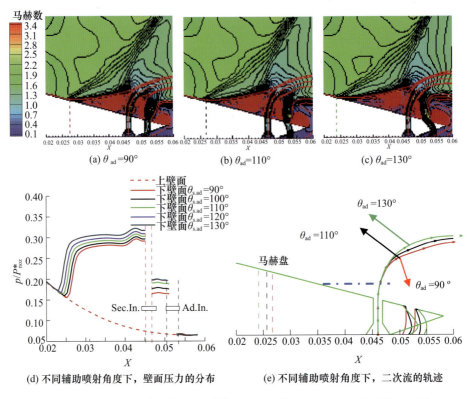

图4-52 不同辅助喷射角度下,喷管内的流动特征(NPR=13.88,SPR=1.0)

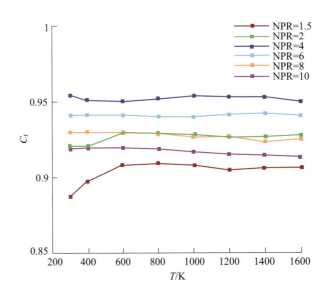

图5-8 非矢量状态下喷管进口总温对喷管推力系数的影响

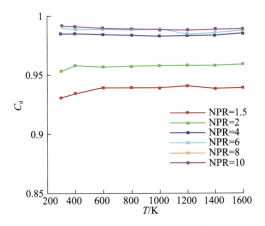

图 5-9 在非矢量状态下喷管进口总温对喷管流量系数的影响

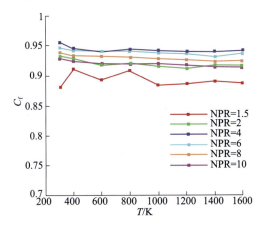

图 5-10 矢量状态下喷管进口总温对喷管的推力系数的影响

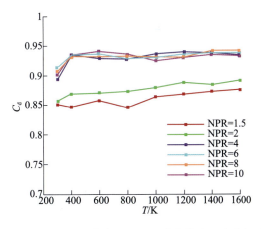

图 5-11 矢量状态下喷管进口总温对喷管的流量系数的影响

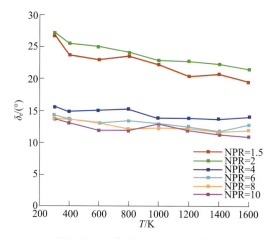

图 5-12 矢量状态下喷管进口总温对喷管的矢量角的影响

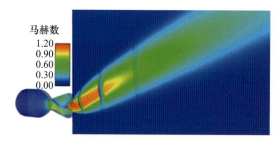

图 5-14 轴对称双喉道矢量喷管马赫数云图(NPR=3)

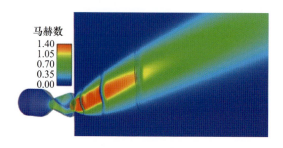

图 5-15 轴对称双喉道矢量喷管马赫数云图(NPR=5)

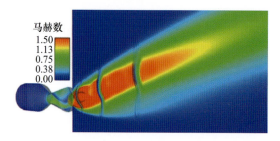

图 5-16 轴对称双喉道矢量喷管马赫数云图(NPR=10)

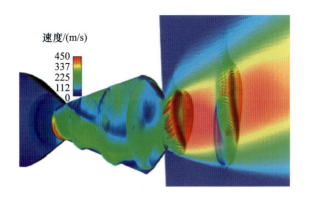

图 5-17 轴对称矢量喷管速度云图及速度矢量图(NPR=5)

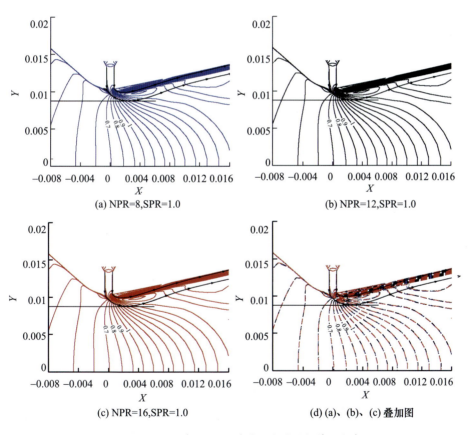

图 6-9 不同落压比下,对称面上的流场特征分布

19

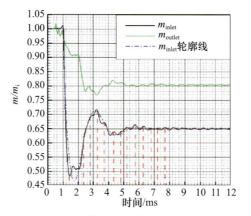

图6-24 喷管进出口流量随时间的变化

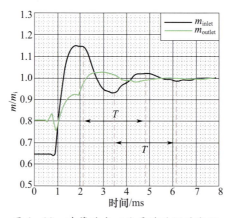

图6-28 喷管进出口流量随时间的变化

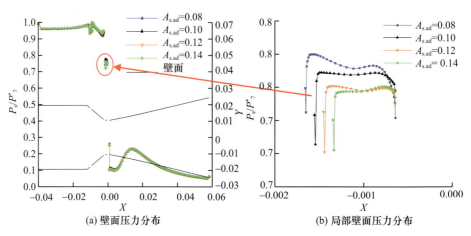

(a) 壁面压力分布　　(b) 局部壁面压力分布

图6-34 不同辅助喷口相对面积时,喷管壁面的压力分布

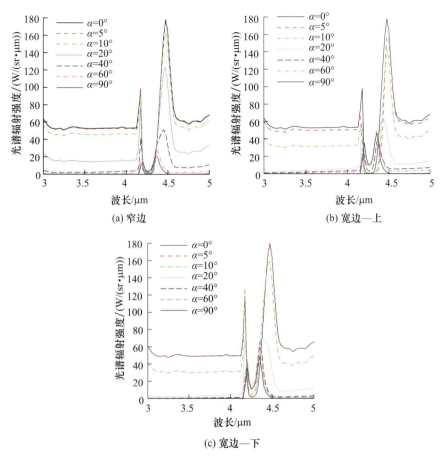

图 7-21 激波矢量喷管不同观察角度下的光谱辐射强度

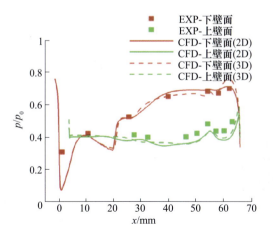

图 8-24 实验与数值模拟压力对比情况(NPR=3)

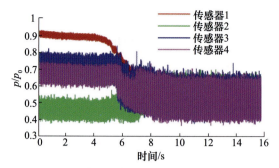

图 8-26　矢量调节过程中的动态压力原始数据(NPR=3)

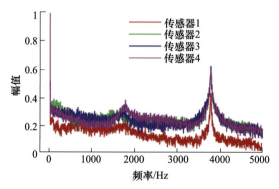

图 8-27　最大矢量状态下频谱图(NPR=3)

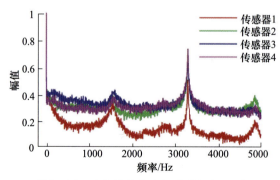

图 8-28　无矢量状态下频谱图(NPR=3)

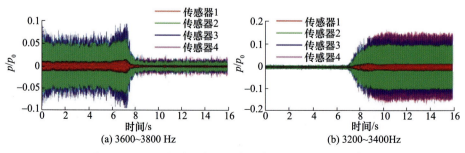

(a) 3600~3800 Hz　　　　　　　　(b) 3200~3400Hz

图 8-29　不同矢量状态下的各频率段内的动态压力情况

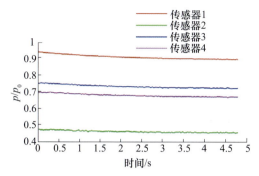

图 8-30 最大矢量状态低频段动态压力(NPR=3)

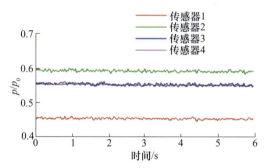

图 8-31 无矢量状态低频段动态压力(NPR=3)

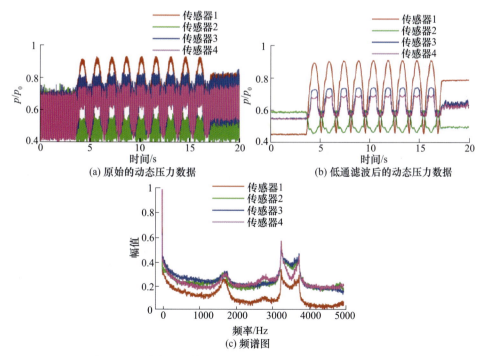

(a) 原始的动态压力数据

(b) 低通滤波后的动态压力数据

(c) 频谱图

图 8-32 动态压力情况(NPR=3,矢量控制器频率 0.677Hz)

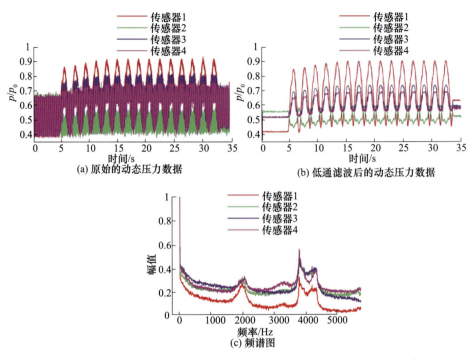

图 8-33 动态压力情况（NPR=3，矢量控制器频率 0.520Hz）

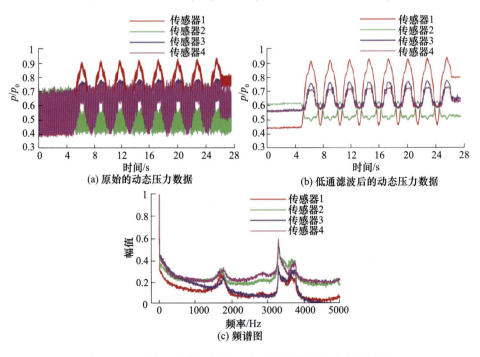

图 8-34 动态压力情况（NPR=3，矢量控制器频率 0.363Hz）

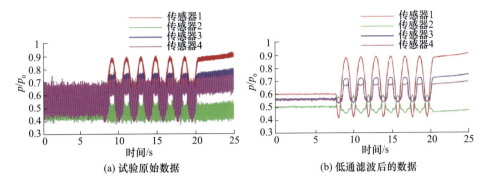

图 8-35 动态压力情况(控制开关初始开度为 30%，NPR = 3，矢量控制器频率 0.520Hz)

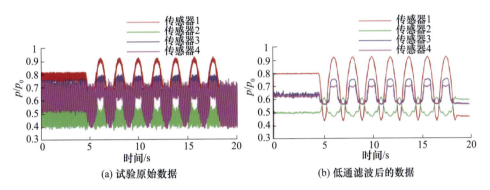

图 8-36 动态压力情况(控制开关初始开度为 50%，NPR = 3，矢量控制器频率 0.520Hz)

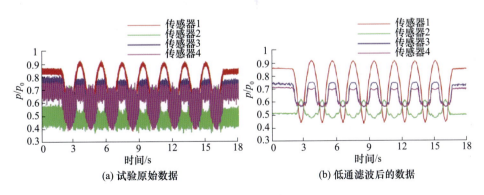

图 8-37 动态压力情况(控制开关开度为 80%，NPR = 3，矢量控制器频率 = 0.520Hz)

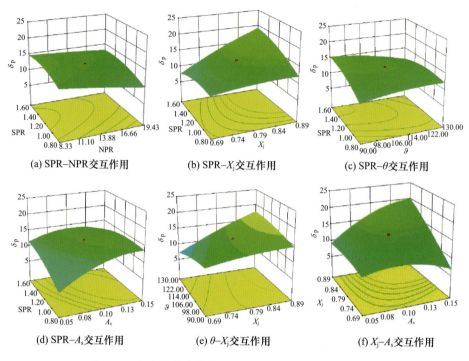

图9-3 激波矢量喷管推力矢量角近似模型中的交互作用

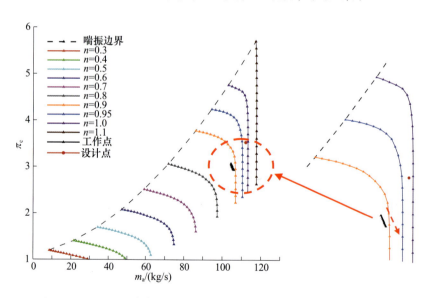

图9-7 激波矢量喷管与发动机整机耦合工作时,对风扇工作点的影响
(从风扇出口引气)

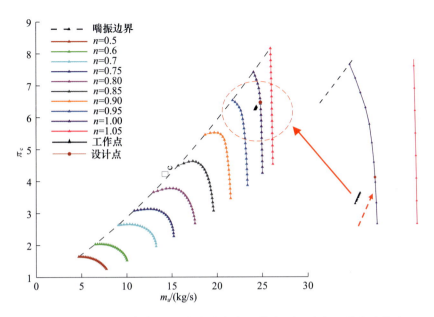

图9-8 激波矢量喷管与发动机整机耦合工作时,对压气机工作点的影响
(从风扇出口引气)

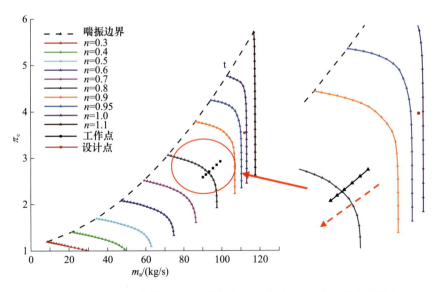

图9-9 激波矢量喷管与发动机整机耦合工作时,对风扇工作点的影响
(从一级压气机后引气)

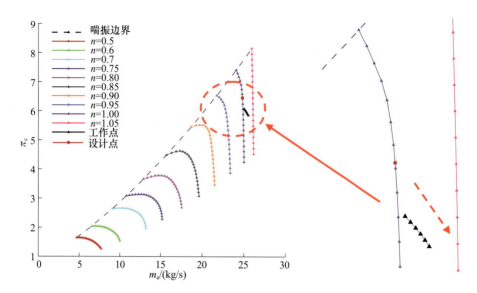

图 9-10 激波矢量喷管与发动机整机耦合工作时,对压气机工作点的影响
（从一级压气机后引气）

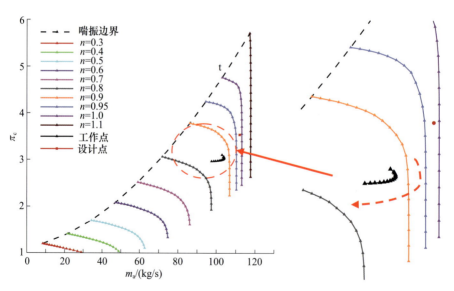

图 9-15 带气动控制喉部面积的喷管与发动机整机耦合工作时,
对风扇工作点的影响（从风扇后引气）

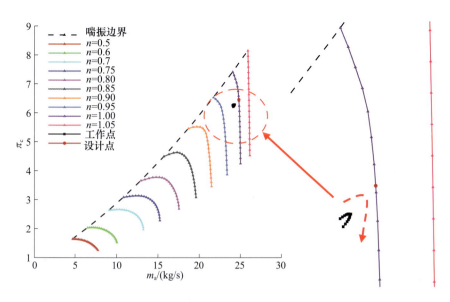

图 9-16 带气动控制喉部面积的喷管与发动机整机耦合工作时，对压气机工作点的影响（从风扇后引气）